软考冲刺100题

系统集成项目管理工程师考前冲刺100题（第二版）

刘　毅　朱小平　编著

·北京·

内 容 提 要

系统集成项目管理工程师考试已成为职称评定和获取项目经理资质的方式之一，然而考试涉及知识面广，考点繁多。因此，对于应试者往往存在较大复习难度。本书是作者根据多年来软考面授培训的经验，对系统集成项目管理工程师考试的关键知识点及其考核方式进行梳理，基于相关典型题目进行分析、归类、整理、总结而成。

全书分为项目管理篇、综合知识篇、案例分析篇和模拟试题，共4部分。通过思维导图描述整个考试的知识体系，以典型题目带动知识点的复习并阐述解题的方法和技巧，通过对题目的选择和分析来覆盖考试大纲中的重点、难点及疑点。

本书可作为参加系统集成项目管理工程师考试考生的自学用书，也可以作为软考培训班的教材和项目经理培训的辅导用书。

图书在版编目（CIP）数据

系统集成项目管理工程师考前冲刺100题 / 刘毅，朱小平编著. -- 2版. -- 北京 : 中国水利水电出版社，2017.1（2022.4重印）
（软考冲刺100题）
ISBN 978-7-5170-4791-9

Ⅰ. ①系… Ⅱ. ①刘… ②朱… Ⅲ. ①系统集成技术－项目管理－资格考试－习题集 Ⅳ. ①TP311.5-44

中国版本图书馆CIP数据核字(2016)第241918号

责任编辑：周春元 张玉玲　　加工编辑：张天娇　　封面设计：李 佳

书　名	软考冲刺100题 系统集成项目管理工程师考前冲刺100题（第二版） XITONG JICHENG XIANGMU GUANLI GONGCHENGSHI KAOQIAN CHONGCI 100 TI
作　者	刘 毅 朱小平 编著
出版发行	中国水利水电出版社 （北京市海淀区玉渊潭南路1号D座 100038） 网址：www.waterpub.com.cn E-mail：mchannel@263.net（万水） sales@mwr.gov.cn 电话：（010）68545888（营销中心）、82562819（万水）
经　售	北京科水图书销售有限公司 电话：（010）68545874、63202643 全国各地新华书店和相关出版物销售网点
排　版	北京万水电子信息有限公司
印　刷	三河市鑫金马印装有限公司
规　格	184mm×240mm 16开本 16印张 366千字
版　次	2017年1月第2版 2022年4月第18次印刷
印　数	48001—51000册
定　价	38.00元

I

再版前言

本书第一版于2012年出版，已经经历了7年的时间了，感叹时间真快。这本软考辅导书属于我们两大系列教学辅导书中的百题系列，这么多年下来，历经多次重印及内容更新，可以说，每一次重印，我们都把当年的考试所体现的新趋势、新题型、新要求融汇进来，同时把过时的技术内容进行删减。当一本教学辅导用书持续受到读者喜爱的时候，你必须用心把它维护下去。所谓的维护，最重要的就是需要让本书能够快速、准确地反映最新的考试趋势，同时把我们最新的教学经验、心得融汇进来，以便让读者看到的都是尽量最新的内容，同时也反映出我们的教学理念—“抓住关键”。

本次更新是最新教学内容的反映，本人对内容进行了大幅度修订，增补了最近几年的新增的知识点，删减频率较低的知识点，反映了最新的考试趋势及教学内容。

此次改版，我们仍保持原有的核心理念，即通过关键题目来攻克知识点，以较少的时间通过软考。因此，本书侧重点仍然在题，这些题目对应的都是典型的知识点。我认为，大部分考生是没有足够的时间去反复阅读教材的，也没有足够的时间和精力耗费在旷日持久的复习上，因此，典型题型是带动知识点学习的关键。在经过多年的教学检验后，我感觉按照原有的基于知识域的方式的内容设计方式，已经被证明是有效且高效的，但具体内容却在旧版的基础上进行了大幅度调整。主要体现在:

（1）按照新教程调整知识点。

（2）用近年来的新题目、典型题目替换部分过时的、逐渐被考试淘汰的题目。

（3）强化“课堂练习”环节，对“课堂练习”的习题均进行了增补。

（4）根据近年考试趋势，有目标地更换了案例分析题。

（5）模拟试题部分根据最新的考试进行了大规模调整，与考试趋势贴合度更高。

七年过去，考题、考核方式、考核知识点均有了一些变化，本书的再版是我面授经验的再一次的提炼与总结。

感谢学员在教学过程中给予的反馈，感谢培训合作机构给予的支持，感谢中国水利水电出版社在此套丛书上的尽心尽力。

编 者

2021年3月最新修订

II

致读者

如果有人问我，最好的应考技巧是什么？我一定会说：做题！

在我授课的过程中，培训机构和学员们往往抱有侥幸的心理，希望通过老师5天的授课就能通过考试，但这种概率对于大部分学员来说并不高。很难想象，一个考生听了5天面授班的课程，却没有经历过大量做题的训练就能通过考试。同样，在面授的过程中，大量的技巧和经验性的内容需要通过做题不断地强化。

对于这种应试性的考试来说，采用“题海战术”确实是不二法门。但问题是，到哪里找题呢？互联网上的习题成千上万，是不是都需要做一遍呢？考生是否有足够的时间来做大量的习题呢？

其实，采用“题海战术”只是考试通关手段的一种表象。之所以通过“题海战术”应付考试，其原因是大规模地做题导致了对知识点的全覆盖，通过大量的习题来覆盖考试涉及的知识范围，所以真正的原因是做题者命中了知识点，而不是“题海战术”本身。但在时间和精力有限的情况下，考生根本没有足够的时间采用“题海战术”，那要提高命中率，应该怎么办呢？

上午的考试有75道选择题，下午有4~5道案例题。通过多年对考试的研究，实际题型和变化趋势不会超过100个，大量的题目围绕着有限的知识点进行反复考核，从不同的方面变化不同的题型。为此，基于历次培训的讲义和习题，我将各知识点的典型题型进行收集、汇总、分析，从这些题型中选出具有代表性的题目，并对部分题目考核的知识点、考核形式及题目的演化形式等进行了分析。当你掌握了这100道题的解题方法及相关知识点后，可以说，考试的内容难逃你的复习范围。通过这100道题，让你有效规避“题海战术”而达到“题海战术”的效果。

编　者

2021年3月最新修订

III

本书说明

读者在拿到本书之后，首先要关注以下几个问题：

◎ 本书编写的目的

图书市场上关于系统集成项目管理工程师培训的书籍已如汗牛充栋，而本书有别于这些书籍之处在于以下几个方面：

（1）通过思维导图描述整个考试的知识体系。

（2）典型题目带动知识点的复习。通过重难点题目掌握考试大纲中的关键知识点，缩短复习时间，提高复习效率。

（3）通过典型题目阐述解题的方法和技巧。

我们从2005年开始从事软考的培训工作，当时在国内从事这一培训的机构并不多，而成规模、能够以软考作为专业培训方向的几乎寥寥无几。2009年开始，系统集成资质市场的培训开始火爆，我们在第一时间从“在线培训”进入了“面授培训”的领域，从与学生在虚拟空间对话转换成面对面的交流。在这种培训过程中，为了迎合考生的需求，我们研究了很多备考的方法，对题目分析、归类、整理、总结模式等做了大量的工作。

但就在这种持续的课程研发过程中，我们经过若干次的培训之后，观点又回到了原点：一个人如果真想在这种应试考试中获胜，有效的方法仍然是做题，而且必须是典型题。

本书介绍了100道题目，实际在选择过程中已经超过了这个数量。我们力争通过题目的选择和分析来覆盖考试大纲中的重点、难点及疑点。

在题目选择上掌握以下几个原则：

（1）选择重点、难点等具有代表性的题目。

（2）选择考核频率比较高的题目（针对知识点而言）。

（3）选择使用典型解题方法的题目。

（4）考核频率较低、题目不具备代表性、没有规律和技巧可言的题目一律排除在选题之外。

当然，在选择过程中，并不能100%覆盖知识点，但在每一章中描述和分析相关的知识点，同时标识出题目的知识点，使考生意识到自己掌握的知识点的覆盖程度。

◎ 章节的构成

全书组织结构如下图所示。

（1）项目管理篇。包括十大知识领域、立项管理和配置管理，是全书的核心部分。

（2）综合知识篇。包括法律法规和标准化、信息化基础知识、信息系统服务管理、专业技术知识和专业英语等。

（3）案例分析篇。案例分析的15道题目覆盖了中级考试的重点。

（4）模拟试题。严格按照考试大纲组织的模拟试题，用于考前自我检验。

◎ 关于思维导图在本书中的应用

本书在撰写过程中引入了思维导图，思维导图作为一种思考的工具，在日常的应考复习中能够发挥巨大的作用。本书作者在面授的培训过程中，复习环节大量使用了思维导图，从结果来看，凡是能够使用思维导图的学员，其对知识脉络的梳理和对知识的记忆水平明显强于其他同学。

通过使用思维导图，学员可以组织自己的思想（制作笔记）和别人的思想（记笔记）。本书中的思维导图全部可通过作者的公众号ruankao580和"攻克要塞刘老师"下载。

◎ 如何使用本书

本书的原则是通过做重点、难点、疑点的题目来带动知识点的复习，因此，在使用本书的过程中，建议掌握以下原则：

（1）根据每章思维导图来复习知识点，也可以在每一章的思维导图的基础上进行知识点的扩充。

（2）根据知识点找到对应的题目，每个题目均具有代表性，因此，需要分析每一章题目考核的知识点、延伸的知识点和出题方式。

（3）部分知识点并没有配典型题目，这部分知识点可能需要结合新的官方教程进行学习。

（4）某些重要知识点的提醒之处，用"辅导专家提示"进行了标识，请引起重视。

需要说明的是，本书（第二版）根据最新的考纲和教程进行了更新，但考虑到每年的考核侧重点可能会有所变化，而书籍更新有一定的周期。因此，我们将用公众号的方式结合现有的教辅发布《100题阅读指南》，借此来反映我们最新的应试方法和策略。相关的更新信息将在我们的公众号ruankao580上发布，读者可以通过输入"100题"关键字进行获取，此外，本书配套的相关视频也在录制过程中。

公众号 ruankao 580

本书配套的《作战地图》以及相关更新信息请扫描右方二维码。

目 录

本书编委会
再版前言
致读者
本书说明

第一篇 项目管理

第1章 项目管理基础……2
知识点图谱与考点分析……2
知识点：基础概念……3
知识点：组织结构……5
知识点：生命周期……7
知识点：过程与过程组……8
知识点：项目经理与PMO……11
课堂练习……13
第2章 项目立项管理……15
知识点图谱与考点分析……15
知识点：项目建议书……15
知识点：可行性研究……17
知识点：供应商内部立项……18
知识点：项目论证……18
知识点：项目评估……19
知识点：复利计算……20
知识点：财务评价……21
课堂练习……23
第3章 项目整体管理……25
知识点图谱与考点分析……25
知识点：整体管理过程……25
知识点：项目章程……28
知识点：项目管理计划……29
知识点：指导与管理项目工作……32
知识点：整体变更控制……32
知识点：项目收尾……34
课堂练习……35
第4章 项目范围管理……37
知识点图谱与考点分析……37
知识点：基本概念……37
知识点：范围定义……38
知识点：工作分解结构……40
知识点：范围确认……41
知识点：范围控制……43
课堂练习……43
第5章 项目进度管理……45
知识点图谱与考点分析……45
知识点：规划项目进度……46
知识点：定义活动……46
知识点：活动排序……47
知识点：估算活动持续时间……51
知识点：三点估算法……52

知识点：关键路径法&关键链法……53
知识点：计划评审技术……56
知识点：进度计划……57
知识点：进度控制……58
课堂练习……59
第 6 章　项目成本管理……61
知识点图谱与考点分析……61
知识点：成本概念……62
知识点：成本估算……63
知识点：成本预算……64
知识点：成本控制……65
知识点：挣值分析……67
知识点：完工预测……70
课堂练习……73
第 7 章　项目质量管理……75
知识点图谱与考点分析……75
知识点：质量概念……75
知识点：规划质量……77
知识点：质量保证……79
知识点：质量控制……80
课堂练习……83
第 8 章　项目人力资源管理……85
知识点图谱与考点分析……85
知识点：规划人力资源管理……85
知识点：组建项目团队……87
知识点：团队建设……88
知识点：团队管理……90
课堂练习……91
第 9 章　项目沟通管理和干系人管理……92
知识点图谱与考点分析……92
知识点：沟通管理过程……92
知识点：干系人管理过程……93
知识点：干系人分析……93
知识点：规划沟通……95
知识点：沟通模型……96
知识点：沟通障碍……97
知识点：绩效报告……98
课堂练习……99
第 10 章　项目风险管理……101
知识点图谱与考点分析……101
知识点：风险管理过程……101
知识点：风险的概念……102
知识点：规划风险管理……104
知识点：风险识别……104
知识点：风险分析……105
知识点：风险应对……107
知识点：控制风险……108
课堂练习……109
第 11 章　项目采购管理……111
知识点图谱与考点分析……111
知识点：规划采购……111
知识点：实施采购……112
知识点：控制采购……113
知识点：合同类型……113
知识点：合同收尾……115
知识点：合同管理……115
课堂练习……117
第 12 章　配置管理……119
知识点图谱与考点分析……119
知识点：配置管理基本概念……119
知识点：文档管理规范……121
知识点：配置管理计划……121
知识点：配置状态报告……122
知识点：配置审计……123
知识点：发布管理和交付……123
知识点：变更管理……123
知识点：配置库……124
知识点：配置识别……126
知识点：版本管理……126
课堂练习……127
第二篇　综合知识篇
第 13 章　法律法规和标准化……130
知识点图谱与考点分析……130

知识点：标准……131
知识点：法律法规……134
知识点：知识产权……141
课堂练习……141
第 14 章　信息化基础……143
知识点图谱与考点分析……143
知识点：基本概念……143
知识点：信息系统及规划……144
知识点：国家信息化体系……145
知识点：ERP 与 CRM……147
知识点：电子政务……149
知识点：电子商务……150
知识点：商业智能……152
知识点：企业信息化与两化融合……154
知识点：新技术……155
课堂练习……158
第 15 章　信息系统服务管理……160
知识点图谱与考点分析……160
知识点：ITSS……160
知识点：信息系统审计……162
知识点：IT 服务管理……162
课堂练习……163
第 16 章　软件专业技术知识……165
知识点图谱与考点分析……165
知识点：软件需求……166
知识点：软件测试……166
知识点：软件设计……167
知识点：软件生命周期模型……168
知识点：面向对象与 UML……170
知识点：软件质量……172
知识点：系统集成技术……172
课堂练习……173
第 17 章　网络与信息安全……175
知识点图谱与考点分析……175
知识点：OSI 与 TCP/IP 模型……175
知识点：无线网络……177
知识点：网络规划与设计……178
知识点：网络存储……179
知识点：综合布线……179
知识点：信息安全属性……181
知识点：信息安全体系……181
知识点：应用系统安全……182
知识点：网络安全……182
知识点：信息安全等级保护……183
知识点：信息安全技术……184
课堂练习……185
第 18 章　专业英语……187
知识点图谱与考点分析……187
课堂练习……188

第三篇　案例分析篇

第 19 章　案例分析综述……191
案例知识点……192
案例题型……193
五大解题法……196
第 20 章　典型案例分析……200
典型题型分布及说明……200
典型题型的建议……201
典型题……201
参考答案……210
总结……217

第四篇　模拟试题

全真模拟卷……219
上午卷……219
下午卷……226
上午卷答题卡……230
上午卷参考答案……231
下午卷参考答案……231
附录 1　课堂练习答案与分析……234
项目管理部分……234
综合知识部分……241
附录 2　浅谈复习方法……245

第一篇

项目管理篇

1

项目管理基础

知识点图谱与考点分析

“项目管理基础”在整个项目管理知识体系中考核频率较高，根据历年的考点分类统计，其所占的分值2～4分左右。该知识域是整个项目管理的基础部分，是从全局的角度对整个项目管理的知识体系进行综合性介绍，“基本概念”知识点是高频考点，“项目管理过程”知识点是了解项目管理47个过程的基础。该知识域图谱如图1-1所示）。

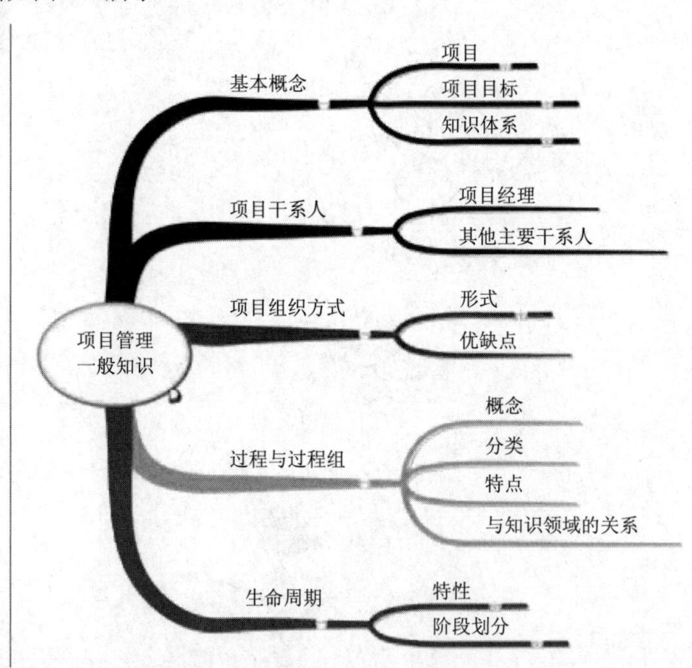

图1-1　项目管理基础点图谱

[辅导专家提示]　本章节是整个项目管理知识体系的基础，对后续理解各个项目管理知识域、过程及过程组之间的联系具有关键性作用。2016年新版教材对本章节进行了调整后，考核内容均来自教程，建议阅读本章节教材中内容，要求理解。

知识点：基础概念

知识点综述

基础概念主要包括项目、项目目标、项目管理等名词术语，各术语之间的关系如图1-2所示。其中“项目的特点”（临时性、独特性、渐进明细）、项目目标等知识点考核频率较高，其余做一般性了解即可。

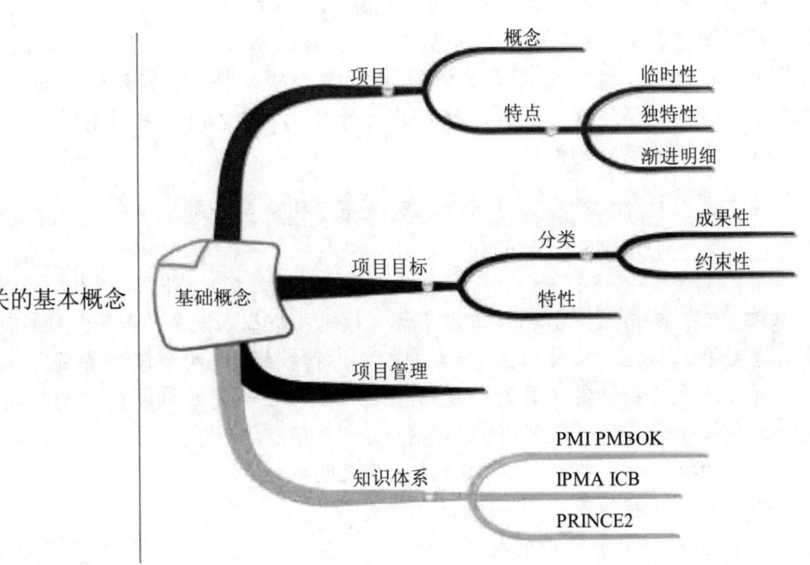

图1-2 项目相关的基本概念

参考题型

【考核方式1】考核项目的特点以及具体内涵

● 应用软件开发项目执行过程中允许对需求进行适当修改，并对这种变更进行严格控制，充分体现了项目的___(1)___特点。

（1）A．临时性　　B．独特性　　C．渐进明细　　D．无形性

■ 攻克要塞-试题分析 本题实际考核对“项目特点”的理解，项目的三个特点“临时性、独特性、渐进明细”。

其中，“渐进明细”指项目的成果性目标是逐步完成的，项目的产品、成果或服务事先不可见，在项目前期只能粗略地进行项目定义，随着项目的进行才能逐渐明朗、完善和精确。这意味着在项目逐渐明细的过程中一定会有修改，产生相应的变更。因此，在项目执行过程中要对变更进行控制，以保证项目在各相关方同意下顺利开展。

本题体现了“需求”的渐进明细。

■ 参考答案 C

关联知识点：临时性、独特性

1．临时性

临时性是指每一个项目都有一个明确的开始时间和结束时间，临时性也指项目是一次性的。当

项目目标已经实现，或由于项目成果性目标明显无法实现，或者项目需求已经不复存在而终止项目时，就意味着项目的结束，临时性并不一定意味着项目历时短，项目历时依项目的需要而定，可长可短。不管什么情况，项目的历时总是有限的，项目要执行多个过程以完成独特产品、提供独特的服务或成果。

2. 独特性

项目要提供某一独特产品，提供独特的服务或成果，因此"没有完全一样的项目"，项目可能有各种不同的客户、不同的用户、不同的需求、不同的产品、不同的时间、不同的成本和质量等等。项目的独特性在 IT 行业表现得非常突出，系统集成商或者说开发方不仅向客户提供产品，更重要的是根据其要求提供不同的解决方案。由于每个项目都有其特殊的方面，因此有必要在项目开始前通过合同明确地描述或定义最终的产品是什么，以避免相关方因不同的理解导致的冲突，这些冲突严重时可能导致项目的失败。

【考核方式 2】考核对项目目标及其相关基本概念的理解

● ___(2)___ 不是项目目标的特性。

(2) A. 多目标性 B. 优先性 C. 临时性 D. 层次性

■ 攻克要塞-试题分析 本题实际考核对两个基本概念的理解：项目的特点和项目目标的特性。考生很容易把"项目特点"和"项目目标特性"这两个概念弄混。

项目是为达到特定的目的、使用一定资源、在确定的期间内、为特定发起人提供独特的产品、服务或成果而进行的一次性努力。

项目的特点有：临时性、独特性、渐进明细。

项目目标的特性有：多目标性、优先级、层次性。

本题选项 C 属于项目的特点。

■ 参考答案 C

【考核方式 3】考核其他基本概念的理解

● ___(3)___ 属于事业环境因素。

(3) A. 配置管理知识库 B. 变更控制程序 C. 项目档案 D. 项目管理信息系统

■ 攻克要塞-试题分析 能够影响制定项目但不能被项目所影响的因素，一般为事业环境因素，如：政府或行业标准；纵向市场（如建筑）或专门领域（如环境、安全、风险或敏捷软件开发）的项目管理知识体系；项目管理信息系统；组织的结构、文化、管理实践和可持续发展；基础设施（如现有设施和固定资产）；人事管理制度（如人员招聘和解雇指南、员工绩效评价、员工发展与培训记录）。

在项目过程中直接或间接产生的资产一般为组织过程资产，A、B、C 都属于组织过程资产。

■ 参考答案 D

[辅导专家提示]

项目目标的分类包括了约束性目标（管理性目标）和成果性目标（项目目标）。约束性目标（管理性目标）包括时间、费用等；成果性目标（项目目标）指通过项目开发出的满足客户要求的产品、系统、服务或成果。

项目管理的理解：在约束性目标的前提下实现成果性目标。

项目与企业运营的区别：项目具有临时性等特点，而企业运营具有连续性和重复性的特点。

项目与战略的联系：组织通过项目来实现其战略目标。

项目干系人：项目干系人是指那些积极参与项目，其利益受到项目执行或项目结果影响的个人和组织，他们也可能会对项目及其结果施加影响。项目干系人包括项目经理、项目管理团队、项目团队的其他成员、客户（用户）、发起人、项目组合经理（项目组合评审委员会）、项目集经理、项目管理办公室、职能经理、运营经理、卖方（业务伙伴）等。

其他相关概念：事业环境因素、组织过程资产。

知识点：组织结构

知识点综述

组织在项目管理系统、文化、风格、组织结构和项目管理办公室等方面的成熟度会对项目产生重要的影响。项目的组织结构对能否获得项目所需资源和以何种条件获取资源起着制约作用。

本知识点主要涉及项目组织结构的三种基本形式：职能型、矩阵型和项目型。要求考生掌握每种组织形式的特点以及对项目的影响，要求考生理解不同的项目组织形式在职权、可用资源、预算控制者以及项目管理角色上的区别。

组织结构知识点图谱如图 1-3 所示。

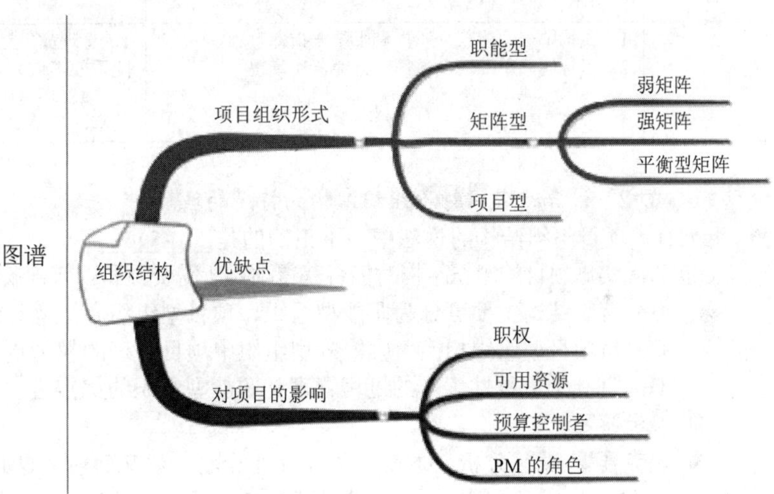

图 1-3　组织结构知识点图谱

参考题型

【考核方式 1】考核各类项目组织形式的优缺点。

● 矩阵型组织的缺点不包括＿（4）＿。

（4）A．管理成本增加　　B．员工缺乏事业上的连续性和保障
　　C．多头领导　　D．资源分配与项目优先的问题产生冲突

■ 攻克要塞-试题分析 矩阵型组织兼有职能型与项目型的特征。在矩阵型组织形式中，项目团队成员来自各个不同部门，团队成员同时接受职能部门经理与项目经理的领导。

矩阵型组织存在的缺点有：管理成本增加、多头领导、难以监测与控制、资源分配与项目优先的问题产生冲突、权利难以保持平衡。

本题中，员工缺乏事业上的连续性和保障是项目型组织的缺点。

■ 参考答案 B

[辅导专家提示] 除了矩阵型，考生还需要了解其他组织形式的优缺点，组织结构特点比较见表1-1。

表1-1 组织结构特点比较

组织结构	优点	缺点
职能型	1．强大的技术支持，便于知识、技能和经验的交流 2．清晰的职业生涯晋升路线 3．直线沟通，简单，责任和权限很清晰 4．有利于以重复性工作为主的过程管理	1．职能利益优先于项目，具有狭隘性 2．组织横向之间的联系薄弱，部门间协调难度大 3．项目经理极少或缺少权利、权威 4．项目管理发展方向不明，缺少项目基准
矩阵型	1．项目经理负责制，有明确的项目目标 2．改善了项目经理对整体资源的控制 3．获得职能组织更多的支持，最大限度地利用公司的稀缺资源 4．改善了跨职能部门间的协调合作，使质量、成本、时间等制约因素得到更好的平衡 5．团队成员有归属感、士气高、问题少，出现的冲突较少且易处理解决	1．管理成本增加 2．多头领导 3．难以监测和控制 4．资源分配与项目优先的问题产生冲突 5．权利难以保持平衡
项目型	1．结构单一，责权分明，利于统一指挥 2．目标明确单一，沟通简洁方便，决策快	1．管理成本过高（如项目的工作量不足，则资源配置效率低） 2．项目环境比较封闭，不利于沟通和技术知识等共享，员工缺乏事业上的连续性和保障

【考核方式2】综合性考核对各组织结构的特点的理解。

● 下列有关项目组织结构的说法中，不正确的是__（5）__。

（5）A．实施项目的组织结构对能否获得项目所需资源和以何种条件获取资源起着制约作用

B．组织结构主要可分为职能型组织、项目型组织和矩阵型组织

C．与项目型组织相比，强矩阵型组织中项目经理的权力更大

D．有利于重复性工作的过程管理是职能型组织的优点之一

■ 参考答案 C

■ 攻克要塞-试题分析 本题为综合性选择题，涉及的内容包括组织结构的特点、组织结构的分类和组织结构的用途等，具体分析如表1-1和表1-2所示。

表1-2 组织结构与项目关系矩阵

项目特点	组织类型				
	职能型	矩阵型			项目型
		弱矩阵	平衡矩阵	强矩阵	
项目经理的权力	很小或没有	有限	小～中等	中等～大	权力很大或近乎全权
全职参与项目的职员比例	没有	0～25%	15%～60%	50%～95%	85%～100%
项目经理的职位	兼职	兼职	兼职	全职	全职
项目经理的一般头衔	项目协调人/项目领导人	项目协调人/项目领导人	项目经理	项目经理	项目经理
项目管理/形政人员	兼职	兼职	兼职	全职	全职

（1）组织结构优缺点比较。

（2）组织结构对项目的影响。

[辅导专家提示] 对于“组织结构”的知识点来说，解题的关键在于掌握组织结构各自的优缺点，理解不同组织结构对项目所产生的影响，同时要求熟悉三种组织结构的图例。

此外，教程中提到了复合型组织结构，基于项目的组织 PBO。

复合型组织，根据工作需要，一个组织内在运作项目时，或多或少地同时包含上述三种组织形式，这就构成了复合型组织。

基于项目的组织 PBO（Project-based Organizations，PBO）是指建立临时机构来开展工作的各种组织形式。在 PBO 中，大部分工作都被当作项目来做，可以按项目方式而非职能方式进行管理。

知识点：生命周期

知识点综述

项目经理或其所在的组织会将项目分成几个阶段来进行管理，从而加强对项目的管理控制并建立起项目与组织持续运营工作之间的联系。从项目开始到项目结束，这一段时间就构成了项目的生命周期，如图 1-4 所示。

对于项目的生命周期来说，关键要掌握生命周期的分类（项目生命周期和产品生命周期），同时了解项目生命周期各阶段的特点及各个生命周期阶段的产出物。

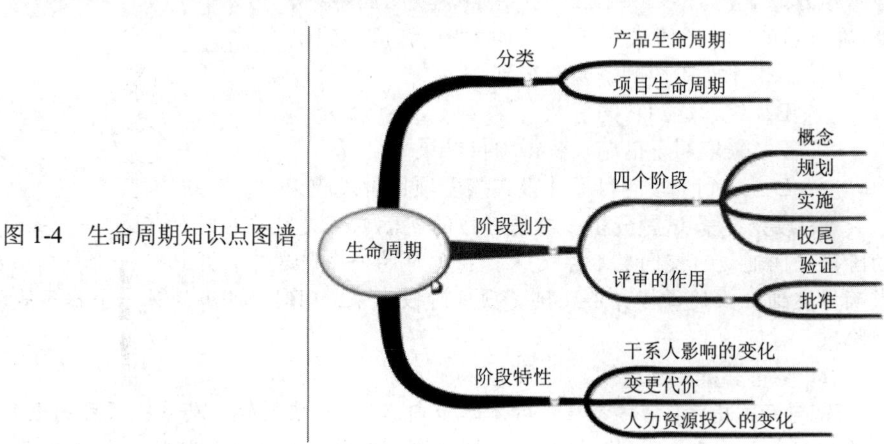

图 1-4　生命周期知识点图谱

读者在阅读中请思考以下几个问题：

（1）为什么划分生命周期？

（2）如何划分生命周期？

（3）生命周期每个阶段完成哪些工作？

（4）交付物何时产生？如何评审、验证和确认？

（5）每个阶段有哪些人参与？

参考题型

【考核方式 1】考核对项目生命周期和产品生命周期概念的理解。

● 下列关于项目生命周期和产品生命周期的叙述中，错误的是＿（6）＿。

（6）A．产品生命周期开始于商业计划，经过产品构思、产品研发、产品日常运营直到产品不再被使用

B．为了将项目与项目实施组织的日常运营联系起来，项目生命周期也会确定项目结束时的移交安排

C．一般来说，产品生命周期包含在项目生命周期内

D．每个项目阶段都以一个或一个以上的可交付物的完成和正式批准为标志，这种可交付物是一种可度量、可验证的工作产物

■ 攻克要塞-试题分析　项目是要交付特定的产品、成果和完成特定的服务。

项目的生命周期定义了项目的起始与结束，而产品的生命周期比项目的生命周期更长。产品生命周期开始于商业计划，经过产品构思、产品研发、产品日常运营直到产品不再被使用。产品生命周期关注的是整个产品从规划到开发，再到最终维护和消亡的整个过程。一个产品往往会由多个项目来实现，也可能分多个迭代周期来实现。

由于项目有特定的目标，一般产品开发出来后通过验收则项目生命周期就算完成。而产品生命周期则不同，既包括了项目开始前的预研、评估和可行性研究，也包括了项目完成后产品的维护和废弃。因此，一般来说，项目生命周期只是产品生命周期的一个阶段。

■ 参考答案　C

【考核方式 2】考核对项目生命周期各阶段的理解。

● 在项目的一个阶段末，开始下个阶段前，应该确保＿（7）＿。

（7）A．下个阶段的资源能得到

B．进程达到它的基准

C．采取纠正措施，获得项目结果

D．达到阶段的目标并正式接受项目阶段成果

■ 攻克要塞-试题分析　本题考核的实际内容是阶段控制的工具——评审。一般来说，项目的阶段之间通过可交付物联系起来，在项目的一个阶段末，开始下一阶段前，应该通过评审的方式确保达到阶段的目标并正式接受项目阶段成果。同时，评审的另一个作用是批准项目进入到下一阶段。

■ 参考答案　D

[辅导专家提示] 官方教程中的本章节内容“4.4 典型的信息系统项目的生命周期模型”对应的相关知识点，攻克要塞研究团队将其划分到“软件专业技术知识”中。

知识点：过程与过程组

知识点综述

过程是项目管理知识体系中最重要的概念之一。一个过程是指为了得到预先指定的结果而执行的一系列相关的行动或活动。根据 PMBOK 第 5 版的定义，项目管理知识体系共有 47 个过程。

项目的实现过程是由一系列的项目阶段或项目工作过程构成的，任何项目都可以划分为多个不同的项目阶段或项目工作过程。对一个项目的全过程所开展的管理工作也是一个独立的过程，这种项目管理过程也可以进一步划分成不同的阶段或活动。

本知识点要求考生了解过程和过程组的特性，了解项目管理的十大知识领域、五大过程组及它们之间的联系。对每一个过程的描述有4个要素：过程名称、输入、输出、工具/技术/方法。

以整体管理知识领域的过程制定项目管理计划为例：

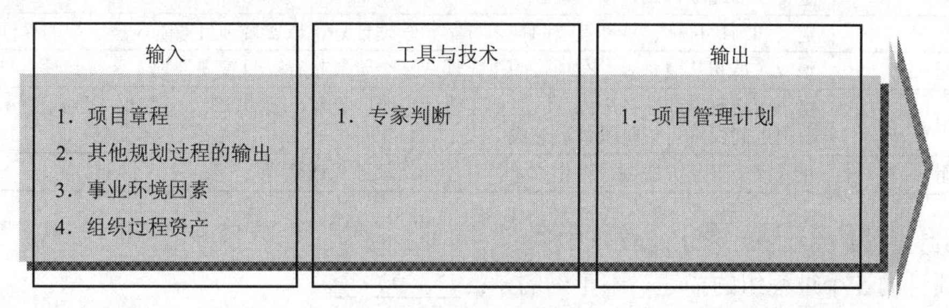

与过程对应的还有过程组的概念。对于任何项目都必需经历5个项目过程组。这5个项目过程组具有明确的依存关系并在各个项目中按一定的次序执行。在项目完成前，通常个别项目过程组可能会反复出现。项目过程组内含的过程在其组内或组间也可能反复出现。要提醒考生注意的是，**过程组之间并非顺序衔接关系，**而是交错关系，且过程组之间不存在评审，如图1-5所示。

图1-5　过程与过程组

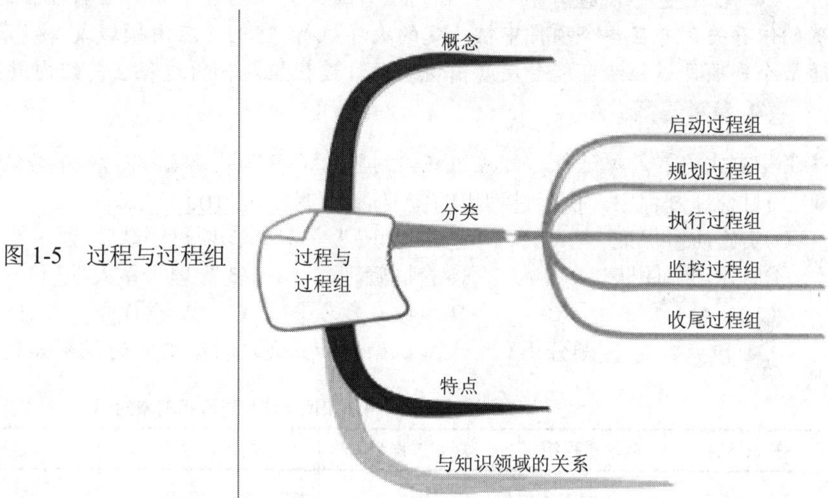

参考题型

【考核方式1】综合性考核对各过程组的理解。

● 正式批准项目进入下一阶段，这个决定的过程属于___（8）___的一部分。

（8）A. 授权　B. 控制　C. 启动　D. 计划

■ 攻克要塞-试题分析　本题的关键点在于理解启动过程不仅是项目的启动，也包括了项目阶段的启动。

根据PMI的定义，共有5个过程组，其中启动过程组中定义一个项目或项目阶段的工作与活动，决策一个项目或项目阶段的启动与否。如表1-3所示为过程组的特征。

■ 参考答案　C

表 1-3　过程组的特征

过程组	描述
启动过程组	定义并批准项目或阶段
规划过程组	定义和细化目标，规划最佳的技术方案和管理计划，以实现项目或阶段所承担的目标和范围
执行过程组	整合人员和其他资源，在项目的生命期或某个阶段执行项目管理计划，并得到输出与成果
监控过程组	要求定期测量和监控进展、识别实际绩效与项目管理计划的偏差、必要时采取纠正措施，或管理变更以确保项目或阶段目标达成
收尾过程组	正式接受产品、服务或工作成果，有序地结束项目或阶段

【考核方式 2】考核对项目管理过程的理解。

● 关于项目的 5 个过程组的描述，不正确的是：＿（9）＿。

（9）A．并非所有项目都会经历 5 个过程组
　　B．项目的过程组很少会是离散的或者只出现一次
　　C．项目的过程组经常会发生相互交迭
　　D．项目的过程组具有明确的依存关系并在各个项目中有一定的次序

■ **攻克要塞-试题分析** 对于任何项目都必需经历 5 个项目过程组。这 5 个项目过程组具有明确的依存关系并在各个项目中按一定的次序执行。它们与应用领域或特定产业无关。在项目完成前，通常个别项目过程组可能会反复出现。项目过程组内含的过程在其组内或组间也可能反复出现。

■ **参考答案** A

【考核方式 3】考核过程与过程组之间的联系，根据过程选择对应的过程组。

● 项目管理过程中，执行过程组的主要活动包括＿（10）＿。

①实施质量保证　②风险识别　③项目团队建设
④组建项目团队　⑤合同管理　⑥管理干系人期望

（10）A．①②③④⑥　B．①③④⑤⑥　C．②③④⑥　D．①③④⑥

■ **攻克要塞-试题分析** 十大知识领域和五大过程组之间的联系如表 1-4 所示。

表 1-4　知识领域与过程组的映射图

知识领域	启动过程组	规划过程组	执行过程组	监控过程组	收尾过程组
项目整体管理	制定项目章程	制定项目管理计划	指导与管理项目执行	监控项目工作 实施整体变更控制	结束项目或阶段
项目范围管理		规划范围管理 收集需求 定义范围 创建工作分解结构		确认范围 控制范围	
项目时间管理		规划进度管理 定义活动 排列活动顺序 估算活动资源 估算活动持续时间 制定进度计划		控制进度	

续表

知识领域	启动过程组	规划过程组	执行过程组	监控过程组	收尾过程组
项目成本管理		规划成本管理 估算成本 制定预算		控制成本	
项目质量管理		规划质量管理	实施质量保证	控制质量	
项目人力资源管理		规划人力资源管理	组建项目团队 建设项目团队 管理项目团队		
项目沟通管理		规划沟通管理	管理沟通	控制沟通	
项目风险管理		规划风险管理 识别风险 实施定性风险分析 实施定量风险分析 规划风险应对		监控风险	
项目采购管理		规划采购	实施采购	管理采购	结束采购
项目干系人管理	识别干系人	规划干系人管理	管理干系人参与	控制干系人参与	

备注：共计47个过程，以PMBOK第5版为依据。

■ **参考答案** D

[辅导专家提示] 过程和过程组的知识点是项目管理知识体系的基础，理解这一部分知识点对了解整个项目管理知识体系，应对理解型和应用型题目大有裨益。建议考生在复习过程中注意阅读官方教材中的描述。

2016年6月出版的官方教材《系统集成项目管理工程师教程第二版》参考了PMBOK第5版的内容。本表格直接引用PMBOK第5版原文，同时，考虑到官方教材和实际考试出题的可能性，在后续章节的展开中，根据实际情况会对过程的引用版本有所调整。

知识点：项目经理与PMO

知识点综述

本知识点包括项目管理所需要的专门知识领域（6点）；项目经理的一般技能要求；PMO分类；PMO的职责及其与项目经理在目标上的区别；主要的项目干系人等。

项目管理办公室（PMO）是在所辖范围内集中、协调管理项目的组织内的机构。根据需要，可以为一个项目设立一个PMO，可以为一个部门设立一个PMO，也可以为一个企业设立一个PMO。这三级PMO可以在一个组织内同时存在。

知识图谱如图1-6所示。

图1-6 项目干系人

参考题型

【考核方式 1】考核项目管理的技能。

● 有效的项目管理要求项目管理团队至少需要理解和使用下列 （11） 方面的专门知识。
①项目管理知识体系 ②项目应用领域的知识、标准和规定 ③项目的环境知识 ④通用的管理知识和技能 ⑤软技能或人际关系际能 ⑥经验、知识、工具和技术

（11）A. ①②③ B. ①②③④ C. ①②③④⑤ D. ①②③④⑤⑥

■ 攻克要塞-试题分析 此类题目属于识记性题目，来源于官方教材。解答此类题目的关键不在于记忆，而是要根据常识和经验进行判断。

■ 参考答案 D

【考核方式 2】考核对 PMO 的理解。

● 关于 PMO（Project Management Office，项目管理办公室）的描述中，不正确的是 （12） 。

（12）A. PMO 在组织内部承担起了将组织战略目标通过一个个项目的执行加以实现的职能
B. PMO 建立组织内项目管理的支撑环境
C. PMO 负责组织内多项目的管理和监控
D. PMO 和项目经理追求相同的任务目标，并受相同的需求驱动

■ 攻克要塞-试题分析 本题考核对 PMO 的理解，涉及 PMO 的主要职能问题及其与项目经理之间的关系。

PMO 在管辖范围内集中协调管理多个项目的组织单元。PMO 关注于与上级组织或客户的整体业务目标相联系的项目或子项目之间的协调计划、优先级和执行情况。

项目经理和 PMO 在组织中处于不同的层次，追求不同的目标，受不同的需求驱动，其区别如表 1-5 所示。

表 1-5 项目经理与 PMO 的区别

NO.	项目经理	PMO
1	负责在项目约束条件下完成特定的项目成果性目标	具有特殊授权的组织机构，其工作目标包含组织级的观点
2	关注特定目标	管理重要的大型项目范围的变化以达到经营目标
3	控制赋予项目的资源以最好地实现项目目标	对所有项目之间的共享组织资源进行优化使用
4	管理中间产品的范围、进度、成本与质量	管理整体风险、整体机会和所有的项目依赖关系
5	一般直接向 PMO 管理人员进行汇报	

■ 参考答案 D

[辅导专家提示] PMO 有支持型、控制型和指令型 3 种。

（1）支持型。支持型 PMO 担当顾问的角色，向项目提供模板、最佳实践、培训以及来自其他项目的信息和经验教训。这种类型的 PMO 其实就是一个项目资源库，对项目的控制程度很低。

（2）控制型。控制型 PMO 不仅给项目提供支持，而且通过各种手段要求项目服从 PMO 的管理策略，例如要求采用项目管理框架或方法论，使用特定的模板、格式和工具，或者要求项目经理服从组织对项目的治理。这种类型的 PMO 对项目的控制程度属于中等。

（3）指令型。指令型 PMO 直接管理和控制项目。这种类型的 PMO 对项目的控制程度很高。

课堂练习

- 下列描述中，____(1)____不是项目特点。

  (1) A．任务要满足一定性能、质量、数量、技术指标等要求
  B．项目具有特定的目标，项目实施是为了达到项目的目标
  C．项目利用有限资源（人力、物力、财力等）在规定的时间内完成任务
  D．项目的实施具有周而复始的循环性，类似于企业的运作

- 以下关于项目目标的论述中，不正确的是____(2)____。

  (2) A．项目目标就是所能交付的成果或服务的期望效果
  B．项目目标应分解到相关岗位
  C．项目目标应是可测量的
  D．项目是一个多目标系统，各目标在不同阶段要给予同样重视

- 以下关于项目与项目管理的描述，不正确的是____(3)____。

  (3) A．项目临时性是指每一个项目都有一个明确的开始时间和结束时间
  B．渐进明细是指项目的成果性目标是逐步完成的
  C．项目的目标不存在优先级，项目目标具有层次性
  D．项目整体管理属于项目管理核心知识域

- 工作通常可划分为项目或运作（运营），以下对这两者的描述正确的是____(4)____。

  (4) A．项目和运作是完全分离的、不重叠的
  B．项目是临时性的和独特的，运作是具有连续性和重复性的
  C．项目和运作都是重复性的
  D．一个项目能分解成多个运作

- 项目具有临时性、独特性与渐进明细的特点，其中临时性指____(5)____。

  (5) A．项目的工期短
  B．每个项目都有明确的开始与结束时间
  C．项目的成果性目标是逐步完成的
  D．项目经理可以随时取消项目

- 下面关于项目干系人的说法，不正确的是____(6)____。

  (6) A．项目干系人也叫项目利益相关者或项目利害关系者
  B．项目管理团队必须明确项目干系人，确定其需求，然后对这些需求进行管理并施加影响，确保项目取得成功
  C．客户和用户是每个项目的关键干系人
  D．项目管理办公室（PMO）不属于项目干系人的范畴

- 在____(7)____中，项目经理的权利最小。

  (7) A．强矩阵型组织　　B．平衡矩阵组织
  C．弱矩阵型组织　　D．项目型组织

- 矩阵型组织的缺点不包括____(8)____。

  (8) A．管理成本增加　　B．缺乏事业上的连续性和保障
  C．多头领导　　D．资源分配与项目优先的问题产生冲突

- 关于项目管理办公室（PMO）的叙述，___(9)___是错误的。

（9）A．PMO 可以为项目管理提供支持服务

B．PMO 应该位于组织的中心区域

C．PMO 可以为项目管理提供培训、标准化方针及程序

D．PMO 可以负责项目的行政管理

- 项目管理过程中，___(10)___不完全属于监控过程组。

（10）A．范围确认、监督和控制项目工作、整体变更控制

B．进度控制、控制沟通、风险监督与控制

C．成本控制、质量保证、范围控制

D．范围控制、控制干系人参与

2 项目立项管理

知识点图谱与考点分析

“项目立项管理”的知识点在系统集成项目工程师考试中的分值大约为 2 分左右。在本章中，类似的识记知识点较多，包括：①项目建议书的内容；②可行性研究的内容；③项目论证的程序等。

该章节知识点有两个特点：

（1）所涉及的知识点以识记性居多；

（2）投资回收期等计算题属于考核难点，该类知识点在官方教材中并没有详细讲解。

本知识点在官方教材第二版中有一定变动，复习过程中注意阅读官方教材，其主要知识点图谱如图 2-1 所示。

[辅导专家提示] 官方教程中立项管理 5.4 节内容为“项目招投标”，本书将本知识点归类到“法律法规”专题中进行讲解。

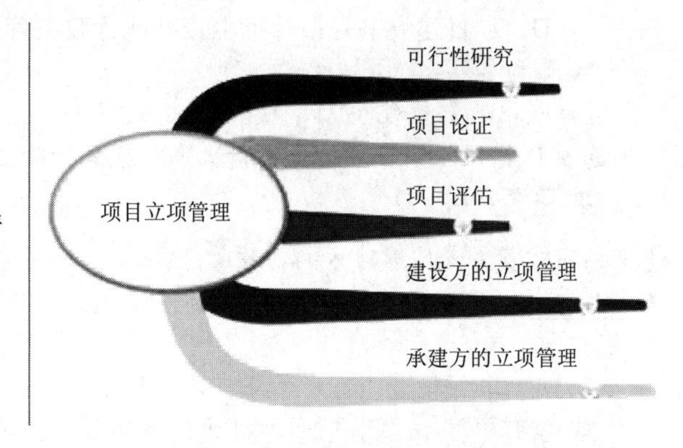

图 2-1 项目立项管理知识点图谱

知识点：项目建议书

知识点综述

项目建议书是项目发展周期初始阶段的产物，是国家或上级主管部门选择项目的依据，也是可行性研究的依据。涉及利用外资的项目，在项目建议书批准后方可开展对外工作。有些企业单位根据自身发展需要自行决定建设的项目，也参照这一模式首先编制项目建议书。

本知识点属于识记性内容。

参考题型

【考核方式 1】考核项目建议书内容，属于识记性知识点。

- 下列选项中属于项目建议书核心内容的是___（1）___。

①项目的必要性　　②风险因素及其对策　　③项目的市场预测

④产品方案的市场预测　　⑤项目建设必需的条件

（1）A．①②③④　　B．①②③⑤　　C．①③④⑤　　D．②③④⑤

■ 攻克要塞-试题分析　项目建议书，又称立项申请，是项目建设单位向上级主管部门提交项目申请时所必须的文件，是该项目建设筹建单位或项目法人，根据国民经济的发展、国家和地方中长期规划、产业政策、生产力布局、国内外市场、所在地的内外部条件、本单位的发展战略等，提出的某一具体项目的建议文件，是对拟建项目提出的框架性的总体设想。项目建议书是项目发展周期的初始阶段，是国家或上级主管部门选择项目的依据，也是可行性研究的依据。

项目建议书包括的核心内容有（4 项）：项目的必要性；项目的市场预测；产品方案或服务的市场预测；项目建设必需的条件。

本题中，“风险因素及其对策”不是项目建议书的核心内容，是可行性研究的内容。

■ 参考答案　C

【考核方式 2】考核对项目建议书的理解。

- 关于项目建议书的描述，不正确的是___（2）___。

（2）A．项目建议书是针对拟建项目提出的总体性设想

B．项目建议书是项目建设单位向上级主管部门提交的项目申请文件

C．项目建议书包含总体建设方案、效益和风险分析等内容

D．项目建议书是银行批准贷款或行政主管部门审批决策的依据

■ 攻克要塞-试题分析

【考点出处】教程 5.1.1，项目建议书。

选项 D 错误，项目评估是银行批准贷款或行政主管部门审批决策的依据。

■ 参考答案　D

【考核方式 3】考核承建方的立项管理。

- ___（3）___是承建方项目立项的第一步，其目的在于选择投资机会和鉴别投资方向。和鉴别投资方向。

（3）A．项目论证　　B．项目评估　　C．项目识别　　D．项目可行性分析

■ 攻克要塞-试题分析　承建方的立项管理主要包括：项目识别、项目论证、投标等步骤。项目识别是承建方项目立项的第一步，其目的在于选择投资机会和鉴别投资方向。

■ 参考答案　C

[辅导专家提示]　与承建方的立项管理相对应的是建设方的立项管理。建设方的立项管理主要包括：项目建议书的编写、申报和审批；项目的可行性研究（初步可行性研究，详细可行性研究，

项目论证，项目评估，项目可行性研究报告的编写、提交和获得批准）；项目招标（招标、投标、评标、选定项目承建方）。

知识点：可行性研究

知识点综述

可行性研究主要考核：

（1）可行性研究的阶段。

（2）可行性研究的内容。

（3）可行性研究的步骤。

参考题型

【考核方式 1】 考核可行性研究中对具体内容的理解。

- 可行性研究过程中，___（4）___的内容是：从资源配置的角度衡量项目的价值，评价项目在实现区域经济发展目标、有效配置经济资源、增加供求、改造就业、改善环境、提高人民生活等方面的效益。

  （4）A．技术可行性研究　　B．经济可行性研究

  C．社会可行性研究　　D．市场可行性研究

■ 攻克要塞-试题分析 本题考核项目可行性研究内容中的“经济可行性研究”，从题干中的关键字如“经济发展目标”等即可判断。

■ 参考答案 B

[辅导专家提示] 本知识点在近几年考核中频率较高，分别考核了技术可行性、组织可行性及经济可行性等。要求考生了解可行性研究的内容，另一方面要求了解每项内容的具体含义，出题过程中常见考核方式是给出一段文字描述要求考生判断属于可行性研究中的哪一项具体内容。

项目可行性研究内容一般应包括以下内容：

1. 投资必要性：主要根据市场调查及预测的结果，以及有关的产业政策等因素，论证项目投资建设的必要性

2. 技术可行性：主要从项目实施的技术角度，合理设计技术方案，并进行比较、选择和评价。

3. 财务可行性：主要从项目及投资者的角度，设计合理财务方案，从企业理财的角度进行资本预算，评价项目的财务盈利能力，进行投资决策，并从融资主体（企业）的角度评价股东投资收益、现金流量计划及债务偿还能力。

4. 组织可行性：制定合理的项目实施进度计划、设计合理的组织机构、选择经验丰富的管理人员、建立良好的协作关系、制定合适的培训计划等，保证项目顺利执行。

5. 经济可行性：主要是从资源配置的角度衡量项目的价值，评价项目在实现区域经济发展目标、有效配置经济资源、增加供应、创造就业、改善环境、提高人民生活等方面的效益。

6. 社会可行性：主要分析项目对社会的影响，包括政治体制、方针政策、经济结构、法律道德、宗教民族、妇女儿童及社会稳定性等。

7. 风险因素及对策：主要对项目的市场风险、技术风险、财务风险、组织风险、法律风险、经济及社会风险等因素进行评价，制定规避风险的对策，为项目全过程的风险管理提供依据。

知识点：供应商内部立项

知识点综述

供应商内部立项的工作内容是经常会考到的内容。一般来说，系统集成供应商主要根据项目的特点和类型，决定是否要在组织内部为所签署的外部项目单独立项。例如针对包含软件开发任务的项目通常需要进行内部立项，而那些单一的设备采购类项目则无需单独立项。

系统集成供应商在进行项目内部立项时一般包括的内容有：

（1）项目资源估算。

（2）项目资源分配。

（3）准备项目任务书。

（4）任命项目经理等。

参考题型

【考核方式 1】考核供应商内部立项内容。

- 供应商在进行项目内部立项时，立项内容不包括__（5）__。

（5）A．项目资源估算　B．项目资源分配　C．任命项目经理　D．项目可行性研究

■ 攻克要塞-试题分析

【考点出处】教程 5.6，供应商内部立项。

系统集成供应商在进行项目内部立项时一般包括的内容有项目资源估算、项目资源分配、准备项目任务书和任命项目经理等。

■ 参考答案　D

知识点：项目论证

知识点综述

项目论证是指对拟实施项目技术上的先进性、适用性，经济上的合理性、盈利性，实施上的可行性、风险可控性进行全面科学的综合分析，为项目决策提供客观依据的一种技术经济研究活动。项目论证一般开始于**可行性研究之后、项目评估之前**。

本知识点主要涉及项目论证的方法，要求考生了解项目论证中主要方法及其区别，其知识点图谱如图 2-2 所示。

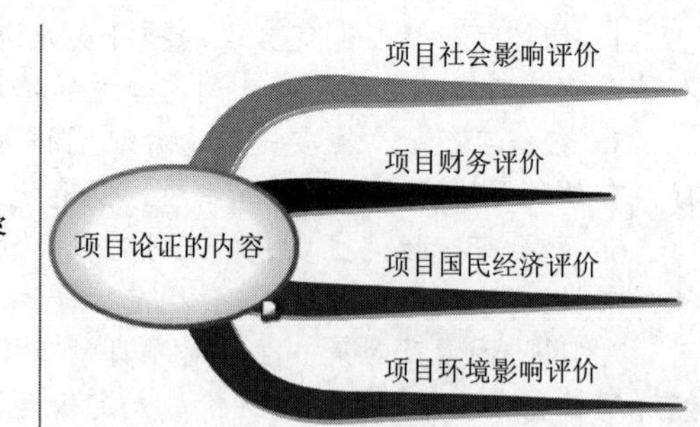

图 2-2　项目论证的内容

参考题型

【考核方式 1】考核对项目论证的理解。

● 项目论证是指对拟实施项目技术上的先进性、适用性，经济上的合理性、盈利性，实施上的可能性、风险可控性进行全面科学的综合分析，为项目决策提供客观依据的一种技术经济研究活动。下列关于项目论证的叙述中，错误的是 （6） 。

（6）A. 项目论证的作用之一是作为筹措资金、向银行贷款的依据

B. 项目论证的内容之一是国民经济评价，通常运用影子价格、影子汇率、影子工资等工具或参数

C. 数据资料是项目论证的支柱

D. 项目财务评价是从项目的宏观角度判断项目或不同方案在财务上的可行性的技术经济活动

■ 攻克要塞-试题分析 项目论证的内容包括项目运行环境评价、项目技术评价、项目财务评价、项目国民经济评价、项目环境评价、项目社会影响评价、项目不确定性和风险评价、项目综合评价等。其中财务评价是项目经济评价的主要内容之一，它是从项目的微观角度，在国家现行财税制度和价格体系的条件下，从财务的角度分析、计算项目的财务盈利能力和清偿能力以及外汇平衡等财务指标，据此判断项目或不同方案在财务上的可行性的技术经济活动。

项目论证的作用主要体现在以下几个方面：

（1）确定项目是否实施的依据；

（2）筹措资金、向银行贷款的依据；

（3）编制计划、设计、采购、施工以及机构设置、资源配置的依据；

（4）项目论证是防范风险、提高项目效率的重要保证，而数据资料是项目论证的支柱之一。

■ 参考答案 D

知识点：项目评估

知识点综述

项目评估是在可行性研究的基础之上，由第三方对拟建项目进行评价、分析和论证，进而判断项目是否可行，重点在评估项目的必要性。

对于项目评估，重点掌握评估的依据、内容、流程及具体评估的方法（包括项目评估法、企业评估法、总量评估法和增量评估法），如图 2-3 所示。

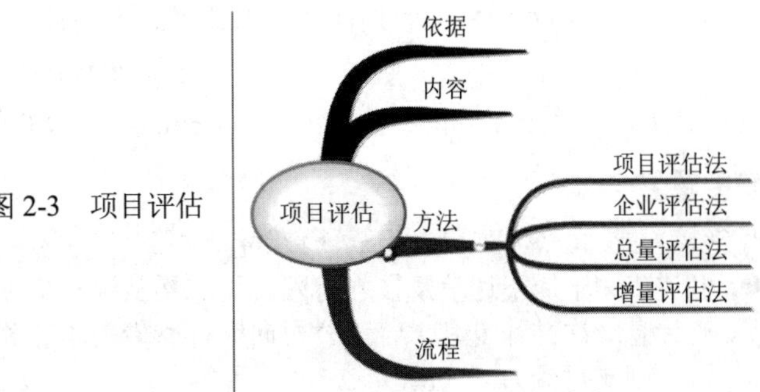

图 2-3 项目评估

参考题型

【考核方式 1】综合性考核对项目评估方法的理解。

● 建设方在进行项目评估时，根据项目的类型不同所采用的评估方法也不同。如果使用总量评估法，其难点是___（7）___。

（7）A．如何准确确定新增投入资金的经济效果
B．确定原有固定资产重估值
C．评价追加投资的经济效果
D．确定原有固定资产对项目的影响

■ 攻克要塞-试题分析 根据前述内容，项目评估是指在项目可行性研究的基础上，由第三方根据国家颁布的政策、法规、方法、参数和条例等，从项目、国民经济和社会角度出发，对拟建项目建设的必要性、建设条件、生产条件、产品市场需求、工程技术、经济效益和社会效益等评价、分析和论证，进而判断其是否可行的一个评估过程。

项目评估的方法有：项目评估法、企业评估法、总量评估法和增量评估法。

■ 参考答案 B

项目评估方法的分类与比较如表 2-1 所示。

表 2-1 项目评估方法的分类与比较

项目评估方法	特点描述
项目评估法	又称局部评估法，以具体的技术改造项目为评估对象。费用、效益的计量范围仅限于项目本身，适用于关系简单、费用和效益容易分离的技术改造项目
企业评估法	又称全局评估法，从企业全局出发，通过比较一个企业改造和不改造两个不同方案的经济效益来评估项目的经济效益
总量评估法	总量评估法的费用和效益测算采用总量数据和指标，确定原有固定资产重估值是估算总投资的难点。该法简单，易被人们接受，侧重经济效果的整体评估，但无法准确回答新增投入资金的经济效果
增量评估法	增量评估法采用增量数据和指标，并满足可比性原则。这种方法实际上是把改造和不改造两个方案转化成一个方案进行比较，利用方案之间的差额数据来评价追加投资的经济效果

知识点：复利计算

知识点综述

本知识点考查应试人员对“货币的时间价值”概念的掌握，这是项目投资决策分析的基础，后续的净现值分析和投资回收期计算均以此概念为基础。本知识点根据复利公式进行计算：

$$F_n = P(1+R)^n$$

其中，F_n 为 n 年末的终值，P 为 n 年初的本金，R 为年利率，$(1+R)^n$ 为到 n 年末的复利因子。

参考题型

【考核方式 1】考核对复利公式的理解。

● 弘道集团下属飞达信息技术有限公司年初从银行借款 200 万元，年利率为 3%。银行规定每半年计息一次并计复利，若该公司向银行所借的本金和产生的利息均在第三年末一次性向银行支付，则支付额为___（8）___。

（8）A．218.69　　　　B．238.81　　　　C．218.55　　　　D．218.00

■ 攻克要塞-试题分析 本题考查的是计算复利，复利计算的公式：

$$F_n = P(1+R)^n$$

其中，R 表示年利率。

本题中，由于是每半年计息一次，所以 n=6。需要注意的是，R 与 n 是相对应的，每半年计息一次，因此 R 也应该化为半年的利率，即 R=1.5%，代入公式计算：

$$F_n = 200\times(1+0.015)^6 = 218.69\ \text{万元}$$

■ 参考答案 A

知识点：财务评价

知识点综述

本知识点涉及较多的概念，如时间价值、现金流量、现值、净现值 NPV、动态投资回收期、静态投资回收期等，属于考核的难点。

财务评价属于可行性研究方法，包括静态评价方法和动态评价方法。其中，静态评价方法包括投资回收率和投资回收期；动态评价方法包括净现值、内部收益率、动态投资回收期、收益/成本比值等。详细可行性研究方法如图 2-4 所示。

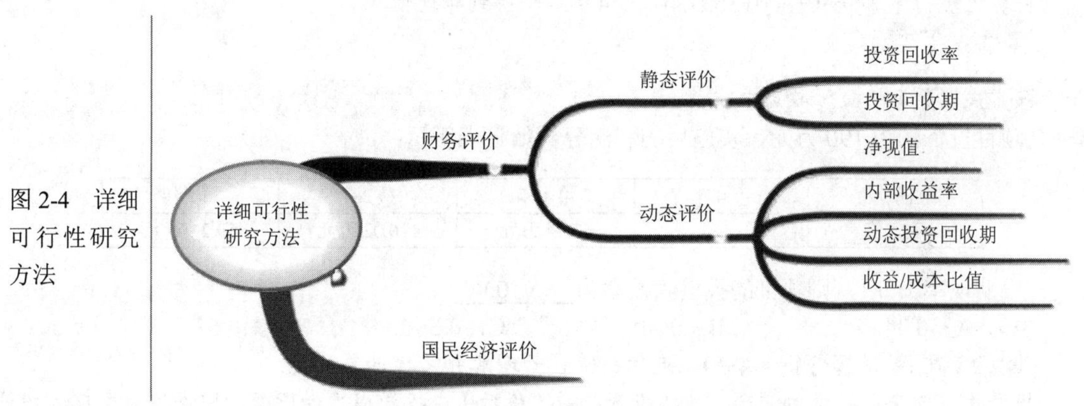

图 2-4　详细可行性研究方法

财务评价所涉及的计算题的关键点在于理解公式、掌握概念并熟悉公式。

参考题型

【考核方式 1】考核净现值的计算，要求考生理解资金的时间价值，掌握现值和净现值的计算公式。

● 某项目各期的现金流量如下表所示：

期数	0	1	2
净现金流量	−630	330	440

设贴现率为 10%，则项目的净现值约为＿（9）＿。

（9）A．140　　　　B．70　　　　C．34　　　　D．6

■ 攻克要塞-试题分析 解答本题的关键在于掌握现值和净现值的计算公式。

现值的计算公式:

$$P=\frac{F}{(1+i)^n}$$

其中，P 为现值，F 为终值，i 为贴现率。

净现值的计算公式:

$$NPV=\sum_{t=0}^{n}\frac{(CI-CO)_t}{(1+i)^t}$$

其中，CI 为现金流入，CO 为现金流出，CI-CO 即现金流量。净现值是现值累加后的结果。

本题中，现金流量计算如下表所示:

期数	0	1	2
净现金流量	-630	330	440
现值	$-630/(1+i)^0$	$330/(1+i)^1$	$440/(1+i)^2$

将 i=10%代入，得到现值如下表所示:

期数	0	1	2
净现金流量	-630	330	440
现值	-630	300	363.64

将现值进行累加-630+300+363.64=33.64≈34，得到净现值。

■ **参考答案** C

【考核方式 2】考核投资收益率。

● 某项目投资额为 190 万元，实施后的利润分析如下表所示:

利润分析	第 0 年	第 1 年	第 2 年	第 3 年
利润值	—	67.14 万元	110.02 万元	59.23 万元

假设贴现率为 0.1，则项目的投资收益率为 （10） 。

（10）A. 0.34　　B. 0.41　　C. 0.58　　D. 0.67

■ **攻克要塞-试题分析** 本知识点的关键在于理解并掌握计算公式。

投资收益率又称投资利润率，是指投资收益（税后）占投资成本的比率。投资收益率反映投资的收益能力。

投资收益率（ROI，又称投资回报率）= 投资收益/投资成本 × 100%。

本题中，投资收益率=运营期年均净收益/投资总额×100%。在计算年均净收益时，需要根据公式:

$$P=\frac{F}{(1+i)^n}$$

计算每年的贴现值，此处 i=0.1

利润分析	第 0 年	第 1 年	第 2 年	第 3 年
利润值	—	67.14	110.02	59.23
贴现值	—	61.04	90.93	44.50

因此，运营期年平均收益=（61.04+90.93+44.50）/3＝65.49 万，投资总额 ＝190 万，代入公式后得到投资收益率为 34%。

■ 参考答案 A

【考核方式 3】考核动态投资回收期。

● 某集团下属飞达信息技术有限公司 2009 年初计划投资 1000 万人民币开发一套中间件产品，预计从 2009 年开始，实现年销售收入 1500 万元，年市场销售成本 1000 万元。该产品的系统分析员张工根据财务总监提供的贴现率，制作了如表 2-2 所示的产品销售现金流量表。根据表中的数据，该产品的动态投资回收期是 (11) 年。

表 2-2 产品销售现金流量表

年度	2009	2010	2011	2012	2013
投资	1000	—	—	—	—
成本	—	1000	1000	1000	1000
收入	—	1500	1500	1500	1500
净现金流量	-1000	500	500	500	500
净现值	-925.23	428.67	396.92	367.51	340.29

（11）A. 1 B. 2 C. 3.27 D. 3.73

■ 攻克要塞-试题分析 所谓投资回收期，是指投资回收的期限，也就是用投资方案所产生的净现金收入回收初始全部投资所需的时间。对于投资者来讲，为了减少投资的风险，投资回收期越短越好。

计算投资回收期时，根据是否考虑资金的时间价值可分为静态投资回收期（不考虑资金的时间价值因素）和动态投资回收期（考虑资金的时间价值因素）。

一般来说，投资回收期从信息系统项目开始投入之日算起，即包括建设期，单位通常用“年”表示。

（1）静态投资回收期。例如，一笔 1000 元的投资，当年收益，每年的净现金收入为 500 元，则静态投资回收期为 T＝1000/500＝2 年。

（2）动态投资回收期。考虑资金的时间价值，动态投资回收期 T_p 的计算公式为：

T_p=累计折现值开始出现正值的年份数-1+上一年累计折现值|/当年折现值

本题中，第 4 年（2012 年）累计折现值开始大于 0，所以：

动态投资回收期＝（4-1）+（428.67+396.92-925.23）/367.51＝3.27

■ 参考答案 （11）C

[辅导专家提示] 投资回收期指标直观、简单，便于为投资者衡量风险。投资者关心的是用较短的时间回收全部投资，减少投资风险。但投资回收期指标最大的缺点是没有反映投资回收期以后方案的情况，因而不能全面反映项目在整个寿命期内真实的经济效果。所以投资回收期一般用于粗略评价，需要与其他指标结合起来使用。

课堂练习

● 某软件公司项目 A 的利润分析如下表所示。设贴现率为 10%，第 2 年的利润净现值是 (1) 元。

利润分析	第 0 年	第 1 年	第 2 年	第 3 年
利润值		889000	1139000	1514000

（1）A．1378190　　B．949167　　C．941322　　D．922590

● 下表为一个即将投产项目的计划收益表，经计算，该项目的投资回收期是　（2）　。

	第 1 年（投入年）	第 2 年（销售年）	第 3 年	第 4 年	第 5 年	第 6 年	第 7 年
净收益	−270	35.5	61	86.5	61	35.5	31.5
累计净收益	−270	−234.5	−173.5	−87	−26	9.5	41

（2）A．4.30　　B．5.73　　C．4.73　　D．5.30

● 下列有关项目论证的概念、作用和内容的叙述中，错误的是　（3）　。

（3）A．项目论证是为项目决策提供客观依据的一种技术经济研究活动

B．项目论证是防范风险、提高项目效率的重要保证

C．项目论证是确定项目是否实施的依据

D．项目财务评价是项目论证的内容之一，它是从项目的宏观角度，在国家现行财税制度和价格体系的条件下，从财务角度分析、计算项目的财务盈利能力、清偿能力和外汇平衡等财务指标，据此判断项目或不同方案在财务上的可行性的技术活动

● 评估开发所需的成本和资源属于可行性研究中　（4）　研究的主要内容。

（4）A．社会可行性　　B．经济可行性　　C．技术可行性　　D．实施可行性

● 立项管理是项目管理中的一项重要内容。从项目管理的角度看，立项管理主要是解决项目的　（5）　问题。

（5）A．技术可行性　　B．组织战略符合性　C．高层偏好　　D．需求收集和确认

● 系统集成供应商在进行项目内部立项时的工作不包括　（6）　。

（6）A．项目资源估算　　B．任命项目经理

C．组建项目 CCB　　D．准备项目任命书

● 项目建议书中不包含　（7）　。

（7）A．产品方案或服务的市场预测　　B．项目建设必需的条件

C．项目的市场预测　　D．风险因素及对策

● 针对新中标的某政务工程项目，系统集成商在进行项目内部立项时，立项内容一般不包括　（8）　。

（8）A．项目资源分配　　B．任命项目经理　C．项目可行性研究　D．准备项目任务书

● 关于项目可行性研究的描述中，不正确的是　（9）　。

（9）A．初步可行性研究可以形成初步可行性报告

B．项目初步可行性研究与详细可行性研究的内容大致相同

C．小项目一般只做详细可行性研究，初步可行性研究可以省略

D．初步可行性研究的方法有投资估算法、增量效益法等

● 项目经理小张在组织项目核心团队编写可行性研究报告。对多种技术方案进行比较，选择和评价属于　（10）　分析。

（10）A．投资必要性　　B．技术可行性　　C．经济可行性　　D．组织可行性

3

项目整体管理

知识点图谱与考点分析

项目整体管理过程负责项目的全生命周期管理、全局性管理和综合性管理。

对于项目整体管理知识点的复习，第一要点在于理解“整体管理”活动，理解整体管理知识领域中各个管理过程的意义和各个过程之间的衔接关系。

此外，整体管理也是下午卷案例经常性考核的内容，主要涉及项目章程、项目计划、项目的变更、阶段性验收或项目收尾等。

本章节中，同样也涉及较多识记性的内容，具体包括：项目章程的内容和项目管理计划相关的内容（项目管理计划中的子计划、计划的组成、计划的编制方法、计划编制原则等），这些内容往往也是下午卷案例分析考核的要点之一。

知识点：整体管理过程

知识点综述

对十大知识领域的过程的考核是经常性的考核方式。对于此类题目，关键在于识记全部过程，对于整体管理，其管理过程如图 3-1 所示。

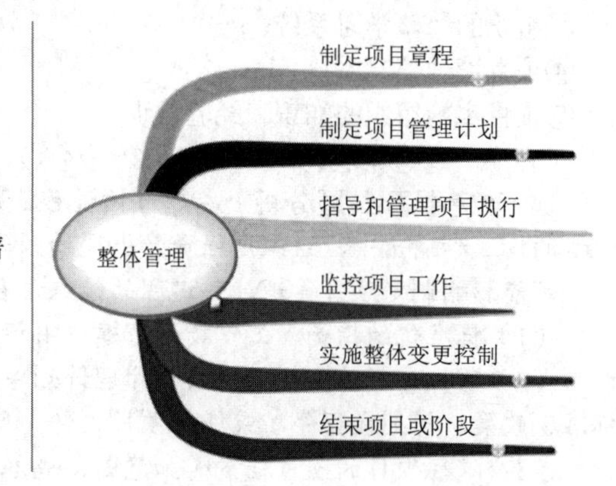

图 3-1　整体管理知识点图谱

此外，项目管理知识体系中的全部过程可具体参考第 1 章“项目管理基础”中的表 1-4。

【考核方式 1】考核整体管理知识领域中所涉及的过程。

● 项目整体管理的主要过程是___（1）___。

（1）A．制定项目管理计划、执行项目管理计划、项目范围变更控制

B．制定项目管理计划、指导和管理项目执行、项目整体变更控制

C．项目日常管理、项目知识管理、项目管理信息系统

D．制定项目管理计划、确定项目组织、项目整体变更控制

■ 攻克要塞-试题分析 根据 PMBOK 第 5 版的描述，项目整体管理的主要过程有：

（1）制定项目章程，正式授权项目或项目阶段的开始；

（2）制定项目管理计划；

（3）指导和管理项目的执行；

（4）监督项目工作；

（5）实施整体变更控制；

（6）结束项目或阶段。

由此可见，本题只有 B 选项说法正确。

■ 参考答案 B

【考核方式 2】考核过程的输入、输出和工具。

● 下列___（2）___不是项目启动的依据。

（2）A．专家判断　　B．合同　　C．项目工作说明书　D．组织过程资产

■ 攻克要塞-试题分析 所谓“依据”，即过程的输入。本题中，选项 A“专家判断”是项目启动的工具，不是输入，所以选择 A 选项。

■ 参考答案 A

[辅导专家提示] 项目启动的依据除了 B、C、D 选项外，还包括事业环境因素和商业论证。

【考核方式 3】考核某一过程中输入、输出或工具的具体含义。

● ___（3）___属于组织过程资产的内容。

①项目干系人对风险的承受力

②项目实施组织的企业计划、政策方针、规程、指南和管理系统

③组织的经验学习系统

④项目管理信息系统

⑤项目实施组织的知识和经验教训

（3）A．①②③④⑤　　B．②③④⑤　　C．②③⑤　　D．①④⑤

■ 攻克要塞-试题分析 本题考核过程输入“组织过程资产”的具体含义。在项目管理全部过程的输入和输出中，组织过程资产出现的频率非常高。

可能影响制定项目管理计划过程的组织过程资产包括（但不限于）：

（1）标准化的指南、工作指示、建议书评价准则和绩效测量准则；

（2）项目管理计划模板。项目管理计划中可能需要更新的内容包括变更控制程序，修改公司标准、政策、计划和程序（或任何项目文件）所需遵循的步骤，以及如何批准和确认变更；

（3）以往项目的项目档案（如范围、成本、进度与绩效测量基准，项目日历，项目进度网络

图，风险登记册，风险应对计划和风险影响评价）；

（4）历史信息与经验教训知识库；

（5）配置管理知识库，包括公司标准、政策、程序和项目文件的各种版本与基准。

同时，伴随着组织过程资产出现的还有事业环境因素。

可能影响制定项目管理计划过程的事业环境因素包括（但不限于）：

（1）政府或行业标准；

（2）项目管理信息系统（如自动化工具，包括进度计划软件、配置管理系统、信息收集与发布系统，或进入其他在线自动化系统的网络界面）；

（3）组织结构与文化；

（4）基础设施（如现有设施和固定资产）。

■ 参考答案 C

【考核方式4】考核对项目整体管理的理解

● ___(4)___没有体现项目经理作为整合者的作用。

(4) A．与项目干系人全面沟通，来了解他们对项目的需求
B．充分发挥自身经验，制定尽可能详细的项目管理计划
C．在相互竞争的众多干系人之间寻找平衡点
D．通过沟通、协调达到各种需求的平衡

■ 攻克要塞-试题分析 本考点来自于教程 “6.1.2 项目经理是整合者”。

常识题，根据题干描述选项B“充分发挥自身经验，制定尽可能详细的项目管理计划”，这是项目经理个人经验的发挥，而不是基于整合的角度。

作为整合者，项目经理必须：

（1）通过与项目干系人主动、全面的沟通，来了解他们对项目的需求。

（2）在相互竞争的众多干系人之间寻找平衡点。

（3）通过协调工作，来达到各种需求间的平衡，实现整合。

■ 参考答案 B

整体管理过程补充知识点

输入、输出、工具/技术/方法是常考知识点，表3-1对整体管理过程的主要输入、输出和工具/技术/方法进行了整理。对于以下内容，不需要死记硬背，把握过程之间的关联以及过程的主要输入输出即可。

表3-1 整体管理过程的输入、输出和工具

过程名称	输入、输出、工具/技术/方法	
制定项目章程	主要输入	项目工作说明书、商业论证、合同、事业环境因素、组织过程资产
	主要输出	项目章程
	主要工具	专家判断
制定项目管理计划	主要输入	项目章程、其他规划过程的输出、事业环境因素、组织过程资产
	主要输出	项目管理计划
	主要工具	专家判断

续表

过程名称	输入、输出、工具/技术/方法	
指导和管理项目的执行	主要输入	项目管理计划、批准变更请求、事业环境因素、组织过程资产
	主要输出	可交付成果、工作绩效信息、变更请求、项目管理计划（更新）、项目文件（更新）
	主要工具	专家判断、PMIS
监督项目工作	主要输入	项目管理计划、绩效报告、事业环境因素、组织过程资产
	主要输出	变更请求、项目管理计划（更新）、项目文件（更新）
	主要工具	专家判断
实施整体变更控制	主要输入	项目管理计划、工作绩效信息、变更请求、事业环境因素、组织过程资产
	主要输出	变更请求状态（更新）、项目管理计划（更新）、项目文件（更新）
	主要工具	专家判断、变更控制委员会
结束项目或阶段	主要输入	项目管理计划、验收可交付成果、组织过程资产
	主要输出	最终产品/服务或成果移交、组织过程资产（更新）
	主要工具	专家判断

备注：下划线部分的工具重点理解。

知识点：项目章程

知识点综述

项目章程的重要性在整个项目管理过程中不言而喻，它可以看作是项目的“宪法”，对项目的实施赋予合法的地位，同时又约定大致范围，任命并授权项目经理。

项目章程是正式批准一个项目的文档。项目章程应当由项目组织以外的项目发起人或投资人发布，其在组织内的级别应能批准项目，并有相应的为项目提供所需资金的权利。

制定项目章程是制定一份正式批准项目或阶段的文件，并记录能反映干系人需要和期望的初步要求的过程，如图 3-2 所示。

图 3-2　制定项目章程

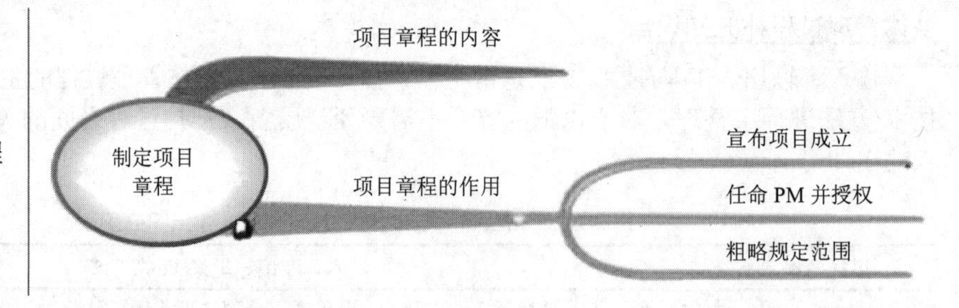

参考题型

【考核方式 1】考核项目章程的具体内容，要求识记。

● 下列＿（5）＿不属于项目章程的组成内容。

（5）A．工作说明书　　B．指定项目经理并授权
　　C．项目概算　　D．项目需求

■ 攻克要塞-试题分析 选项A的“工作说明书（SOW）”是制定项目章程的输入之一。

■ 参考答案 A

[辅导专家提示]

（1）把输入、输出、工具方法等混合考是出题形式之一；

（2）近年常见的一种考核方式是：“项目章程的内容不包括（ ）”。要求了解章程的内容。

项目章程的内容如下：

（1）概括性的项目描述和项目产品描述。

（2）项目目的或批准项目的理由，即为什么要做这个项目。

（3）项目的总体要求，包括项目的总体范围和总体质量要求。

（4）可测量的项目目标和相关的成功标准。

（5）项目的主要风险，如项目的主要风险类别。

（6）总体里程碑进度计划。

（7）总体预算。

（8）项目的审批要求，即在项目的规划、执行、监控和收尾过程中，应该由谁来做出批准。

（9）委派的项目经理及其职责和职权。

（10）发起人或其他批准项目章程的人员的姓名和职权。

【考核方式2】通过设定的场景来考核对项目章程的理解。

- 某项目经理所在的单位正在启动一个新的项目，配备了虚拟项目小组。根据过去的经验，该项目经理认识到矩阵环境下的小组成员有时对职能经理的配合超过对项目经理的配合。因此，该项目经理决定请求单位制定__（6）__。

（6）A．项目计划　　B．项目章程
　　C．项目范围说明书　　D．人力资源管理计划

■ 攻克要塞-试题分析 项目章程为项目经理使用组织资源进行项目活动提供了授权。尽可能在项目早期确定和任命项目经理。

颁发项目章程将项目与组织的日常业务联系起来并使该项目获得批准。项目章程是由在项目团队之外的组织、计划或综合行动管理机构颁发并授权核准的，通常项目章程由项目发起人发布。在多阶段项目中，这一过程的用途是确认或细化在以前制定项目章程过程中所做的各个决定。

本题中，由于“小组成员有时对职能经理的配合超过对项目经理的配合”，而项目章程为项目经理使用组织资源进行项目活动提供了授权，因此需要通过制定项目章程来解决此问题。

■ 参考答案 B

知识点：项目管理计划

知识点综述

制定项目管理计划是对定义、编制、整合和协调所有子计划所必需的行动进行记录的过程。项目管理计划确定项目的执行、监控和收尾方式，其内容会因项目的复杂性和所在应用领域而异。制定项目管理计划需要整合一系列相关过程，而且要持续到项目收尾，如图3-3所示。

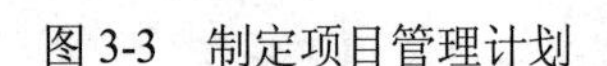

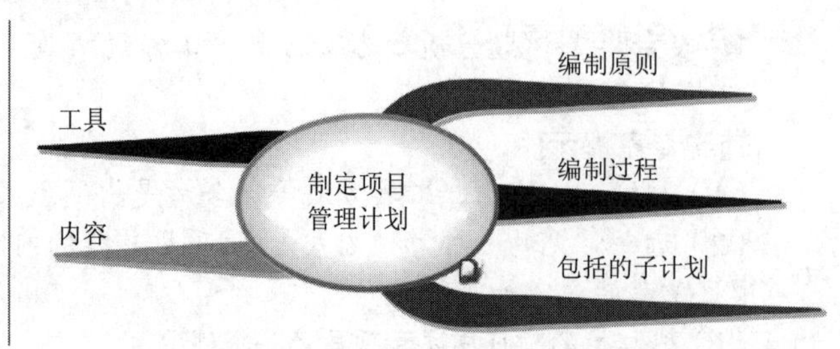

图3-3 制定项目管理计划

制定项目管理计划过程将产生一份项目管理计划，该计划需要通过不断更新来渐进明细，这些更新需要由实施整体变更控制过程进行控制和批准。

在项目计划考核过程中，常涉及的考点有项目计划编制的原则、工具、输入和内容等。

参考题型

【考核方式1】考核项目管理计划的内容、计划编制的方法和原则。

● 项目管理计划的内容不包括___(7)___。

(7) A. 范围基准　　B. 过程改进计划　　C. 干系人管理计划　　D. 资源日历

■ 攻克要塞-试题分析 排除法。B、C属于项目管理计划的辅助计划。项目管理计划是说明项目将如何执行、监督和控制的一份文件。它合并与整合了其他各规划过程所产生的所有子管理计划和基准（范围基准、进度基准、成本基准等）。

项目管理计划可以是概括的或详细的，可以包含一个或多个辅助计划（即其他各规划过程所产生的所有子管理计划）。辅助计划包括：范围管理计划、需求管理计划、进度管理计划、成本管理计划、质量管理计划、过程改进计划、人力资源管理计划、沟通管理计划、风险管理计划、采购管理计划、干系入管理计划等。

■ 参考答案 D

【考核方式2】根据计划的具体内容条目找到对应的计划。

● 项目小组建设对于项目的成功很重要，因此，项目经理想考察项目小组工作的技术环境如何，有关信息可以在___(8)___中找到。

(8) A. 小组章程　　B. 项目管理计划
C. 人员配备管理计划　　D. 组织方针和指导原则

■ 攻克要塞-试题分析 项目管理计划包括以下内容：

（1）项目背景，如项目名称、客户名称、项目的商业目的等；

（2）项目经理、客户方联系人、项目领导小组和项目实施小组、项目经理的主管领导、客户方的主管领导；

（3）项目的总体技术解决方案；

（4）对用于完成这些过程的工具和技术的描述；

（5）项目最终目标和阶段性目标；

（6）选择的项目的生命周期和相关的项目阶段；

（7）进度计划；

（8）项目预算；

（9）变更流程和变更控制委员会；

（10）沟通管理计划；

（11）对于内容、范围和时间的关键管理评审，以便确定悬留问题和未决决策。

除了上述的进度计划和项目预算之外，项目管理计划可以是概要的或详细的，并且可以包含一个或多个分计划。而人员配备管理计划是项目管理计划的一个分计划，描述的是何时以及怎样满足人力资源需求。

■ **参考答案** B

【考核方式 3】考核项目管理计划编制的方法。

● 在滚动式计划中，＿（9）＿。

（9）A．关注长期目标、允许短期目标作为持续活动的一部分进行滚动

B．近期要完成的工作在工作分解结构最下层详细规划

C．远期要完成的工作在工作分解结构最下层详细规划

D．为了保证项目里程碑，在战略计划阶段做好一系列详细的活动计划

■ **攻克要塞-试题分析** 滚动式计划将计划期不断向前延伸，连续编制计划的方法。其编制方法是：在已编制出的计划的基础上，每经过一段固定的时期（如一个月或一个季度等，这段固定的时期称为滚动期），便根据变化了的环境条件和计划的实际执行情况，从确保实现计划目标出发对原计划进行调整。每次调整时保持原计划期限不变，而将计划期限顺序向前推进一个滚动期。

由于长期计划的计划期较长，很难准确地预测到各种影响因素的变化，因而很难确保长期计划的成功实施。而采用滚动式计划方法就可以根据环境条件变化和实际完成情况，定期地对计划进行修订，使组织始终有一个较为切合实际的长期计划作指导，并使长期计划能够始终与短期计划紧密地衔接在一起。

在滚动式计划中，近期要完成的工作在工作分解结构最下层详细规划。

■ **参考答案** B

[辅导专家提示] 编制项目计划所遵循的基本原则有：全局性原则、全过程原则、人员和资源的统一组织与管理原则、技术工作与管理工作协调的原则。除此之外，更具体的编制项目计划所遵循的原则有：①目标的统一管理；②方案的统一管理；③过程的统一管理；④技术工作与管理工作的统一协调；⑤计划的统一管理；⑥人员和资源的统一管理；⑦各干系人的参与。参与项目计划的制定过程有利于提高项目管理计划的合理性和科学性，也有利于提高项目实施人员在项目的实施过程中对计划的掌握与理解。

项目计划的编制过程是一个渐进明细、逐步细化的过程。近期的计划制定得详细些，远期的计划制定得概要些，随着项目的推进，项目计划在不断细化。

【考核方式 4】考核项目管理计划编制的工具。

● 与逐步完善的计划编制方法相对应的是＿（10）＿。

（10）A．进度表　　B．初图　　C．扩展探索　　D．滚动波策划

■ **攻克要塞-试题分析** 项目管理计划涉及关于范围、技术、风险和成本的所有方面。在制定项目管理计划的过程中，要从许多具有不同完整性和可信度的信息源收集信息。在项目执行阶段出现并被批准的变更导致的更新可能会对项目管理计划产生重大的影响。因此，可通过项目管理计划的更新为项目已定义的范围提供大体上准确的进度、成本和资源要求。计划的这种渐进明细被称为“滚动波策划”（即“滚动式计划”）。

■ 参考答案 D

知识点：指导与管理项目工作

知识点综述

本知识点主要考核指导与管理项目工作过程的输入、输出、工具方法。

参考题型

【考核方式 1】考核指导与管理项目工作过程的输出。

- 指导与管理项目工作过程的输出不包括___（11）___。

（11）A．工作绩效数据　　B．批准的变更请求
　　C．项目管理计划更新　　　　D．项目文件更新

■ 攻克要塞-试题分析 选项 B，批准的变更请求是“监控项目工作”过程的输出。

■ 参考答案 B

- ___（12）___是为了修正不一致的产品或产品组件而进行的有目的的活动。

（12）A．纠正措施　　B．预防措施　　C．缺陷补救　　D．产品更新

■ 攻克要塞-试题分析 本题考核“指导与管理项目”过程的输出。要求考生能够区分各选项的差异。

（1）纠正措施。为使项目工作绩效重新与项目管理计划一致而进行的有目的的活动。

（2）预防措施。为确保项目工作的未来绩效符合项目管理计划而进行的有目的的活动。

（3）缺陷补救。为了修正不一致的产品或产品组件而进行的有目的的活动。

■ 参考答案 C

知识点：整体变更控制

知识点综述

整体变更控制过程贯穿项目始终，并且应用于项目的各个阶段。**项目经理对此负最终责任**。

项目的任何干系人都可以提出变更请求。尽管可以口头提出，但所有的变更请求都必须以书面形式记录。由变更控制委员会（CCB）来决策是否实施整体变更控制过程。

项目的整体变更控制过程是从项目的全局来考虑和处理变更的，并负责变更的全过程管理。整体变更控制过程贯穿于整个项目过程的始终，如图 3-4 所示。

图 3-4　实施整体变更控制

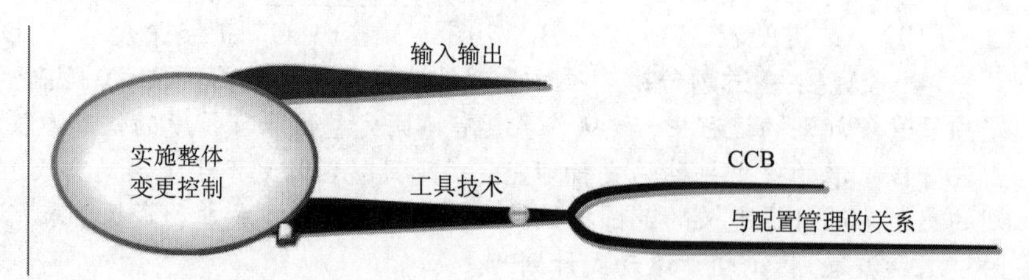

参考题型

【考核方式 1】考核对变更控制委员会的理解。

● 下列关于变更控制委员会（CCB）的描述，错误的是（13）。

（13）A．CCB 也称为配置控制委员会，是配置项变更的监管组织

B．CCB 的任务是对建议的配置项变更作出评价、审批及监督已批准变更的实施

C．CCB 组织可以只有一个人

D．CCB 包括的人员一定要面面俱到，应涵盖变更涉及的所有团体，才能保证其管理的有效性

■ **攻克要塞-试题分析** 本题考核对 CCB 的理解。

项目的变更很可能需要额外的项目资金、资源与时间，因此应建立包括来自不同领域的项目利益相关者在内的变更控制委员会，以评估范围变更对项目或组织带来的影响。这个委员会应当由具有代表性的人员组成，而且有能力在管理上做出承诺。CCB 包括的人员不一定要面面俱到。组织可以把主要的几个项目干系人纳入这个委员会，根据每个项目的特殊需要，还可以由几个项目组员轮流参与。通过建立管理变更的正式委员会和过程，将会有效地提高整体变更控制的水平。

■ **参考答案** D

[辅导专家提示] 项目变更控制委员会是决策机构，其参与变更管理时，一般不进行变更执行工作。

【考核方式 2】考核变更过程的工具与技术

● 整体变更控制的工具技术不包括（14）。

（14）A．专家判断 B．实验设计 C．会议 D．配置管理工具

■ **攻克要塞-试题分析** 选项 B，实验设计是“规划质量管理”的工具。

■ **参考答案** B

整体变更控制补充知识点

变更控制的流程：

（1）变更申请：记录变更的提出人、日期、申请变更的内容等信息。

（2）变更评估：对变更的影响范围、严重程度、经济和技术可行性进行系统分析。

（3）变更决策：由具有相应权限的人员或机构决定是否实施变更。

（4）变更实施：由管理者指定的工作人员在受控状态下实施变更。

（5）变更验证：由配置管理人员或受到变更影响的人对变更结果进行评价，确定变更结果和预期是否相符、相关内容是否进行了更新、工作产物是否符合版本管理的要求。

（6）沟通存档：将变更后的内容通知给可能会受到影响的人员，并将变更记录汇总归档。如提出的变更在决策时被否决，其初始记录也应予以保存。

[辅导专家提示] 变更控制的流程是变更控制中经常涉及的知识点，在解题过程中也常作为判断的依据，要求考生非常熟悉该流程。

变更管理与配置管理的关系

如果把项目整体的交付成果视作项目的配置项，配置管理可视为对项目完整性管理的一套系统，当用于项目基准调整时，变更管理可视为配置管理的一部分。

变更管理与配置管理为相关联的两套机制，变更管理是在项目交付或基准配置调整时，由配置管理系统调用；变更管理最终应将对项目的调整结果反馈给配置管理系统，以确保项目执行与项目的账目一致。

知识点：项目收尾

知识点综述

项目收尾过程就是结束项目某一阶段中的所有活动并正式收尾该项目阶段的过程。当然，这一过程也包括关闭整个项目活动，以收尾整个项目。项目收尾过程还要恰当地移交已完成或已取消的项目和阶段。

项目不能结项、不能收尾以及项目收尾过程中的工作和产生的相关文档也是下午卷案例分析考核点之一，官方教材第 19 章有专门的叙述。

参考题型

【考核方式 1】考核项目收尾和合同收尾之间的关系，要求识记和理解。

- 下列关于项目收尾与合同收尾关系的叙述，正确的是＿（15）＿。

（15）A．项目收尾与合同收尾无关
B．项目收尾与合同收尾等同
C．项目收尾包括合同收尾和管理收尾
D．合同收尾包括项目收尾和管理收尾

■ 攻克要塞-试题分析 项目收尾包括管理收尾与合同收尾。

管理收尾是对于内部来说的，把做好的项目文档等归档，对外宣称项目已经结束并转入维护期，把相关的产品说明转到维护组，同时进行经验教训总结。

合同收尾就是按照合同约定，项目组和业主一项项地核对，检查是否完成了合同所有的要求，是否可以把项目结束掉，也就是通常所讲的项目验收。

■ 参考答案 C

【考核方式 2】考核对行政收尾概念的理解及其主要工作。

- 关于项目收尾的描述，不正确的是＿（16）＿。

（16）A．项目收尾分为管理收尾和合同收尾
B．管理收尾和合同收尾都要进行产品核实，都要总结经验教训
C．每个项目阶段结束时都要进行相应的管理收尾
D．对于整个项目而言，管理收尾发生在合同收尾之前

■ 攻克要塞-试题分析 管理收尾又叫行政收尾。从整个项目说，合同收尾发生在行政收尾之前；如果是以合同形式进行的项目，在收尾阶段，先要进行采购审计和合同收尾，然后进行行政收尾。

项目总结属于项目收尾的行政收尾，检查项目团队成员及相关干系人是否按规定履行了所有职责。

■ 参考答案 D

[辅导专家提示] 《官方教程 第 2 版》称“管理收尾”为“行政收尾”。

【考核方式 3】 基于教程第 19 章内容考核项目验收、项目总结、项目后评价的内容。

● 息系统集成项目完成验收后要进行一个综合性的项目后评价，评估的内容一般包括＿（17）＿。

（17）A．系统目标评价、系统质量评价、系统技术评价、系统可持续性评价

B．系统社会效益评价、系统过程评价、系统技术评价、系统可用性评价

C．系统目标评价、系统过程评价、系统效益评价、系统可持续性评价

D．系统责任评价、系统环境影响评价、系统效益评价、系统可持续性评价

■ 攻克要塞-试题分析 项目收尾包括管理收尾与合同收尾。

本题考核项目后评价，信息系统项目后评价的主要内容一般包括信息系统的目标评价、信息系统过程评价、信息系统效益评价和信息系统可持续性评价四个方面的工作内容。

■ 参考答案 C

[辅导专家提示] 下午案例题不定期考核项目收尾的相关内容，其来源主要基于教程第 19 章，具体考核上一般包括：

（1）项目验收的内容：验收测试；系统试运行；系统文档验收；项目终验。

（2）项目总结会讨论的内容：项目绩效；技术绩效；成本绩效；进度计划绩效；项目的沟通；识别问题和解决问题；意见和建议。

课堂练习

● 发布项目章程标志着项目的正式启动。以下围绕项目章程的叙述中，＿（1）＿是不正确的。

（1）A．制定项目章程的工具和技术（包括专家判断）

B．项目章程要为项目经理提供授权，方便其使用组织资源进行项目活动

C．项目章程应当由项目发起人发布

D．项目经理应制定项目章程后再任命

● 经项目各有关干系人同意的＿（2）＿就是项目的基准，为项目的执行、监控和变更提供了基础。

（2）A．项目合同书 B．项目管理计划 C．项目章程 D．项目范围说明书

● 下面针对项目整体变更控制过程的叙述，不正确的是＿（3）＿。

（3）A．配置管理的相关活动贯穿整体变更控制的始终

B．整体变更控制过程主要体现在确定项目交付成果阶段

C．整体变更控制过程贯穿于项目的始终

D．整体变更控制的结果可能引起项目范围、项目管理计划、项目交付成果的调整

● 企业通过多年项目实施经验总结归纳出的 IT 项目可能出现的风险列表属于＿（4）＿范畴。

（4）A．事业环境因素 B．定性分析技术

C．组织过程资产 D．风险规划技术

● 以下关于项目整体管理的叙述，正确的是＿（5）＿。

（5）A．项目整体管理把各个管理过程看成是完全独立的

B．项目整体管理过程是线性的过程

C．项目整体管理是对管理过程组中的不同过程和活动进行识别、定义、整合、统一和协调的过程

D．项目整体管理不涉及成本估算过程

- 项目执行过程中，客户要求对项目范围进行修改，项目经理首先应该___（6）___。

（6）A．向CCB提交正式的变更请求

B．通知客户在项目进展过程中不可以进行范围修改

C．重写项目计划添加新的需求并实施

D．听取高级管理层关于预算和资源计划的建议

- 整合者是项目经理承担的重要角色之一，作为整合者，不正确的是___（7）___。

（7）A．整合者从技术角度审核项目

B．通过与项目干系人主动、全面沟通，了解他们对项目的需求

C．在相互竞争的干系人之间寻找平衡点

D．通过协调工作，达到项目需求间平衡，实现整合

- 关于变更控制委员会（CCB）的描述，不正确的是___（8）___。

（8）A．CCB的成员可能包括客户或项目经理的上级领导

B．一般来说，项目经理会担任CCB的组长

C．针对某些变更，除了CCB批准以外，可能还需要客户批准

D．针对可能影响项目目标的变更，必须经过CCB批准

- 项目章程的内容不包括___（9）___。

（9）A．项目的总体质量要求　　　　B．项目的成功标准

C．项目范围管理计划　　　　D．项目的审批要求

- 一项新的国家标准出台，某项目经理意识到新标准中的某些规定将导致其目前负责的一个项目必须重新设定一项技术指标，该项目经理首先应该___（10）___。

（10）A．撰写一份书面的变更请求

B．召开一次变更控制委员会会议，讨论所面临的问题

C．通知受到影响的项目干系人将采取新的项目计划

D．修改项目计划和WBS，以保证该项目产品符合新标准

4

项目范围管理

知识点图谱与考点分析

项目范围管理是项目管理的核心内容之一，是几乎所有规划工作的基础。

在本章的复习中，注意掌握范围管理的相关术语（如产品范围、项目范围、范围基准等）及范围管理的各个过程，注意区分范围定义、WBS、范围确认这些过程。

如图 4-1 所示为范围管理知识点图谱。

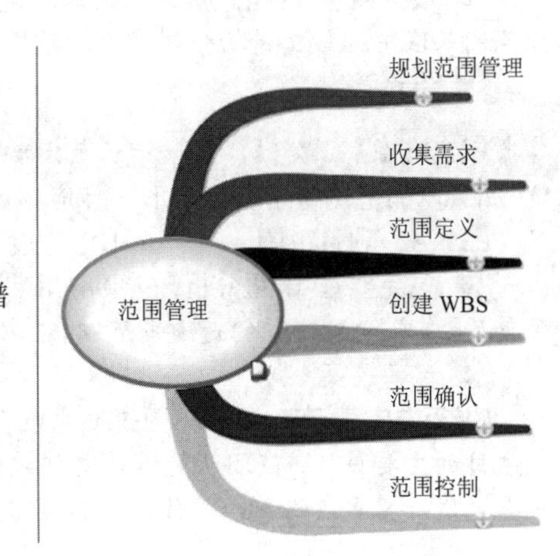

图 4-1　范围管理知识点图谱

知识点：基本概念

知识点综述

范围管理的基本概念主要涉及项目范围、产品范围、范围基准，以及对检查点、里程碑、基线等概念的理解，如图 4-2 所示。

本知识点的关键在于区分项目范围和产品范围两者之间的联系，识记范围基准的组成内容。

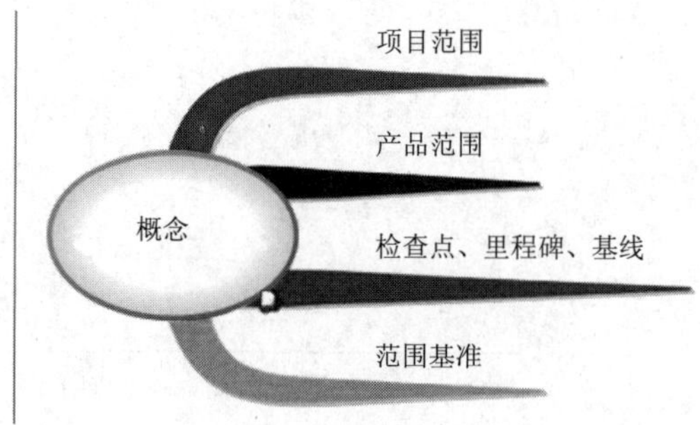

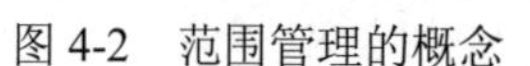
图 4-2 范围管理的概念

项目产品范围是指客户对项目最终产品或服务所期望包含的特征与功能的总和，项目工作范围是为了交付满足产品范围要求的产品或服务所必须完成的全部工作的总和。

参考题型

【考核方式 1】识记题。考核对范围基准的理解、范围基准组成内容的识记。

- 范围基准是指___（1）___。

（1）A．经批准的 WBS 和 WBS 字典
B．详细范围说明书
C．经批准并已确认了的范围说明书、WBS 和 WBS 字典
D．项目管理计划

■ 攻克要塞-试题分析 范围基准是指经批准了的范围说明书、WBS 和 WBS 字典。注意区分范围基准中的各交付物分别产生于范围管理的不同过程。

■ 参考答案 C

【考核方式 2】理解题。考核产品范围和项目范围之间的关联。

- 如果产品范围做了变更，下一步应该调整___（2）___。

（2）A．项目范围　　B．进度表　　C．SOW　　D．质量基准

■ 攻克要塞-试题分析 产品范围描述的是项目范围说明书的重要组成部分，因此产品范围变更后，首先受到影响的是项目范围。在项目范围调整之后，才能调整项目的进度表和质量基线等。

■ 参考答案 A

[辅导专家提示] 项目范围说明书在所有项目干系人之间建立了一个对项目范围的共识，描述了项目的主要目标，使团队能进行更详细的规划，指导团队在项目实施期间的工作，并为评估为客户需求进行变更或附加的工作是否在项目范围之内提供了基线。

知识点：范围定义

知识点综述

范围定义过程中产生的关键交付物是范围说明书。项目范围说明书详细描述了项目的可交付成果，以及为提交这些可交付成果而必须开展的工作。项目范围说明书也表明项目干系人之间就项目范围所达成的共识。同时，项目范围说明书明确指出哪些工作不属于项目范围，使项目团队能开展更详细的规划，并可在执行过程中指导项目团队的工作；它还为评价变更请求或额外工作是否超出

项目边界提供了基准。

范围定义中涉及的主要工具有：产品分析、焦点小组、备选方案、引导式研讨会。

参考题型

【考核方式 1】考核范围定义中输入、输出和工具项的具体内容，如考核范围说明书的具体内容。

- 范围定义的主要交付物是＿（3）＿。

（3）A．WBS 和 WBS 字典　　B．项目范围说明书
C．批准的变更申请　　D．产品范围描述

■ **攻克要塞-试题分析** 范围定义的主要交付物实际就是范围定义过程的输出。本题中，B 选项是范围定义过程的输出。

■ **参考答案** B

- ＿（4）＿不属于项目范围说明书的内容。

（4）A．项目的可交付成果　　B．项目的假设条件
C．干系人清单　　D．验收标准

■ **攻克要塞-试题分析** 理解题，从题目上看是考核考生对范围说明书所包含的内容的熟悉程度，实际考核的是对范围概念的理解，选项 C 明显不属于范围说明书的范畴。

■ **参考答案** C

[辅导专家提示] 考生对某些识记类的知识点要灵活处理，看上去要背诵的某些知识点，实际只需一定程度理解即可，在做题过程中，能够辨认出正确或错误项即可。

【考核方式 2】考核范围定义过程概念的理解。

- 关于项目范围定义的描述，不正确的是＿（5）＿。

（5）A．范围定义是制定目标和产品详细描述的过程
B．范围定义过程的输出包括范围管理计划、干系人登记册、需求文件
C．范围说明书是对项目范围、可交付成果、假设条件相同和制约因素等的描述
D．项目进行中，往往需要多次反复开展范围定义的活动

■ **攻克要塞-试题分析** 范围定义的输出包括:（1）项目范围说明书（2）项目文件更新。

项目范围说明书是对项目范围、主要可交付成果、假设条件和制约因素的描述。项目范围说明书记录了整个范围，包括项目和产品范围。

选项 B 中干系人登记册是“识别干系人”过程的输出。

■ **参考答案** B

【考核方式 3】综合性考核对范围定义过程的理解。

- 小王正在负责管理一个产品开发项目。开始时，产品被定义为“最先进的个人数码产品”，后来被描述为“先进个人通信工具”。在市场人员的努力下，该产品与某市交通局签订了采购意向书，与用户、市场人员和研发工程师进行充分的讨论后，被描述为“成本在 1000 元以下，能通话、播放 MP3、运行 Windows CE 的个人掌上电脑”。这表明产品的特征正在不断地变更、改进，但是小王还需将＿（6）＿与其相协调。

（6）A．项目范围定义　　B．项目干系人的利益
C．范围变更控制系统　　D．用户的战略计划

■ 攻克要塞-试题分析　产品范围描述了项目承诺交付的产品、服务或结果的特征。这种描述会随着项目的开展而逐渐细化产品特征。但产品特征的细化必须在适当的范围定义下进行，特别是对于基于合同开展的项目。项目的范围一旦定义，得到项目相关干系人定义且确认后就不能随意改变，即使产品特征在逐渐细化，也要在相关干系人定义并确认后的项目范围内进行。

■ 参考答案　A

知识点：工作分解结构

知识点综述

WBS 是以可交付成果为导向的工作层级分解，其分解的对象是项目团队为实现项目目标、提交所需可交付成果而实施的工作。工作分解结构组织并定义项目的总范围，代表着现行项目范围说明书所规定的工作，如图 4-3 所示。

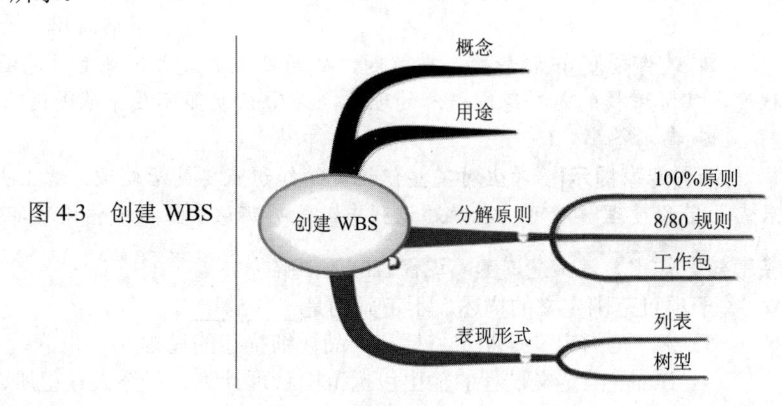

图 4-3　创建 WBS

在 WBS 中，计划要完成的工作包含在工作分解结构底层的组成部分中，这些组成部分被称为工作包。可以针对工作包安排进度、估算成本和实施监控。

（1）工作分解结构是用来确定项目范围的，项目的全部工作都必须包含在工作分解结构中，不包含在内的任何工作都不是项目的组成部分。

（2）工作分解结构的编制需要所有项目干系人的参与。各项目干系人站在自己的立场上，对同一个项目可能编制出差别较大的工作分解结构。项目经理应该发挥“整合者”的作用，组织他们进行讨论，以便编制出一份大家都能接受的工作分解结构。

（3）工作分解结构是逐层向下分解的。工作分解结构最高层的要素总是整个项目或分项目的最终成果。每下一个层次都是上一层次相应要素的细分，上一层次是下一层次各要素之和。工作分解结构中每条分支分解层次不必相等，如某条分支分解到了第四层，而另一条可能只分解到第三层。一般情况下，工作分解结构应控制在 3～6 层为宜。如果项目比较大，以至于工作分解结构要超过 6 层，我们可以把大项目分解成子项目，然后针对子项目来做工作分解结构。

参考题型

【考核方式 1】考核对 WBS 的理解。

● 下列关于工作分解结构的叙述，错误的是＿（7）＿。

（7）A．工作分解结构是项目各项计划和控制措施制定的基础和主要依据
B．工作分解结构是面向可交付物的层次型结构
C．工作分解结构可以不包括分包出去的工作
D．工作分解结构能明确项目各方面相关的工作界面，便于责任划分和落实

■ 攻克要塞-试题分析 工作分解结构组织并定义项目的总范围，代表着现行项目范围说明书所规定的工作。

■ 参考答案 C

【考核方式 2】考核工作包，理解 WBS 的分解活动。

● 下列关于 WBS 的叙述，错误的是 （8） 。

（8）A．WBS 是管理项目范围的基础，详细描述了项目所要完成的工作
B．WBS 最底层的工作单元称为功能模块
C．树型结构图的 WBS 层次清晰、直观、结构性强
D．比较大的、复杂的项目一般用列表形式的 WBS 表示

攻克要塞-试题分析 项目的工作分解结构（WBS）是管理项目范围的基础，它组织并定义了整个项目范围，详细描述了项目所要完成的工作。

WBS 最底层的工作单元称为工作包，它是定义工作范围和项目组织、设定项目产品的质量和规格、估算和控制费用、估算时间周期和安排进度的基础。

WBS 的表现形式主要有两种：①树型结构，类似于组织结构图。树型结构的 WBS 层次清晰、非常直观、结构性很强，但不容易修改，一般在一些中小型的应用项目中用得较多。②列表形式。列表形式能够反映出项目所有的工作要素，但直观性较差，常用在一些大型、复杂的项目中，因为有些项目分解后，内容分类较多、容量较大，用缩进图表的形式表示比较方便，也可以装订成册。在项目管理软件中，通常也会采用列表形式的 WBS。大型项目的 WBS 要首先分解为子项目，然后各子项目进一步分解出自己的 WBS。

■ 参考答案 B

[辅导专家提示] “创建 WBS”这一过程是项目管理的核心过程之一，这一过程与项目管理其他过程有着密切的联系，建议阅读官方教材项目管理基础章节中有关“规划过程组”的内容。此外，作为一个知识点，WBS 一直都是考核的重点之一，因此，考生除了解 WBS 的重要性外，还需要掌握 WBS 创建步骤、分解原则、分解依据等知识点。

知识点：范围确认

知识点综述

范围确认又称范围核实，核实范围时，项目管理团队必须向客户出示能够明确说明项目（或项目阶段）成果的文件（如项目管理文件、需求说明书、技术文件、竣工图纸等）。提交的验收文件是客户已经认可了的此项目产品或某个阶段的文件。

范围确认应该贯穿项目的始终。如果项目在早期被终止，则范围确认过程将记录其完成的情况，如图 4-4 所示。

图 4-4 范围确认

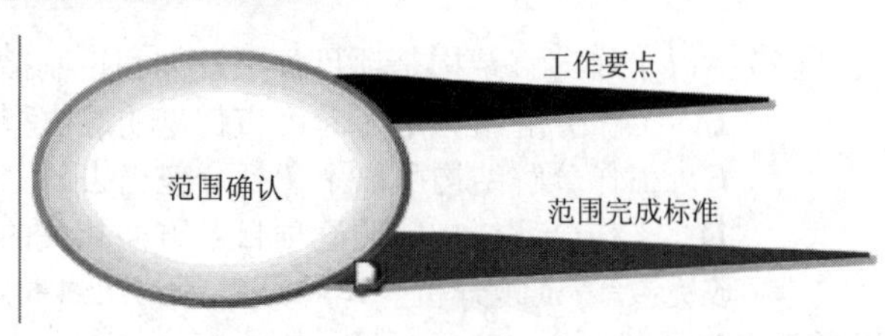

参考题型

【考核方式 1】侧重于概念考核，要求理解概念

● ＿（9）＿是客户等项目干系人正式验收并接受已完成的项目可交付物的过程。

（9）A．范围确认　B．范围控制　C．范围基准　D．里程碑清单

■ 攻克要塞-试题分析 范围确认是客户等项目干系人正式验收并接受已完成的项目可交付物的过程。

范围控制：监控项目状态（如项目的工作范围状态和产品范围状态）的过程，也是控制范围变更的过程。

范围基准：项目范围说明书、与之联系的 WBS 及 WBS 字典作为项目的范围基准，在整个项目的生命周期，这个范围基准被监控、核实和确认。

本题正确选项为 A。

■ 参考答案 A

【考核方式 2】判断题，本质仍然是对“范围确认”工作的理解

● 下列关于项目范围确认的描述，＿（10）＿是正确的。

（10）A．范围确认是一项对项目范围说明书进行评审的活动
B．范围确认活动通常由项目组和质量管理员参与执行
C．范围确认过程中可能会产生变更申请
D．范围确认属于一项质量控制活动

■ 攻克要塞-试题分析 范围确认是客户等项目干系人正式验收并接受已完成的项目可交付物的过程，包括审查项目可交物以保证每一个交付物令人满意地完成。如果项目在早期被终止，项目范围确认过程将记录其完成情况。

项目范围确认应该贯穿项目的始终。范围确认与质量控制不同，范围确认是有关工作结果的接受问题，而质量控制是有关工作结果正确与否的问题。质量控制一般在范围确认之前完成，当然也可以并行进行。

■ 参考答案 C

【考核方式 3】考核范围确认的工具与技术

● 某项目团队针对三个方案进行投票，支持 A 方案的人有 35%，支持 B 方案的人有 40%，支持 C 方案的人有 25%，根据以上投票结果选取了 B 方案，此决策依据的是群体决策中的＿（11）＿。

（11）A．一致性同意原则　B．相对多数原则
C．大多数原则　D．独裁原则

■ 攻克要塞-试题分析

【考点出处】教程7.6.2，项目范围确认所采用的方法。

本题考核群体决策技术。达成群体决策的方法有：

（1）一致同意。每个人都同意某个行动方案。

（2）大多数原则。获得群体中超过50%人员的支持，就能做出决策。把参与决策的小组人数定为奇数，防止因平局而无法达成决策。

（3）相对多数原则。根据群体中相对多数者的意见做出决策，即便未能获得大多数人的支持。通常在候选项超过两个时使用。

（4）独裁。在这种方法中，由某一个人为群体做出决策。

■ 参考答案 B

知识点：范围控制

知识点综述

范围管理过程中，范围控制经常结合具体的案例进行综合性考核。一般给出一段关于范围管理相关的场景描述，要求考生在阅读完案例场景的内容后作出判断，此类题目涉及范围管理过程中各类概念的综合运用。

范围控制的工具技术：偏差分析。

参考题型

【考核方式1】综合性考核。要求深入理解概念，有难度。

● 当范围变更导致成本基线发生变化时，项目经理需要做的工作不包括___（12）___。

（12）A．重新确定新的需求基线　　B．发布新的成本基准

C．调整项目管理计划　　D．调整项目章程

■ 攻克要塞-试题分析　项目章程的作用是授权，与成本基线变化无关，且"项目章程"不由项目经理发布和调整。

■ 参考答案 D

【考核方式2】考核范围控制的工具技术。

● ___（13）___是控制范围常用的工具和技术。

（13）A．引导式研讨会　　B．产品分析

C．偏差分析　　D．标杆对照

■ 攻克要塞-试题分析　范围控制的工具是"偏差分析"，它是一种确定实际绩效与基准的差异程度及原因的技术。

■ 参考答案 C

课堂练习

● 下列有关工作分解结构的叙述，错误的是___（1）___。

（1）A．项目的工作分解结构（WBS）是管理项目范围的基础，详细描述了项目所要完成的工作

B．WBS最底层的工作单元称为工作包

C．WBS 一般用图形或列表表示，其中分级树型结构适用于一些大的、复杂的项目中
D．凡是出现在 WBS 中的工作都应该属于项目的范围

- 项目范围说明书、工作分解结构、项目范围管理计划和可交付物都是范围确认的___（2）___。

（2）A．工具　　B．技术　　C．成果　　D．输入

- 下列有关范围确认相关的叙述，错误的是___（3）___。

（3）A．范围确认是客户等项目干系人正式验收并接受已完成的项目可交物的过程
B．项目范围确认应贯穿项目的始终
C．范围确认是有关工作结果正确与否的问题，而质量控制一般在范围确认之前完成
D．范围确认完成时，同时应对确认中调整的 WBS 和 WBS 字典进行更新

- 以下关于项目范围和产品范围的叙述，不正确的是___（4）___。

（4）A．项目范围是为了获得具有规定特性和功能的产品、服务和结果，而必须完成的项目工作
B．产品范围是表示产品、服务和结果的特性和功能
C．项目范围是否完成以产品要求作为衡量标准
D．项目的目标是项目范围管理计划编制的一个基本依据

- 项目的工作分解结构是管理项目范围的基础，描述了项目需要完成的工作，___（5）___是实施工作分解结构的依据。

（5）A．项目活动估算　　B．组织过程资产
C．详细的项目范围说明书　　D．更新的项目管理计划

- ___（6）___是在确认范围中使用的工具。

（6）A．群体决策　　B．网络图　　C．控制图表　　D．关键路径法

- 关于范围控制的描述不正确的是___（7）___。

（7）A．范围控制是监督项目和产品的状态，管理范围基准变更的过程
B．必须以书面的形式记录各种变更
C．每次需求变更经过需求评审后都要重新确定新的基准
D．项目成员可以提出范围变化的要求，并经客户批准后实施

- 关于工作分解结构（WBS）的描述，不正确的是___（8）___。

（8）A．一般来说 WBS 的应控制在 3-6 层为宜
B．WBS 是项目时间、成本、人力等管理工作的基础
C．WBS 必须且只能包括整个项目 100%的工作内容
D．WBS 的制定由项目主要干系人完成

5

项目进度管理

知识点图谱与考点分析

每一个项目都有一个进度要求，项目进度管理就是保证项目的所有工作都在指定的时间内完成。

项目时间管理包括 7 个管理过程：规划进度管理、定义活动、排列活动顺序、估算活动资源、估算活动持续时间、制定进度计划和进度控制。其中，规划进度管理过程是新版教材根据 PMBOK 第 5 版新增的过程。

具体可参考知识点图谱如图 5-1 所示。

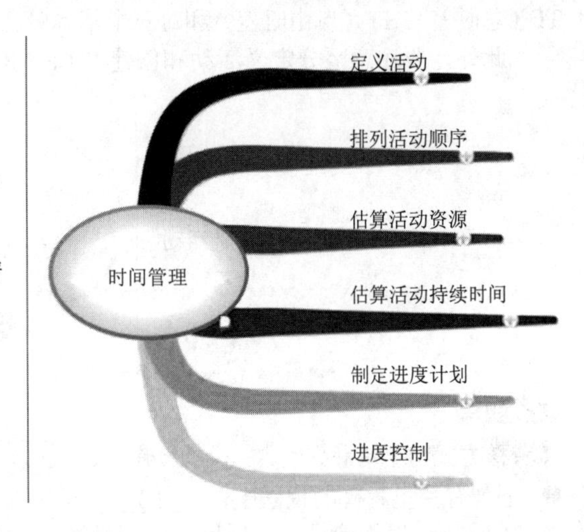

图 5-1　进度管理知识点图谱

本章的重点是关键路径法，难点是计算题，如三点估算法、计算完工概率，我们将介绍用面积法来解此类计算题。比较常见的考核内容是过程的输入、输出和工具/技术/方法，这里不再赘述。

知识点：规划项目进度

【考核方式 1】考核输入、输出和工具技术的具体内容

● 规划项目进度管理是为实施项目进度管理制定政策、程序，并形成文档化的项目进度管理计划的过程，____（1）____不属于规划项目进度管理的输入。

（1）A．项目章程　　B．范围基准　　C．里程碑清单　　D．组织文化

■ 攻克要塞-试题分析　规划项目进度管理的输入包括：项目管理计划（包括范围基准）；项目章程；组织过程资产；事业环境因素

■ 参考答案　C

● ____（2）____不是规划项目进度管理的输入。

（2）A．项目范围说明书　　B．WBS 和 WBS 字典
C．活动清单　　D．项目章程

■ 攻克要塞-试题分析　根据“逻辑关系”解题。选项 C“活动清单”是过程“活动定义”的输出。

■ 参考答案　C

知识点：定义活动

知识点综述

定义活动是项目时间管理的第一个过程，在定义活动中涉及一些基本概念，比如活动的时间参数，包括 ES（最早开始时间）、EF（最早完成时间）、LS（最迟开始时间）、LF（最迟完成时间）、TF（总时差）、FF（自由时差）和对三个基本概念（检查点、里程碑、基线）的理解，如图 5-2 所示。

此外，要注意区分定义活动和创建 WBS 的区别。

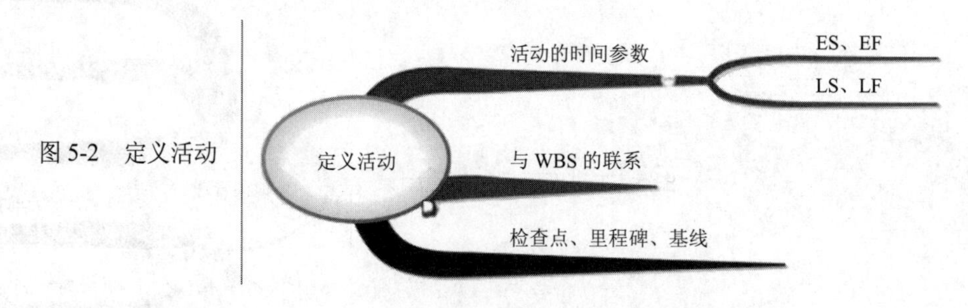

图 5-2　定义活动

参考题型

【考核方式 1】考核基本概念-如里程碑。

● 下列有关里程碑的说法中，____（3）____是错误的。

（3）A．里程碑显示了项目为达到最终目标而必须经过的条件或序列状态
B．一个好的里程碑最突出的特征是达到此里程碑的标准毫无歧义
C．里程碑计划的编制一般不宜从项目的终结点开始，而应反向进行
D．在确定项目的里程碑时，可采用头脑风暴法

■ 攻克要塞-试题分析　里程碑是由相关人负责、按计划预定的事件，用于测量工作进度。

在活动定义时，产生了大量的控制点，即里程碑。它是项目中的重大事件，通常指一个主要可交付成果的完成，一个项目中应该有几个用作里程碑的关键事件。里程碑显示了项目为达到最终目标而必须经过的条件或序列状态，描述了在每一阶段要达到什么状态。一个好的里程碑最突出的特征是达到此里程碑的标准毫无歧义。

里程碑计划的编制可以从最后一个里程碑（即项目的终结点）开始，反向进行，即先确定最后一个里程碑，再依次逆向确定各个里程碑。在确定项目的里程碑时，可采用头脑风暴法。

■ 参考答案　C

[辅导专家提示]　本题延伸的其他概念：里程碑、检查点、基线。

【考核方式 2】根据给定条件进行时间的参数计算。

● 已知网络计划中，工作 M 有两项紧后工作，这两项紧后工作的最早开始时间分别为第 15 天和第 18 天，工作 M 的最早开始时间和最迟开始时间分别为第 6 天和第 9 天，如果工作 M 的持续时间为 9 天，则工作 M＿（4）＿。

（4）A. 总时差为 3 天　　B. 自由时差为 1 天
　　C. 总时差为 2 天　　D. 自由时差为 2 天

■ 攻克要塞-试题分析　总时差是指在不延误总工期的前提下，工作的机动时间。工作的总时差等于工作的两个完成时间之差或等于工作的两个开始时间之差。

自由时差是指在不延误紧后工作开工的前提下工作的机动时间，等于该工作紧后工作的最早开始时间与最早完成时间之差，工作的自由时差最小值一定小于或等于其总时差。在考虑总时差时，可以让紧后工作按最迟开始时间开工，借用紧后工作的松弛时间。而在考虑自由时差时，必须保证紧后工作按最早时间开工。

■ 参考答案　A

知识点：活动排序

知识点综述

活动排序的目的在于识别活动之间的依赖关系，是后续制定进度计划的关键，活动排序的结果是输出网络图，是后续关键路径计算的前提条件。

在活动排序过程中，重点在于掌握活动之间的几种逻辑关系和依赖关系，如图 5-3 所示。同时要求能够绘制单代号网络图，能够识别箭线图等。

图 5-3　排列活动顺序

此外，需要熟悉活动排序相关的工具技术：提前量和滞后量、前导图法、活动逻辑关系以及依赖关系等。

参考题型

【考核方式 1】直接给出 4 种逻辑关系的图形，要求能够判断每种图形所代表的逻辑关系。

- 某项目中有两个活动单元：活动一和活动二，其中活动一开始后活动二才能开始。能正确表示这两个活动之间依赖关系的前导图是 （5） 。

（5）A.　B.　C.　D.

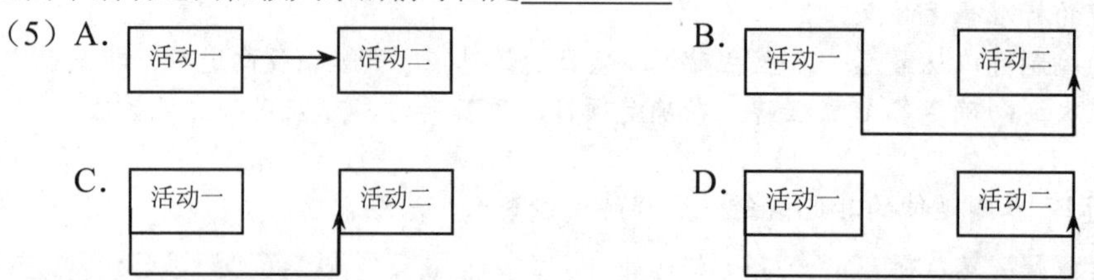

■ **攻克要塞-试题分析**　前导图法包括活动之间存在的 4 种依赖关系：

FS 型：前序活动结束后，后续活动才能开始。

FF 型：前序活动结束后，后续活动才能结束。

SS 型：前序活动开始后，后续活动才能开始。

SF 型：前序活动开始后，后续活动才能结束。

本题中，A、B、C、D 选项分别属于 FS、FF、SS 和 SF 型。

■ **参考答案**　C

[辅导专家提示]　判断活动之间的依赖关系一般通过箭线起点和终点在活动方框的位置判断。箭线连在活动方框的左侧（前面）为 S、箭线连在活动方框的右侧（后面）为 F。

【考核方式 2】考核活动之间的逻辑关系，一般给出应用场景，要求根据应用场景判断。

- 在某个信息系统项目中存在新老系统切换的问题，在设置项目计划网络图时，新系统上线和老系统下线之间应设置成 （6） 的关系。

（6）A．结束－开始（FS 型）　　B．结束－结束（FF 型）
　　C．开始－结束（SF 型）　　D．开始－开始（SS 型）

■ **攻克要塞-试题分析**　参考上题的分析。

■ **参考答案**　C

【考核方式 3】考核依赖关系，给出应用场景进行判断。

- 某软件项目测试活动的进度可能取决于外部硬件是否到货，那么这种活动之间的依赖关系为 （7） 。

（7）A．外部依赖关系　　B．强制性依赖关系
　　C．可斟酌处理的依赖关系　　D．内部依赖关系

■ **攻克要塞-试题分析**　在确定活动之间的先后顺序时有四种依赖关系：

（1）强制性依赖关系（硬逻辑关系）：如在电子项目中，必须先制作原型机，然后才能进行测试。

（2）可斟酌处理的依赖关系（软逻辑关系）。

（3）外部依赖关系（指涉及项目活动和非项目活动之间关系的依赖关系）：如软件项目测试活动的进度可能取决于外部的硬件是否到货。

（4）内部依赖关系（项目内部活动之间的依赖关系）。

本题A选项中，测试活动属于软件项目活动，硬件活动属于非项目活动。

■ 参考答案 A

【考核方式4】考核活动排序的工具。

● 下列 (8) 不是活动排序的工具、方法或技术。

(8) A. 前导图法（PDM） B. 关键路径法（CPM）
C. 确定依赖关系 D. 利用时间提前量和滞后量

■ 攻克要塞-试题分析 活动排序的工具、方法与技术有：

（1）前导图法（PDM）：是一种用节点表示活动、箭线表示活动关系的项目网络图，是大多数项目管理软件包所使用的方法，这种方法也叫做单代号网络图法（Activity On the Node，AON）。

（2）箭线图法（ADM）：表示方法与前导图法相反，用箭线表示活动、节点表示活动排序的一种网络图方法，这种方法也叫做双代号网络图法（Activity On the Arrow，AOA）。每一项活动都用一根箭线和两个节点来表示，每个节点都编以号码，箭线的箭尾节点和箭头节点是该项活动的起点和终点。

（3）计划网络模板：在编制项目计划活动网络时，也可以利用标准化的项目进度网络图来减少工作，并加快编制速度。

（4）确定依赖关系：包括强制性依赖关系、可斟酌处理的依赖关系和外部依赖关系。

（5）利用时间的提前量和滞后量。

本题中B选项的关键路径法是制定进度计划的工具与技术。

■ 参考答案 B

【考核方式5】考核活动排序的方法，掌握推算ES、EF、LS和LF的方法。

● 在下列活动图中，I和J之间的活动开始的最早时间是 (9) 。

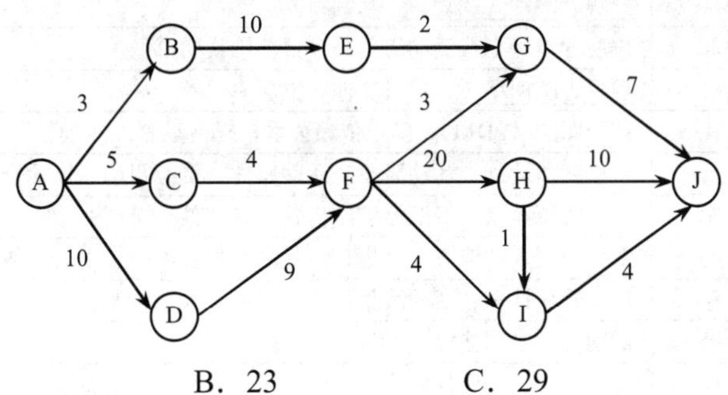

(9) A. 13 B. 23 C. 29 D. 40

■ 攻克要塞-试题分析 从A到J的关键路径是ADFHJ，I和J之间的活动开始的最早时间为40。

首先确定关键路径为ADFHJ。I和J之间活动的前序活动是HI，而HI必须等到关键路径上FH完成后才能开始，FH的最早完成时间为39，HI的最早完成时间则为40，所以，I和J之间活动的最早开始时间是40。

■ 参考答案 D

【考核方式6】在网络图的基础上进一步考核关键路径或项目工期。

接上题，求A和J之间的关键路径。

攻克要塞-试题分析 本题中，对于关键路径的判断可以采用观察法，通过观察来确定最长的路径（关键路径为最长的路径）。在图中，显然ADFHJ最长，所以关键路径为ADFHJ，项目的完成工期T＝10+9+20+10＝49天。

【考核方式7】间接考核过程的输入和输出。

● 项目进度网络图是___（10）___。

（10）A．活动定义的结果和活动历时估算的输入

B．活动排序的结果和进度计划编制的输入

C．活动计划编制的结果和进度计划编制的输入

D．活动排序的结果和活动历时估算的输入

■ **参考答案** B

■ **攻克要塞-试题分析** 项目进度网络图是项目活动排序的结果。

进度计划编制的输入有：①项目范围说明书；②活动清单及活动清单属性；③项目进度网络图；④活动资源要求；⑤资源日历；⑥活动历时估算；⑦项目管理计划。

对项目时间管理中全部过程的输入、输出及主要工具总结如表5-1所示。

表5-1 项目时间管理的输入、输出、技术/工具/方法

过程名称	输入、输出、技术/工具/方法	
规划进度管理	主要输入	项目管理计划、项目章程、事业环境因素、组织过程资产
	主要输出	进度管理计划
	主要工具	专家判断、分析技术、会议
定义活动	主要输入	进度管理计划、范围基准、事业环境因素、组织过程资产
	主要输出	活动清单、活动属性、里程碑清单
	主要工具	分解、滚动式规划、专家判断
排列活动顺序	主要输入	进度管理计划、活动清单、项目范围说明书
	主要输出	项目进度网络图、项目文件（更新）
	主要工具	前导图法（PDM）、确定依赖关系、提前量和滞后量
估算活动资源	主要输入	进度管理计划、活动清单、活动属性、资源日历、风险登记册
	主要输出	活动资源需求、资源分解结构、项目文件（更新）
	主要工具	专家判断、备选方案分析、出版的估算数据、自下而上估算
估算活动持续时间	主要输入	进度管理计划、活动清单、活动资源需求、资源日历
	主要输出	活动持续时间估算、项目文件（更新）
	主要工具	专家判断、类比估算、参数估算、三点估算、储备分析、群体决策技术
制定进度计划	主要输入	进度管理计划、项目进度网络图、活动资源需求、资源日历、活动持续时间估算、项目范围说明书
	主要输出	项目进度计划、进度基准、项目管理计划（更新）
	主要工具	进度网络分析、**关键路径法**、**关键链法**、**资源优化技术**、建模技术、提前量与滞后量、进度压缩、进度计划编制工具
控制进度	主要输入	项目管理计划、项目进度计划、工作绩效数据、项目日历
	主要输出	工作绩效测量结果、变更请求、项目管理计划（更新）
	主要工具	绩效审查、偏差分析、项目管理软件、资源平衡、假设情景分析、调整时间提前量和滞后量、进度压缩

[辅导专家提示] 上表基于PMBOK第5版，给出了时间管理过程主要的输入、输出和工具技术，并基于实际考核情况进行了大量裁剪。考生重点关注活动历时估算、制定进度计划和控制进度三个过程的工具。

知识点：估算活动持续时间

知识点综述

估算活动持续时间过程利用计划活动对应的工作范围、需要的资源类型和资源数量，以及相关的资源日历信息来估算活动持续的时间。

在估算活动持续时间这一过程中，主要的方法有类比估算法、参数估算法、三点估算法和储备分析等，如图5-4所示。考核的方法一般比较灵活，常见的形式是给出案例场景描述，要求考生根据案例场景从以上几种方法中选择最合适的方法。

图5-4 估算活动持续时间

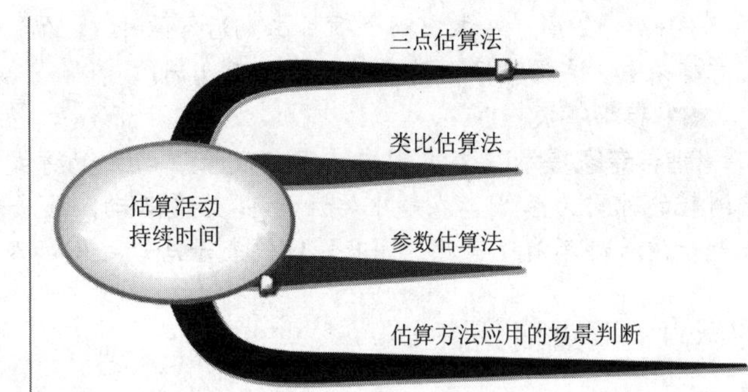

由于三点估算法的题目变化程度高，我们将单独作为一个知识点进行详细介绍。

参考题型

【考核方式1】考核估算活动持续时间的工具——储备分析。

- 项目经理对某软件需求分析活动历时估算的结果是：该活动用时2周（假定每周工作时间是5天）。随后对其进行后备分析，确定的增加时间是2天。下列针对该项目储备分析结果的叙述中，___(11)___是不正确的。

  (11) A. 增加软件需求分析的应急时间2天

  B. 增加软件需求分析的缓冲时间是该活动历时的20%

  C. 增加软件需求分析的时间储备是20%

  D. 增加软件需求分析历时标准差是2天

■ 攻克要塞-试题分析 三点估算法的公式如下：

PERT值=(最悲观时间+4×最可能时间+最乐观时间)/6

标准差 =(最悲观时间-最乐观时间)/6

显然D选项缺乏相关的计算条件，不正确。

■ 参考答案 D

【考核方式 2】网络图的计算，基于网络图推导活动完成的时间。

- 下图中，活动 G 可以拖延＿（12）＿周而不会延长项目的最终结束日期（图中时间单位为周）。

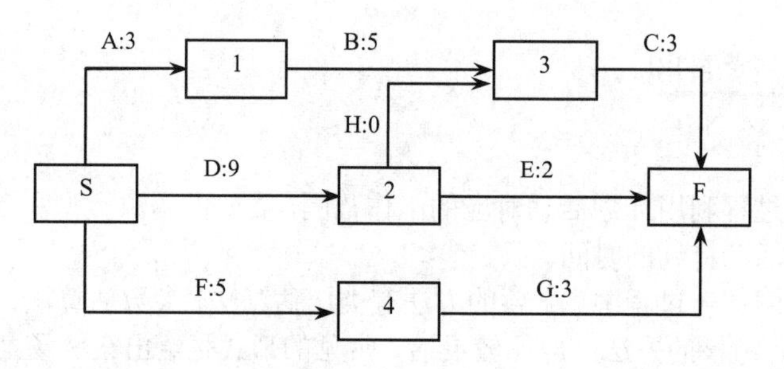

（12）A．0　　B．1　　C．3　　D．4

■ 攻克要塞-试题分析 此图为双代号网络图。关键路径为 DHC，整个项目工期 T＝9+0+3＝12 周。在求出整个项目工期后，再求 G 的浮动时间，由于全部完成 FH 仅需 8 周，也就意味着 FG 这条路径上的活动可以拖延 4 周。

■ 参考答案 D

[辅导专家提示] 在本题中，用“代号:工期”的方式来表示一项活动，如 A:3 代表 A 活动所需消耗的时间为 3 周。在题中要注意 H 为虚活动，该活动并没有用虚线来表示，而是直接用 H:0 来表示该活动不消耗资源。因此，H 仅表示活动之间的逻辑关系。

知识点：三点估算法

知识点综述

三点估算法属于估算活动持续时间这一过程中的重要工具，该方法的关键在于掌握求期望工期和标准差的公式，如图 5-5 所示。该方法是计划评审技术的基础。

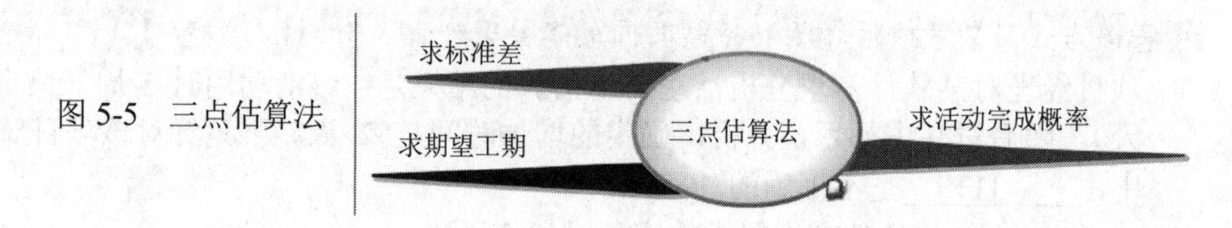

图 5-5　三点估算法

参考题型

【考核方式 1】考核活动的期望完成时间，要求掌握三点估算法的公式。

完成活动 A 悲观估计需 36 天，最可能估计需 21 天，乐观估计需 6 天，求该活动的期望完成时间。

PERT 值 ＝（最乐观时间+4×最可能时间+最悲观时间）/6，可写为：

$$T=\frac{T_a+4T_m+T_b}{6}$$

其中，T_a 代表最乐观时间，T_b 代表最悲观时间，T_m 代表最可能时间。

因此，本题中 T＝（36+4×21+6）/6＝21 天，即该活动的期望完成时间为 21 天。

【考核方式 2】求标准差。

完成活动 A 悲观估计需 36 天，最可能估计需 21 天，乐观估计需 6 天，求标准差。

$$\sigma = \frac{T_b - T_a}{6}$$

标准差 ＝（最悲观时间–最乐观时间）/6＝（36–6）/6＝5 天。

【考核方式 3】在三点估算法的基础上考核活动完成的概率。

完成活动 A 悲观估计需 36 天，最可能估计需 21 天，乐观估计需 6 天，活动 A 在 16 天到 26 天内完成的概率是多少？

如果完成工期在 1 个标准差内，完成概率为 68.26%；

如果完成工期在 2 个标准差内，完成概率为 95.46%；

如果完成工期在 3 个标准差内，完成概率为 99.736%。

根据前面的求解，我们得知期望工期为 21 天，标准差为 5 天，活动 A 在 16～26 天完成，属于 1 个标准差的范围，因此，其完成概率为 68.26%。

[辅导专家提示] 对于此类题目有比较复杂的其他变化方式，我们可以采用图形面积法将“完成概率”问题转换成“图形面积”问题求解。以该题为例，根据工期 21 天、标准差 5 天，绘制分布图形如下：

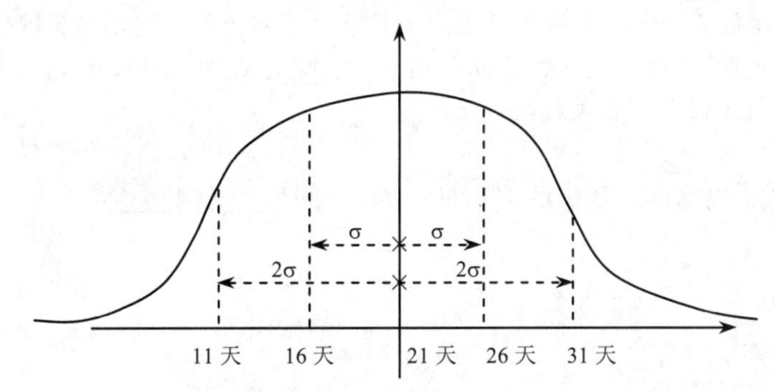

其中，1 个标准差（16 天～26 天）所占据的面积为整个图形面积的 68.26%，对应其完成概率 68.26%；2 个标准差（11 天～31 天）所占据的面积为整个图形面积的 95.46%，对应其完成概率 95.46%。

图形面积法将在知识点“计算评审技术”中进行应用。

[辅导专家提示] 三点估算法的知识点的考核在近几年的考试中有趋向简单的趋势，最近几年的题目均是考核三点估算法的公式。

知识点：关键路径法&关键链法

知识点综述

关键路径法属于制定进度计划过程的工具，属于必考知识点。对于关键路径法，重点掌握：①求关键路径；②识别关键路径，掌握关键路径判断的两个重要原则；③计算项目活动的总时差和自由时差。

此外，与关键路径法（CPM）同属工具的还有计划评审技术（PERT）和关键链法（理解其与关键路径法的区别），如图 5-6 所示。

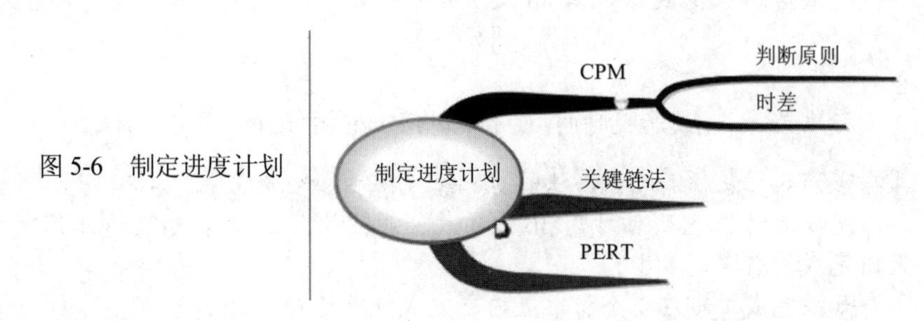

图 5-6　制定进度计划

参考题型

【考核方式 1】考核对关键路径的理解，掌握关键路径上节点的几个重要参数。

- 任务的最早开始时间是第 3 天，最晚开始时间是第 13 天，最早完成时间是第 9 天，最晚完成时间是第 19 天，则该任务＿（13）＿。

（13）A．在关键路径上　　B．有滞后
　　　C．进展情况良好　　D．不在关键路径上

■ 攻克要塞-试题分析　判断一项活动在不在关键路径上，关键在于判断总时差是否为零。如果总时差为零，则该任务一定在关键路径上；如果总时差不为零，则不在关键路径上。

活动的总时差=最晚开始时间－最早开始时间=最晚完成时间－最早完成时间=13－3=19－9=10>0，从而可以判断该任务不在关键路径上。

■ 参考答案　D

- 下图为某工程单代号网络图，其中活动 B 的总浮动时间为＿（14）＿天。

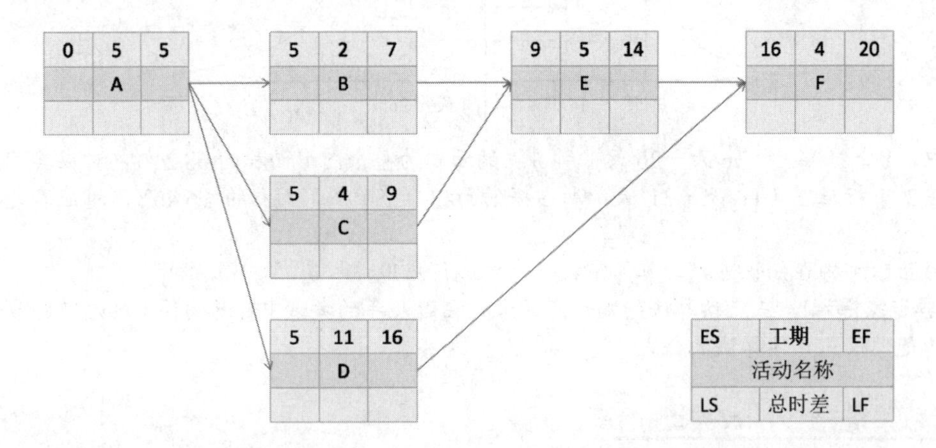

（14）A．1　　B．2　　C．3　　D．4

■ 攻克要塞-试题分析　本题采用观察法，最长路径为 ADF，工期 20 天。

求 B 的总时差，B 所在的路径 ABEF，周期 16 天，所以，B 可以延后 4 天不影响工期。

“总浮动时间”计算方法为：本活动的最迟完成时间减去本活动的最早完成时间，或本活动的最迟开始时间减去本活动的最早开始时间。正常情况下，关键活动的总浮动时间为零。

■ 参考答案 D

【考核方式 2】关键路径计算，根据图例来判断关键路径。

● 下列工程进度网络图中，若节点 0 和 6 分别表示起点和终点，则关键路径为___（15）___。

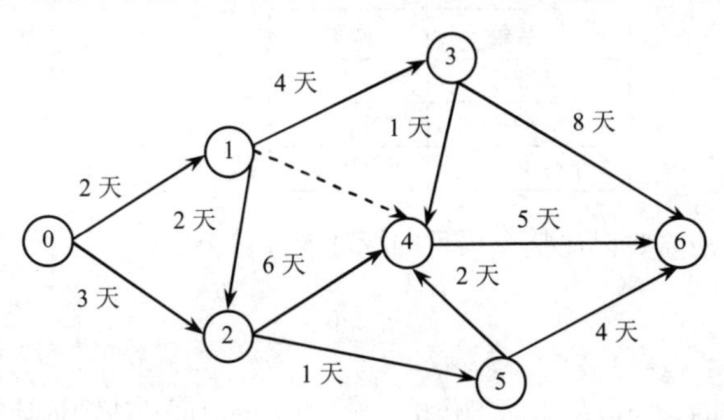

（15）A. 0→1→3→6　　B. 0→1→4→6

C. 0→1→2→4→6　　D. 0→2→5→6

■ 参考答案 C

■ 攻克要塞-试题分析 本题考核根据网络图求关键路径，考生可在网络图基础之上逐步推导。

另外，可以采用“蛮力法”，根据关键路径的判断原则之一——最长的路径为关键路径，可将 A. B. C. D 中全部活动进行累加，得到：

A. 2+4+8 = 14 天　　B. 2+0+5 = 7 天

C. 2+2+6+5 = 15 天　　D. 3+1+4 = 8 天

选项 C 的路径最长，所以选择 C。

[辅导专家提示] 关键路径法知识点的重要性不言而喻，考生在复习中要注意的是，常规的考核是通过找关键路径来计算工期，除此之外，还需要掌握以下几点：

（1）关键路径法在下午卷案例的考核中往往是和挣值分析的题目结合在一起；

（2）关键路径法除了考核计算外，还可以考核对关键路径法的理解；

（3）关键路径法属于制定进度计划的工具，制定进度计划过程中其他的工具也是重点，建议考生阅读教材中相关章节进行总结。

【考核方式 3】考核工具技术——关键链法

关键链法（Critical Chain Method）是一种进度规划方法，允许项目团队在任何项目进度路径上设置缓冲，以应对资源限制和项目的不确定性。这种方法建立在关键路径法之上，考虑了资源分配、资源优化、资源平衡和活动历时不确定性对关键路径的影响。

关键链法增加了作为“非工作活动”的持续时间缓冲，用来应对不确定性。放置在关键链末端的缓冲称为项目缓冲，用来保证项目不因关键链的延误而延误。其他缓冲，即接驳缓冲，则放置在非关键链与关键链的接合点，用来保护关键链不受非关键链延误的影响。

知识点：计划评审技术

知识点综述

此类题目需要具备的基础：①三点估算法，要求掌握三点估算法的公式；②掌握标准差计算公式；③识记三个概率：

标准差	概率
1 个标准差	68.26%
2 个标准差	95.46%
3 个标准差	99.736%

对于求项目的完工概率，则需要记住整个项目的标准差计算公式。

参考题型

【考核方式 1】考核完工概率。

● 完成某信息系统集成项目中的一个最基本的工作单元 A 所需的时间，乐观估计需 8 天，悲观估计需 38 天，最可能估计需 20 天，按照 PERT 方法进行估算，项目在 26 天以后完成的概率应是__（16）__。

（16）A．8.9%　　B．15.9%　　C．22.2%　　D．28.6%

■ 攻克要塞-试题分析　项目的工期 PERT 值＝（最乐观估计时间+4×最可能估计时间+最悲观估计时间）/6＝（8+4×20+38）/6＝126/6＝21 天，标准差＝（38−8）/6＝5 天。

采用图形面积法，将完成概率问题转换成图形面积问题进行处理。

绘制其分布曲线图如下:

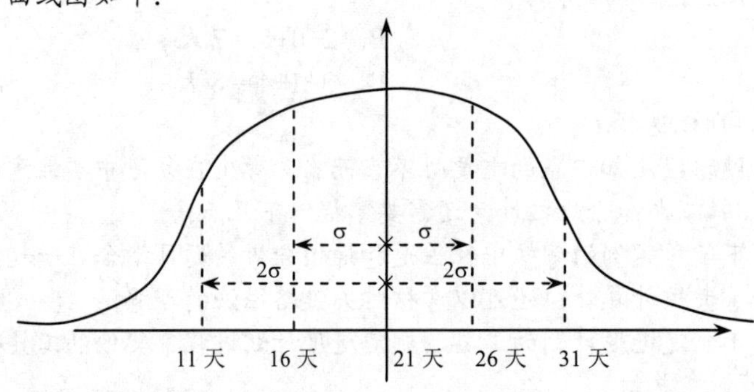

题目要求 26 天以后完成的概率，即求 26 天以后的图形面积占整个图形面积的百分比。

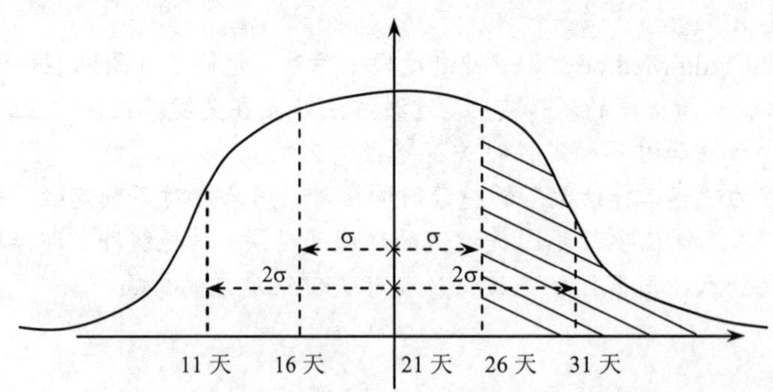

此部分面积 f = 50% − 68.26%/2 = 15.87% ≈ 15.9%，选择B选项。

■ 参考答案 B

[辅导专家提示] 请思考此类题目的其他变化方式：

完成活动A悲观估计需36天，最可能估计需21天，乐观估计需6天，请问：

①在16天内完成的概率是多少？

②在21天内完成的概率是多少？

③在21天之后完成的概率是多少？

④在21天到26天之间完成的概率是多少？

⑤在26天完成的概率是多少？

知识点：进度计划

知识点综述

本题考核知识点有：

（1）进度计划相关的工具技术（关键路径法、关键链法，见前述章节）。

（2）进度计划种类（里程碑进度计划、概况性进度计划、详细进度计划）。

（3）常考的工具技术：资源优化技术、时标网络图。

参考题型

● 关于制定进度计划的工具和技术的描述，不正确的是__（17）__。

（17）A．总浮动时间等于本活动的最迟完成时间减去本活动的最早完成时间

B．自由浮动时间等于紧后活动的最早开始时间的最小值减去本活动的最早完成时间

C．资源平滑技术通过缩短项目的关键路径来缩短完工时间

D．关键路径上活动的总浮动时间与自由浮动时间都为0

■ 攻克要塞-试题分析 本题考核对制定进度计划的工具的理解，如果对关键路径的知识比较熟悉，可以逐步判断A、B、D是正确的。

选项C中对“资源平滑”的描述错误。

• 资源平衡（Resource Leveling）。为了在资源需求与资源供给之间取得平衡，根据资源制约对开始日期和结束日期进行调整的一种技术。如果共享资源或关键资源只在特定时间可用，数量有限，或被过度分配，如一个资源在同一时段内被分配至两个或多个活动，就需要进行资源平衡。也可以为保持资源使用量处于均衡水平而可进行资源平衡。资源平衡往往导致关键路径改变，通常是延长。

• 资源平滑（Resource Smoothing）。对进度模型中的活动进行调整，从而使项目资源需求不超过预定的资源限制的一种技术。相对于资源平衡而言，资源平滑不会改变项目关键路径，完工日期也不会延迟。也就是说，活动只在其自由浮动时间和总浮动时间内延迟。因此，资源平滑技术可能无法实现所有资源的优化。

■ 参考答案 C

[辅导专家提示] 资源平衡和资源平滑都属于“资源优化技术”，资源优化技术是根据资源供需情况，来调整进度模型的技术，包括但不限于资源平衡和资源平滑。**两者的区分点在于是否导致关键路径改变。**

知识点：进度控制

知识点综述

进度控制是监控项目的状态以便采取相应措施以及管理进度变更的过程。进度控制关注如下内容：

（1）确定项目进度的当前状态；

（2）对于引起进度变更的因素施加影响，以保证这种变化朝着有利的方向发展；

（3）确定项目进度已经变更；

（4）当变更发生时管理实际的变更。

进度控制是整体变更控制过程的一个组成部分。

参考题型

【考核方式 1】考核进度控制的方法。

● 在软件开发项目实施过程中，由于进度需要，有时要采取快速跟进措施。___(18)___属于快速跟进范畴。

（18）A．压缩需求分析工作周期

B．设计图纸全部完成前就开始现场施工准备工作

C．使用最好的工程师，加班加点尽快完成需求分析说明书编制工作

D．同其他项目协调好关系以减少行政管理的摩擦

■ 攻克要塞-试题分析 进度压缩的两种方法赶工和并行。

（1）赶工：缩短关键路径节点历时，但不改变活动间的逻辑关系。赶工只适用于增加资源就能压缩进度的活动，同时可能增加成本和风险，导致效率低下。赶工方法有：追加资源、加班、支付额外费用等。

（2）并行（快速跟进）：活动间的逻辑关系由FS变为SS，即把正常的顺序执行变成并行，并行可能造成返工，风险更大。

■ 参考答案 B

【考核方式 2】考核进度控制的内容。

● ___(19)___属于控制进度的工作内容。

（19）A．确定完成项目工作所需花费的时间量

B．确定完成项目工作所需的资源

C．确定工作之间的逻辑关系

D．确定是否对工作进度偏差采取纠正措施

■ 攻克要塞-试题分析 本题属于送分题。控制进度是监督项目活动状态，更新项目进展，管理进度基准变更，以实现计划的过程。本过程的主要作用是提供发现计划偏离的方法，从而可以及时采取纠正和预防措施，以降低风险。

进度控制关注的内容如下：

（1）判断项目进度的当前状态。

（2）对引起进度变更的因素施加影响，以保证这种变化朝着有利的方向发展。

（3）判断项目进度是否已经变更。

（4）当变更实际发生时严格按照变更控制流程对其进行变更。

■ **参考答案** D

【考核方式3】结合网络图考核工期的压缩。

一般这种考核方式以案例分析题为主，要求结合网络图压缩工期，计算压缩的可行性或压缩导致的成本变化。在这个过程中，由于压缩活动，可能会导致关键路径变化，题目可能变得相对复杂。

[辅导专家提示] 进度控制在案例分析题中经常考核，一般与关键路径的工期压缩相关联，同时，涉及的知识点包括接驳缓冲，项目缓冲的判断以及资源优化技术（资源平衡与资源平滑）的应用。

课堂练习

- ＿（1）＿体现了项目计划过程的正确顺序。

（1）A．范围计划→范围定义→活动定义→活动历时估算
B．范围定义→范围规划→活动定义→活动排序→活动历时估算
C．范围计划→范围定义→活动排序→活动定义→活动历时估算
D．活动历时估算→范围规划→范围定义→活动定义→活动排序

- 某项目的主要约束是质量，为了不让该项目的项目团队感觉时间过于紧张，项目经理在估算项目活动历时的时候应采用＿（2）＿，以避免进度风险。

（2）A．专家判断　B．定量历时估算　C．设置备用时间　D．类比估算

- 进度变更控制的内容包括＿（3）＿。

①判断项目进度的当前状态　②对造成进度变更的因素施加影响
③查明进度是否已经改变　④在实际变更出现时对其进行管理

（3）A．①②③　B．②③④　C．①②③④　D．①③④

- 项目经理小李对某活动工期进行估算时，发现人员的熟练程度和设备供应是否及时对工期至关重要。如果形成最有利组合时，预计17天可以完成；如果形成最不利组合时，预计33天可以完成；按照公司的正常情况，一般22天可以完成，该项目的工期可以估算为＿（4）＿天。

（4）A．22　B．23　C．24　D．25

- 某软件开发项目的最快可能完成时间、最可能完成时间和最慢可能完成时间分别为21天、27天和33天，那么该开发项目在25天至27天内完成的概率为＿（5）＿，在27天至29天内完成的概率为＿（6）＿（已知正态分布概率在±1σ内为68.26%，±2σ内为95.46%，±3σ内为99.736%）。

（5）A．95.46%　B．47.73%　C．49.868%　D．34.13%
（6）A．68.26%　B．34.13%　C．31.74%　D．95.46%

- 在制定进度计划时，已经完成了：①绘制进度网络图；②活动资源估算；③活动历时估算。此时为了确定各项活动的时差可进行＿（7）＿。

（7）A．资源平衡分析　B．进度压缩分析　C．关键路线分析　D．假设情景分析

- ＿（8）＿不属于编制进度计划所采用的工具和技术。

（8）A．进度网络分析　B．确定依赖关系　C．进度压缩　D．资源平衡

- 某工程由8个活动组成，其各活动情况如下表所示，该工程关键路径为＿（9）＿。

活动	紧前活动	所需天数	活动	紧前活动	所需天数
A		3	F	C	6
B	A	2	G	E	2
C	B	5	H	F、G	5
D	B	7	I	H、D	2
E	C	4			

（9）A．ABCEGI　　B．ABCFHI　　C．ABDHI　　D．ABDI

- 在制定进度计划时，可以采用多种工具与技术，如关键路径法、资源平衡技术、资源平滑技术等，在以下叙述中，不正确的是＿（10）＿。

（10）A．项目的关键路径可能有一条或多条

B．随着项目的开展，关键路径法可能也随着不断变化

C．资源平衡技术往往会导致关键路径延长

D．资源平滑技术往往会改变项目关键路径，导致项目进度延迟

6 项目成本管理

知识点图谱与考点分析

在开始成本管理之前，作为制定项目管理计划过程的一部分，项目管理团队需先进行规划，形成一份成本管理计划。项目所需要的成本管理过程及其相关工具与技术通常在定义项目生命周期时已选定，并记录于成本管理计划中。成本管理计划的内容包括精确程度、计量单位、组织程序链接、控制临界值、绩效测量规则、报告格式和过程描述

成本管理有 4 个过程：规划成本管理（2016 教材新增）、估算成本、制定预算和成本控制。成本管理的难点在于成本控制中的挣值管理和完工预测。对于挣值管理，难点在于对三个参数的理解，即 AC. PV 和 EV，尤其是 EV（挣值）；对于完工预测，重点在于如何区分典型偏差和非典型偏差，并据此求剩余工作完工成本。一旦能够区分典型偏差和非典型偏差，则可以套用公式进行项目完工成本的预测。此外，BAC、EAC、VAC 都属于常考核知识点。

成本管理知识点图谱如图 6-1 所示。

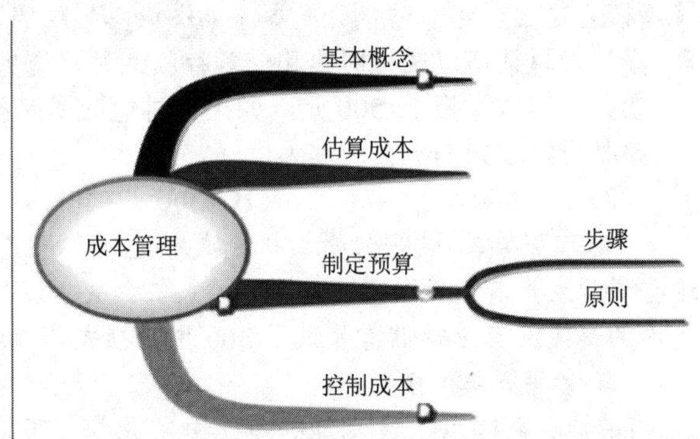

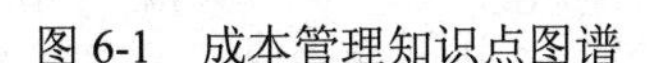
图 6-1　成本管理知识点图谱

知识点：成本概念

知识点综述

在进行项目预算时，除了要考虑项目的直接成本，还要考虑其间接成本和一些对成本有影响的其他因素，可能包括：①非直接成本；②沉没成本；③学习曲线。成本的基本概念如图 6-2 所示。

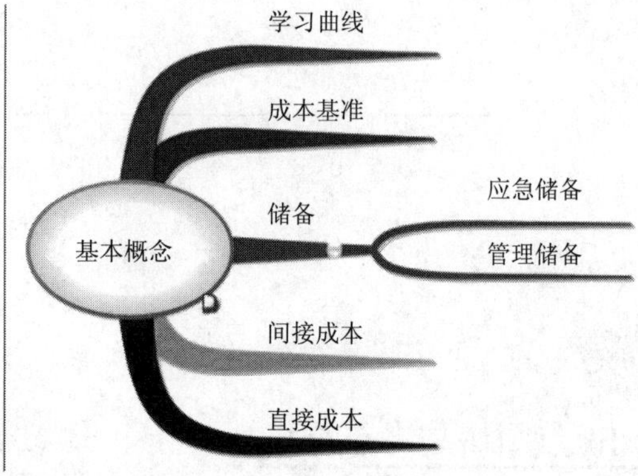

基本概念
学习曲线
成本基准
储备
应急储备
管理储备
间接成本
直接成本

图 6-2　成本的基本概念

参考题型

【考核方式 1】考核对成本基本概念的理解。

● 某企业今年用于信息系统安全工程师的培训费用为 5 万元，其中有 8000 元计入 A 项目成本，该成本属于 A 项目的___（1）___。

（1）A．可变成本　　B．沉没成本　　C．实际成本　　D．间接成本

■ 攻克要塞-试题分析 成本的类型有：可变成本、固定成本、直接成本与间接成本。

间接成本来自一般管理费用科目或几个项目共同担负的项目成本分摊给本项目的费用。

显然，题中“8000 元计入 A 项目成本”属于分摊给 A 项目的费用，从而该成本属于 A 项目的间接成本。

■ 参考答案 D

【考核方式 2】考核对机会成本、沉没成本的理解。

● 投资者赵某可以选择股票和储蓄存款两种投资方式．他于 2017 年 1 月 1 日用 2 万元购进某股票，一年后亏损了 500 元，如果当时他选择储蓄存款，一年后将有 360 元的收益，由此可知，赵某投资股票的机会成本为___（2）___元。

（2）A．500　　B．360　　C．860　　D．140

■ 攻克要塞-试题分析 机会成本是利用一定的时间或资源生产一种商品时，而失去的利用这些资源生产其他最佳替代品的机会，机会成本泛指一切在做出选择后其中一个最大的损失。本题中因为赵某没有选择储蓄导致了 360 元的损失，所以机会成本是 360 元。

■ 参考答案 B

[辅导专家提示] 要求能够辨识固定成本、可变成本、直接成本、间接成本、机会成本、沉没成本、管理储备、应急储备。

（1）可变成本：随着生产量、工作量或时间而变的成本为可变成本，又称变动成本。

（2）固定成本：不随生产量、工作量或时间的变化而变化的非重复成本为固定成本。

（3）直接成本：直接可以归属项目工作的成本为直接成本。如项目团队差旅费、工资、项目使用的物料及设备使用费等。

（4）间接成本：来自一般管理费用科目或几个项目共同担负的项目成本所分摊给项目的费用形成了项目的间接成本，如税金、额外福利和保卫费用等。

（5）沉没成本：是指由于过去的决策已经发生了的，而不能由现在或将来的任何决策改变的成本。沉没成本是一种历史成本，对现有决策而言是不可控成本，会很大程度上影响人们的行为方式与决策，在投资决策时应排除沉没成本的干扰。

成本概念知识点补充

成本基本概念的总结如表 6-1 所示。

表 6-1　成本基本概念的总结

术语	解释
项目成本	项目全过程所耗用的各种成本的总和
全生命周期成本	权益总成本，即开发成本和维护成本的总和
学习曲线	当重复生产许多产品时，产品的单位成本将随着数量的增多呈规律性递减 如果在信息系统项目中采用了项目组成员未使用过的技术和方法，那么在使用这些技术和方法的初期，项目组成员有一个学习的过程，许多时间和劳动投入到尝试和试验中，这些尝试和试验会增加项目的成本。同样，项目组从未从事的项目要比对原有项目升级的成本高得多，也是由于项目组必须学习新的知识
管理储备	一个单列的计划出来的成本，以备未来不可预见的事件发生时使用。管理储备包含成本或进度储备，以降低偏离成本或进度目标的风险，管理储备的使用需要对项目基准进行变更。它们是未知的事件，项目经理在使用或支出管理储备前，可能需要获得批准。管理储备不是项目成本基准的一部分，但包含在项目总预算中。管理储备不纳入挣值计算
应急储备	为未规划但可能发生的变更提供的补贴，这些变更由风险登记册中所列的已知风险引起。它们是已知的未知事件，是项目范围和成本基准的一部分
成本基准	经批准的按时间安排的成本支出计划，随时反映了经批准的项目成本变更（增加或减少的资金数目），被用于度量和监督项目的实际执行成本。它按时段汇总估算的成本编制而成，通常以 S 曲线的形式来表示

知识点：成本估算

成本估算是对完成项目活动所需资金进行近似估算的过程。在成本估算过程中，主要步骤如下：

（1）识别并分析项目成本的构成科目。

（2）估算每一成本科目的成本大小。

（3）分析成本估算结果，协调各种成本之间的比例关系。

在成本估算的知识点中，重点在于了解估算的主要步骤、估算的依据以及估算过程中的主要工具和工具所适用的场景。

成本估算知识图谱如图 6-3 所示。

图 6-3　估算成本

参考题型

【考核方式 1】考核成本估算过程中具体的工具技术。

● 关于项目成本估算所采用的技术和工具，不正确的是＿（3）＿。

（3）A．成本估算需要采用定量方法，与估算人员的技术和管理经验无关

B．三点估算法涉及到最可能成本、最乐观成本和最悲观成本

C．类比估算相对于其他估算技术，具有成本低、耗时少、准确率低的特点

D．在估算活动成本时，可能会受到质量成本因素的影响

■ **攻克要塞-试题分析**　本题考核对成本估算各个工具的理解，项目成本估算所采用的技术与工具：专家判断；类比估算；参数估算；自下而上估算；三点估算；储备分析；质量成本（COQ）；项目管理软件；卖方投标分析；群体决策技术。

■ **参考答案**　A

【考核方式 2】考核成本估算工具适用的场景，根据场景来选择合适的估算工具。

● 某高校校园网建设的一个项目经理正在估算该项目的成本，此时尚未掌握项目的全部细节。项目经理应该首先采用的成本估算方法是＿（4）＿。

（4）A．类比估算法　　　　B．自下而上估算法

C．蒙特卡罗分析　　　　D．参数模型

■ **攻克要塞-试题分析**　类比估算法是一种通过比照已完成的类似项目的实际成本估算出新项目成本的方法。类比估算法适合评估一些与历史项目在应用领域、环境和复杂度方面相似的项目。其约束条件在于必须存在类似的具有可比性的软件开发系统，估算结果的精确度依赖于历史项目数据的完整性、准确度以及现行项目与历史项目的近似程度。

自下而上估算法的主要思想是把待开发的软件细分，直到每一个子任务都已经明确所需要的开发工作量，然后把它们加起来，得到软件开发的总工作量。

蒙特卡罗分析是一种随机模拟方法，是以概率和统计理论方法为基础的一种计算方法。

参数模型通常采用经验公式来预测项目计划所需要的成本、工作量和进度数据。

还没有一种估算模型能够适用于所有的项目类型和开发环境，从这些模型中得到的结果必须慎重使用。

本题中，由于"尚未掌握项目的全部细节"，因此适合采用类比估算法。

■ **参考答案**　A

知识点：成本预算

成本预算的过程是汇总所有单个活动或工作包的估算成本，并建立一个经批准的成本基准的过程。如图 6-4 所示为制定预算的内容。

图 6-4 制定预算

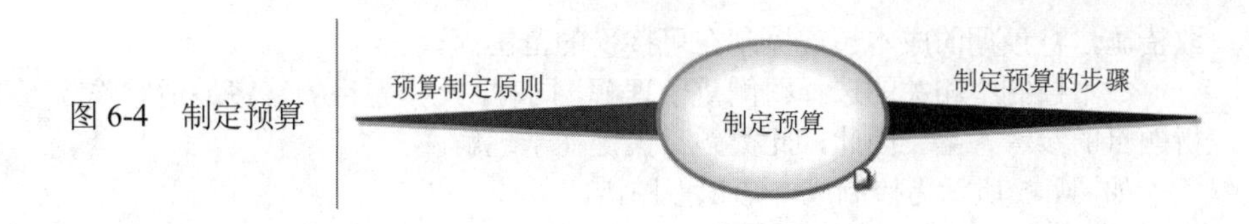

参考题型

【考核方式 1】考核成本预算的过程，包括输入输出以及对过程的理解。

● 下列关于成本基准计划的叙述中，不正确的是 （5） 。

（5）A．按时间分段计算，用作度量和监督成本绩效的基准

B．成本基准反映整个项目生命周期的实际成本支出

C．按时段汇总估算的成本编制而成

D．通常以 S 曲线的形式表示

■ 攻克要塞-试题分析 成本基准计划即成本基线，是用来度量和监测项目成本绩效和按时间分段的预算。将按时段估算的成本加在一起即可得出成本基准，通常以 S 曲线的形式显示。

成本基准计划是成本预算阶段的产物，而非成本估算阶段的产物。

■ 参考答案 B

[辅导专家提示] S 曲线也表明了项目的预期资金。项目经理在开销之前如能提供必要的信息去支持资金要求以确保资金流可用，则其意义非常重大。许多项目（特别是大项目）可能有多个成本基准，以便度量项目成本绩效的各个方面。

【考核方式 2】考核对成本预算过程相关工具。

● 以下关于项目成本预算的工具与技术的叙述中，不正确的是 （6） 。

（6）A．管理储备金包含在项目预算范围内，是项目成本基准的一部分

B．参数估算技术是运用数学模型根据项目特性预测项目成本

C．资金限制平衡需要对工作安排进行调整

D．工作包的成本估算汇总到 WBS 中的更高一级，最终形成项目预算

■ 攻克要塞-试题分析 成本预算、估算、控制三个过程的工具都是重点，本题从题目选项来看，B、C、D 是成本预算的工具，但选项 A 其实质却是考核对管理储备和应急储备的理解。应急储备包含在项目预算范围内，是项目成本基准的一部分，而管理储备包含在项目预算范围内，但是不属于成本基准。

■ 参考答案 A

[辅导专家提示] 本题涉及的管理储备的概念是一个容易出错的概念。要注意区分项目预算、完工预算、管理储备三者的关系，项目预算=完工预算+管理储备。

此外，成本预算中的常见的工具包括：成本汇总；储备分析；专家判断；参数模型。

成本预算中其他考点包括：成本预算的特征；制定项目成本预算的步骤；项目预算的组成。

知识点：成本控制

知识点综述

成本控制是对造成成本基准变更的因素施加影响，监督成本执行并找出与成本基准的偏差，采

取措施，将预期的成本超支控制在可接受的范围内。

成本控制中相关的选择题侧重于理解，同时，此类题目的答案最适宜作为下午卷中成本案例分析题目的参考答案。因此，此类题目关键在于理解。

如图 6-5 所示为控制成本知识点图谱。

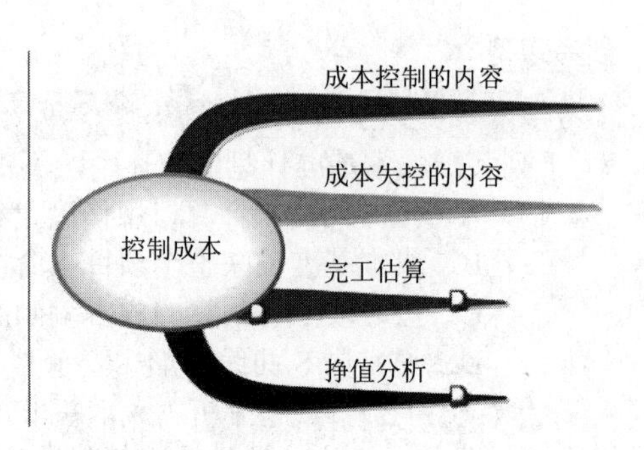

图 6-5　控制成本

参考题型

【考核方式 1】识记、理解题。此类题型对下午卷的案例分析题有参考意义。

● 信息系统项目成本失控的原因通常有 （7） 。

①对信息系统工程项目认识不足

②组织制度不健全

③缺乏科学、严格、明确且完整的成本控制方法和工作制度

④采用的项目成本估算方法不恰当，与项目的实际情况不符

⑤项目规划与设计方面的变更引起相关成本的增加

⑥对风险估计不足

（7）A．①②③④　　B．③④⑤⑥　　C．①②③④⑤⑥　D．以上选项均不正确

■ 攻克要塞-试题分析 项目成本控制工作是在项目实施过程中，通过项目成本管理尽量使项目实际发生的成本控制在预算范围内。发生成本失控的原因主要归纳为以下四点：①对工程项目认识不足；②组织制度不健全；③方法问题；④技术的制约。

所以，本题所列出的均是成本失控的常见原因。

■ 参考答案 C

[辅导专家提示]

（1）对于此类综述题，有一种解题策略是用“描述最完全的可能就是答案”的经验来判断。

（2）对此类题目要注意总结，此类题目的答案一般可以应用于下午卷的案例分析中。

【考核方式 2】成本控制的主要内容。

成本控制的主要内容包括：对造成成本基准变更的因素施加影响；确保所有变更请求都得到及时处理；当变更实际发生时，管理这些变更；确保成本支出不超过批准的资金限额，既不超出按时段、按 WBS 组件、按活动分配的限额，也不超出项目总限额；监督成本绩效，找出并分析与成本基准间的偏差；对照资金支出，监督工作绩效；防止在成本或资源使用报告中出现未经批准的变更；向有关干系人报告所有经批准的变更及其相关成本；设法把预期的成本超支控制在可接受的范围内。

【考核方式 3】成本控制的工具。

该部分内容在具体考核上更多的是以挣值分析与完工预测的考核为主。

知识点：挣值分析

知识点综述

挣值分析属于成本控制的工具，是成本管理的重难点，同时也是系统集成项目管理工程师考试的重点和难点，属于必考知识点。

解答此类题目的关键在于理解挣值分析的含义，理解 PV、AC 和 EV 等参数的含义，并能在给定的案例中识别出 PV、AC 和 EV，同时理解四个指标 CPI、SPI、CV、SV 的含义，能够根据指标判断项目的绩效状况，如图 6-6 所示。

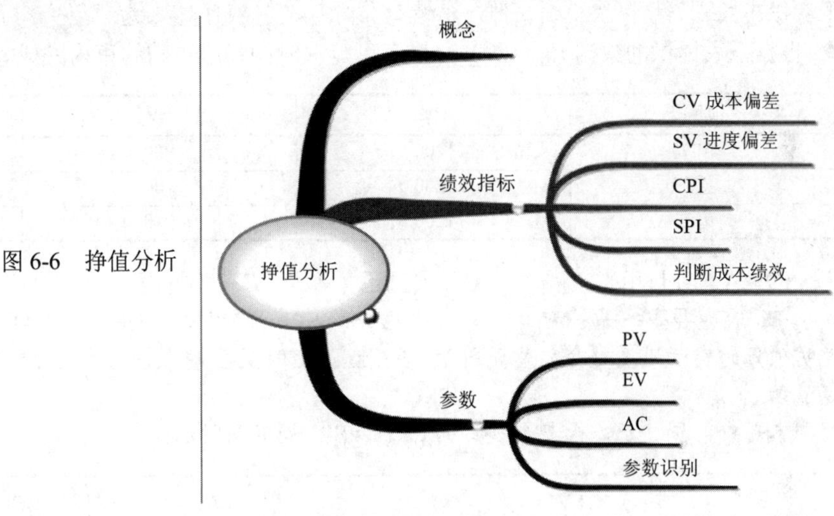

图 6-6 挣值分析

参考题型

【考核方式 1】考核对挣值分析概念的理解。

● 项目进行到某阶段时，项目经理进行了绩效分析，计算出 CPI 值为 0.91，这表示＿（8）＿。

（8）A．项目的每 91 元人民币投资中可创造相当于 100 元的价值

B．当项目完成时将会花费投资额的 91%

C．项目仅进展到计划进度的 91%

D．项目的每 100 元人民币投资只创造相当于 91 元的价值

■ **攻克要塞-试题分析** CPI 是最常用的成本效率指标，其计算公式是 CPI＝EV/AC，CPI 的值若小于 1，则表示实际成本超出预算。在本题中，项目经理进行绩效分析时，计算出 CPI 值为 0.91，这表示项目的每 100 元人民币投资只创造相当于 91 元的价值。

■ **参考答案** D

[辅导专家提示] 根据近几年的试题考核趋势来看，挣值分析考核的难点集中在对挣值分析基本概念的理解上。下表对三个参数、四个指标进行了总结。

参数名	含义
计划费用（PV，Planned Value）	当前时间点，计划工作的预算成本
实际费用（AC，Actual Cost）	当前时间点，实际完成工作发生的实际成本
挣值（EV，Earned Value）	当前时间点，已完成工作的预算值

名称	公式	具体值表示的含义		
成本偏差 CV 成本绩效指数 CPI	CV = EV−AC CPI = EV/AC	CV = 0	CPI = 1	计划和实际一致
		CV > 0	CPI > 1	结余
		CV < 0	CPI < 1	超支
进度偏差 SV 进度绩效指数 SPI	SV = EV−PV SPI = EV/PV	SV = 0	SPI = 1	项目按计划进行
		SV > 0	SPI > 1	进度超前
		SV < 0	SPI < 1	进度滞后

【考核方式 2】根据给出的条件，求绩效指标并判断项目的状态。

● 根据下表提供的数据，＿（9）＿最有可能在时间和成本的约束内完成。

项目	PV	EV	AC
甲	1200	900	700
乙	1200	700	900
丙	1200	900	1000

（9）A．项目甲　　B．项目乙　　C．项目丙　　D．项目甲和项目乙

■ 攻克要塞-试题分析 本题可根据公式 SPI＝EV/PV 和 CPI＝EV/AC 来判断。SPI 的值越大，说明项目的实际进度越会相对提前于计划进度；CPI 的值越大，说明项目的实际成本相对于预算会越节约。

本题中，甲、乙、丙三个项目的 CPI 和 SPI 如下表所示：

项目	PV	EV	AC	CPI	SPI
甲	1200	900	700	900/700	900/1200
乙	1200	700	900	700/900	700/1200
丙	1200	900	1000	900/1000	900/1200

显然，甲的 CPI 和 SPI 均大于其余项目。

■ 参考答案 A

【考核方式 3】根据挣值分析的图形判断当前的绩效状态。

● 项目经理小张对自己正在做的一个项目进行成本挣值分析后，画出了如下图所示的一张图，当前时间为图中的检查日期。根据该图，小张分析：该项目进度＿（10）＿，成本＿（11）＿。

（10）A．正常　　B．落后　　C．超前　　D．无法判断

（11）A．正常　　B．超支　　C．节约　　D．无法判断

■ 攻克要塞-试题分析 从该图中可以非常直观地看出 EV<AC，EV>PV，由此得出 CV<0，PV>0。因此，当前的绩效状态是：进度超前，成本超支。

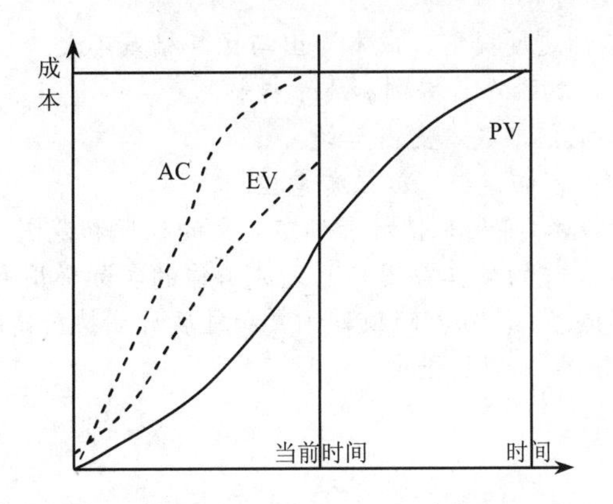

■ 参考答案 （10）C （11）B

[辅导专家提示] 下午卷的案例题中曾经出现根据挣值管理的参数来绘制图形的题目。一般来说，有4种比较常见的图形用来描述项目挣值绩效。

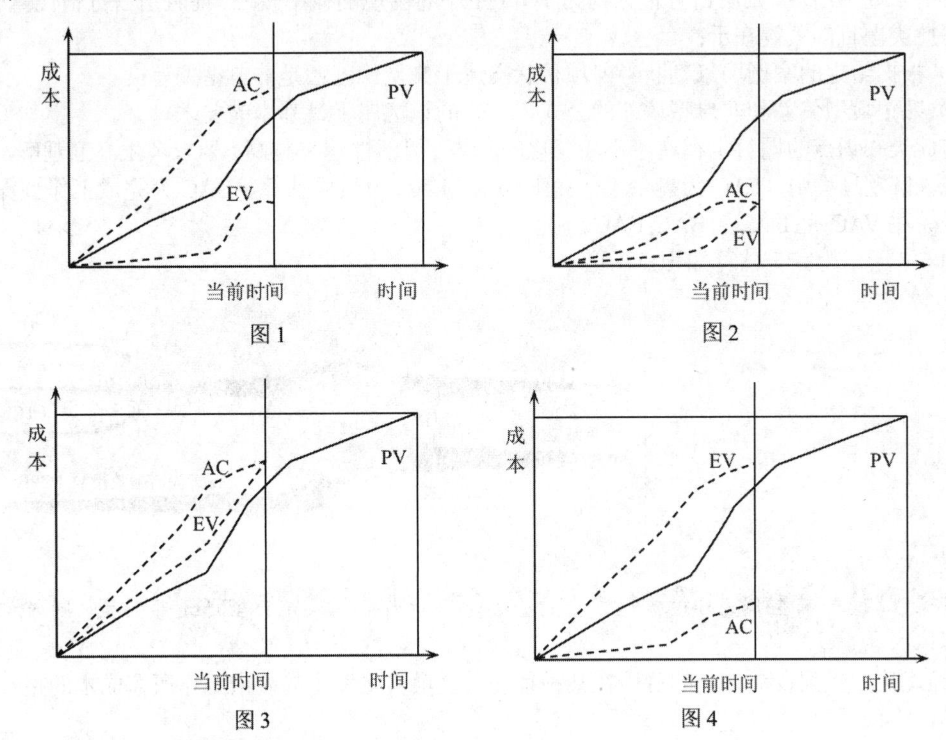

对于4种不同的绩效状态，分别可采取以下措施：

（1）图1：效率低，进度拖延，成本支出超前。

提高效率，如用工作效率高的人员更换一批工作效率低的人员，赶工、工作并行以追赶进度，加强成本监控。

（2）图2：进度效率较低，进度拖延，成本支出与预算相差不大。

增加高效率人员的投入，赶工、工作并行以追赶进度。

（3）图 3：成本效率较低，进度提前，成本支出与预算相差不大。

提高效率，减少人员成本，加强人员培训和质量控制。

（4）图 4：效率高，进度提前，成本支出节约。

检查计划是否有不当之处，密切监控，加强质量控制。

挣值分析是一种进度测量技术，可用来估计和确定变更的程度和范围，所以又称为偏差分析法。挣值法通过测量和计算已完成工作的预算费用与已完成工作的实际费用和计划工作的预算费用得到有关计划实施的进度和费用偏差，达到判断项目预算和进度计划执行情况的目的。因而它的独特之处在于可以以预算和费用来衡量工程的进度。

知识点：完工预测

知识点综述

完工预测属于成本管理考核的难点，在历次考试中均作为压轴题出现。一般来说，如果该部分知识点在上午卷中出现，则所占分值大约为 1 分，下午卷出现的概率较高，而且所占分值比重较大。

解答此类题目的关键在于：

（1）根据给定的案例场景判断当前项目状态属于典型偏差还是非典型偏差；

（2）熟记典型偏差和非典型偏差的公式，公式的记忆属于最基本的要求。

目前此类知识点的题目也存在着不断变化的趋势，灵活性越来越高，要求考生高度理解，不能死记公式。解题过程中，ETC 为剩余工作完工成本、EAC 为最终估算、BAC 为完成工作预算。此外，还需关注 VAC 完工偏差=BAC-EAC。

如图 6-7 所示为完工估算知识点图谱。

图 6-7 完工估算

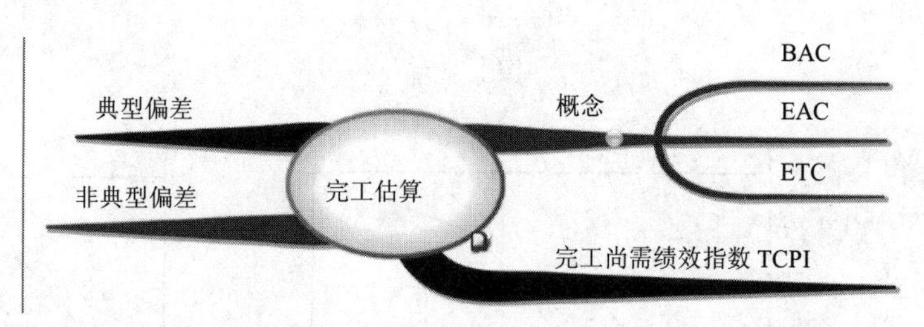

参考题型

【考核方式 1】考核典型偏差，根据题目中的关键词判断当前状态是典型还是非典型，同时考核对公式的熟练程度。

- 项目经理认为，到目前为止的费用在某种程度上是项目将发生的剩余工作所需成本的指示器，则 EAC 的公式为＿（12）＿。

（12）A．EAC＝AC+（BAC−EV）/CPI　　B．EAC＝AC+ETC

C．EAC＝AC+BAC−EV　　D．EAC＝AC+EV

■ 参考答案　A

■ 攻克要塞-试题分析　EAC 为完工估算。

公式为 EAC＝AC+ETC＝AC+（BAC−EV）/CPI。因目前的偏差属于典型偏差（目前为止的费用在某种程度上是项目将发生的剩余工作所需成本的指示器），而选项 C 是非典型偏差的 EAC 计算公式，显然A选项符合题意。

项目出现成本偏差意味着原来的成本预算出现了问题，已完成工作的预算成本和实际成本不相符，这必然会对项目的总体实际成本带来影响，这时需要重新估算项目的成本。这个重新估算的成本也称为最终估算成本（Estimate at Completion，EAC），即完工估算，EAC＝AC＋ETC。

完成工作预算（Budget at Completion，BAC），即整个项目所有阶段的预算总和，也就是整个项目成本的预算值。

剩余工作成本（Estimate to Completion，ETC），即完成项目剩余工作预计还需要花费的成本。ETC用于预测项目完工所需要花费的成本。

对于ETC来说有两种判定情况：

（1）典型偏差：认为项目日后工作的工作效率将和以前相同，未完成工作的实际成本和未完成工作预算的比例与已完成工作的实际成本和预算的比率相同。

$$EAC = (AC/EV) \times BAC = BAC/CPI$$

或

$$EAC = AC + (BAC - EV)/CPI$$

（2）非典型偏差：假定未完成工作的效率和已完成工作的效率没有关系，对未完成的工作依然使用原来的预算值。那么，对于最终估算成本就是已完成工作的实际成本加上未完成工作的预算成本，即：

$$EAC = AC + BAC - EV$$

[辅导专家提示]

（1）根据近几年的考核情况，典型偏差出现的概率比非典型偏差要高。

（2）典型偏差中一般会有关键字眼，如“将发生的剩余工作所需成本的指示器”“继续按照此趋势发展”等。

（3）部分考生很容易被典型和非典型弄混，记忆的关键是典型是“按趋势”进行，非典型是“按计划”，按照原定的计划。

（4）下表给出了BAC、EAC、ETC的总结。

<table>
<tr><th>参数名</th><th colspan="2">含义与公式</th></tr>
<tr><td>项目完工总预算BAC</td><td colspan="2">所有计划成本的和，BAC＝∑PV</td></tr>
<tr><td rowspan="3">完工尚需估算ETC</td><td colspan="2">当前时间点，项目剩余工作完工的估算</td></tr>
<tr><td>非典型偏差
（按计划）</td><td>ETC＝剩下工作量对应计划值＝总计划值−已完成工作的计划值（EV），即ETC＝BAC−EV</td></tr>
<tr><td>典型偏差
（按趋势）</td><td>ETC＝剩下工作量对应计划值/成本绩效指数，即ETC＝（BAC−EV）/CPI</td></tr>
<tr><td>完工估算EAC</td><td colspan="2">项目整体完工估算成本＝AC+剩余工作的预算，即EAC＝ETC+AC</td></tr>
</table>

【考核方式2】考核具体的应用，计算ETC。

- 已知某综合布线工程的挣值曲线如下图所示：总预算为1230万元，到目前为止已支出900万元，实际完成总工作量的60%，该阶段的预算费用是850万元。按目前的状况发展，要完成剩余的工作还需要___（13）___万元。

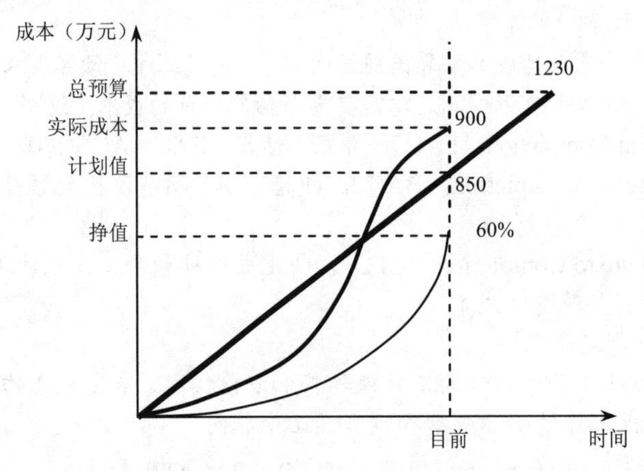

（13）A．330　　　　B．492　　　　C．600　　　　D．738

■ 攻克要塞-试题分析 本题考核预测技术，计算 ETC 剩余工作所需成本。

本题已明显给出典型偏差，并且今后仍“按目前的状况发展”，则 ETC＝（BAC−EV）/CPI。这里的 BAC 是指完工时的 PV 总和（即总预算）为 1230 万元，EV＝1230×60%＝738 万元，AC 为 900 万元，则 CPI＝EV/AC＝0.82，根据公式 ETC＝（BAC−EV）/CPI＝（1230−738）/CPI＝492/0.82＝600 万元。

对于本题，有便捷的解题技巧。根据题目给定的条件，目前为止完成了 60%的工作量，花费了 900 万元，也就意味着求剩下 40%的工作量所需要消耗的成本。

完成工作量	对应成本
60%	900
40%	x=?

解方程，得 x＝600。

■ 参考答案 C

[辅导专家提示] 根据 ETC 的公式，其中的 BAC 在题目中很容易找出，因此，其关键点在于如何确定 EV，这是挣值分析类题目的关键点。如果考生在此类题目上碰到障碍，大部分失误都在于把 EV 计算错了，因此，了解 PV、EV、AC 的概念是这类题目的关键。

【考核方式 3】考核完工估算 EAC。

● 某工程项目，完工预算为 2000 万元。到目前为止，由于某些特殊原因，实际支出 800 万元，成本绩效指数为 0.8，假设后续不再发生成本偏差，则完工估算（EAC）为 （14） 万元。

（14）A．2500　　　　B．2160　　　　C．2000　　　　D．2800

■ 攻克要塞-试题分析 根据题目中关键句子“后续不再发生成本偏差”，说明是非典型偏差。

则 ETC=BAC-EV=2000-800*0.8=1360

EAC=AC+ETC=1360+800=2160

参考答案 B

[辅导专家提示] 其他相关知识点：

（1）完工尚需绩效指数 TCPI

（2）VAC 完工偏差，VAC=BAC-EAC

课堂练习

- 项目经理可以控制___（1）___。

（1）A．审计成本　　B．沉没成本　　C．直接成本　　D．间接成本

- 项目经理小张对正在做的一个项目进行挣值分析后，发现 CPI>1，则可以判断该项目___（2）___。

（2）A．进度超前　　B．进度落后　　C．成本超支　　D．成本节约

- 一般将成本管理划分为成本估算、成本预算和成本控制三个过程。以下关于成本预算的描述中，不正确的是___（3）___。

（3）A．当项目的具体工作无法确定时，无法进行成本预算

B．成本基准计划可以作为度量项目绩效的依据

C．管理储备是为范围和成本的潜在变化预留的预算，因此需要体现在项目成本基准里

D．成本预算过程完成后，可能会引起项目管理计划的更新

- 下图是一项布线工程的计划和实际完成示意图，2009 年 3 月 23 日的 PV、EV、AC 分别是___（4）___。

（4）A．PV＝4000 元、EV＝2000 元、AC＝3800 元

B．PV＝4000 元、EV＝3800 元、AC＝2000 元

C．PV＝3800 元、EV＝4000 元、AC＝2000 元

D．PV＝3800 元、EV＝3800 元、AC＝2000 元

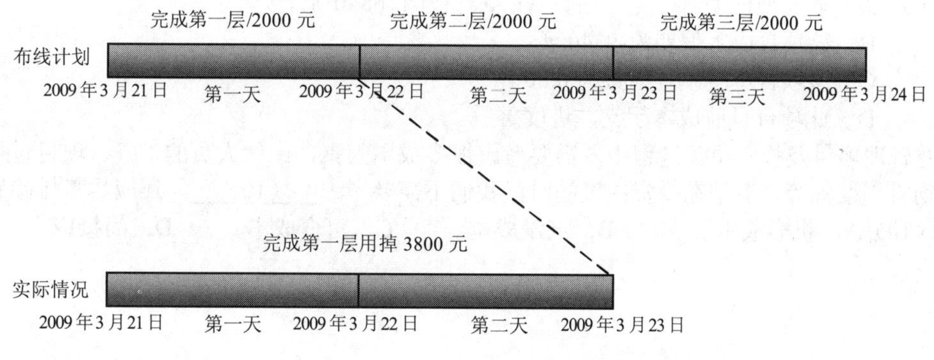

- 某项目当前的 PV＝150、AC＝120、EV＝140，则项目的绩效情况是___（5）___。

（5）A．进度超前，成本节约　　B．进度滞后，成本超支

C．进度超前，成本超支　　D．进度滞后，成本节约

- 关于成本类型的描述。不正确的是___（6）___。

（6）A．项目团队差旅费、工资、税金、物料及设备使用费为直接成本

B．随着生产量、工作量或时间而变的成本称为变动成本

C．利用一定时间或资源生产一种商品时，便失去了使用这些资源生产其他最佳替代品的机会，称为机会成本

D．沉没成本是一种历史成本，对现有决策而言是不可控成本

- 某公司组织专家对项目成本进行评估，得到如下结论：最可能成本为 10 万元，最乐观成本为 8

万元、最悲观成本 12 万元。采用“三点估算法”该项目成本为___（7）___。

（7）A．9　　B．10
C．11　　D．12

- 在进行项目成本估算时，可以使用多种技术和工具，其中，___（8）___相对于其他估算技术来说，成本较低，耗时较少，但准确性也较低。

（8）A．专家判断　　B．类比估算
C．参数估算　　D．三点估算

- 某信息化项目到 2017 年 12 月 31 日的成本执行（绩效）数据如下表，根据表中数据，下述不正确的是___（9）___。

活动编号	活动	PV（元）	AC（元）	EV（元）
1	召开项目会议	2000	2000	2000
2	制定项目计划	900	1000	900
3	客户需求分析	5000	5500	5000
4	系统总体设计	10500	11500	7350
5	系统编码	20500	22500	19000
6	界面设计	5200	5250	4160
合计		44100	47750	38410
项目总预算（BAC）：167500				

（9）A．非典型偏差时，完工估算（EAC）为 176840 元
B．该项目成本偏差为-9340 元
C．该项目进度绩效指数为 0.80
D．此项目目前成本超支，进度落后

- 在管理项目及投资决策过程中，需要考虑很多成本因素，比如人员的工资、项目过程中需要的物料、设备等，但是在投资决策的时候我们不需要考虑___（10）___，还应尽量排除它的干扰。

（10）A．机会成本　　B．沉没成本　　C．可变成本　　D．间接成本

7

项目质量管理

知识点图谱与考点分析

“质量管理”章节所涉及的概念较多，主要包括：质量、质量管理、质量方针、质量目标、质量成本、质量保证、质量控制等。同时还涉及质量的标准——ISO9000、全面质量管理、六西格玛等。此外，质量管理中的三个主要过程均属重点，要求掌握过程的输入、输出及主要工具的应用。

主要知识点图谱如图 7-1 所示。

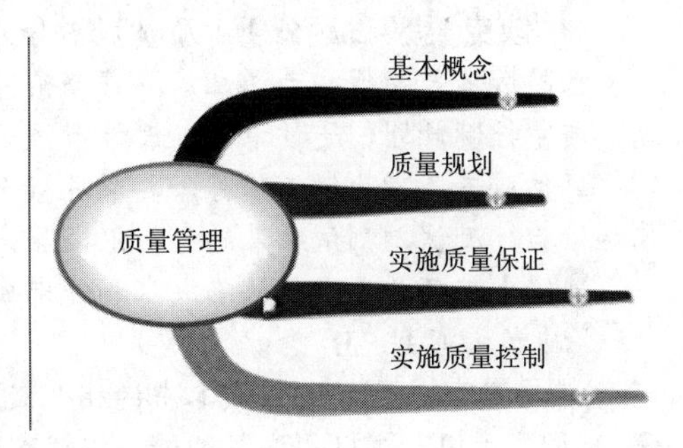

图 7-1　质量管理知识点图谱

对于质量管理中涉及的一些主要工具，以下总结了相应的关键字（谐音）便于考生进行记忆。

过程	助记关键字	对应工具
规划质量管理	小工牛死直接过	**效**益成本分析、质量**功**能展开、**流**程图、**实**验设计、**质**量成本、**基**准比较、**过**程决策程序图
质量控制	相亲先锯树过河	相互关系图、亲和图、优先级矩阵、矩阵图、树状图、过程决策程序图、活动网络图
质量控制	流控只因怕见伞	流程图、控制图、直方图、因果图、帕累托图、检查表、散点图

知识点：质量概念

知识点综述

质量管理知识领域中所涉及的基本概念比较多，比如质量管理、质量方针、质量目标、质量成本（要求区分质量成本的分类）等，如图 7-2 所示。

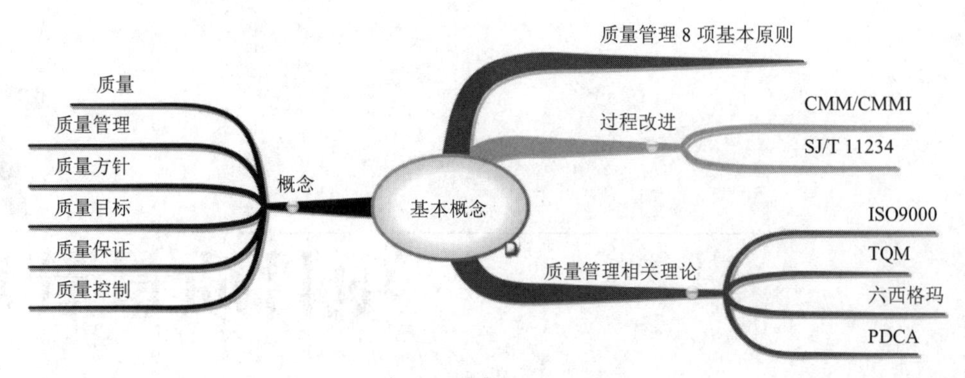

图 7-2　质量管理的基本概念

参考题型

【考核方式 1】考核对基本概念和术语的理解。

● 项目经理在进行项目质量规范时应设计出符合项目要求的质量管理流程和标准，由此而产生的质量成本属于＿（1）＿。

（1）A．纠错成本　　B．预防成本　　C．评估成本　　D．缺陷成本

■ **攻克要塞-试题分析**　质量成本分为预防成本、评估成本和缺陷成本。

预防成本是指那些为保证产品符合条件且无产品缺陷而付出的成本，如项目质量计划、质量规划、质量控制计划、质量审计、设计审核、质量度量、测试系统建设、质量培训等。

评估成本是指为使工作符合要求目标而进行检查评估所付出的成本，如设计评估、收货检验、采购检验、测试、测试结果的分析汇报等。

缺陷成本又分为内部缺陷成本和外部缺陷成本。

■ **参考答案**　B

[辅导专家提示]　质量成本中的相关概念也可以参考第 6 章“项目成本管理”的表 6-1。

● 某型号手机，主打“商务智能、无线充电、价格低廉、像素高续航强”，＿（2）＿属于对质量的描述。

（2）A．商务智能　　B．无线充电　　C．价格低廉　　D．像素高续航强

■ **攻克要塞-试题分析**　国家标准对质量的定义为：“一组固有特性满足要求的程序”。比如“像素”是特性，“高”代表程度；“续航”是特性，“强”代表程度。

■ **参考答案**　D

【考核方式 2】考核质量管理的流程。

● 为保证项目的质量，要对项目进行质量管理，项目质量管理过程的第一步是＿（3）＿。

（3）A．制定项目质量计划　　B．确立质量标准体系
C．对项目实施质量监控　　D．将实际与标准对照

■ **攻克要塞-试题分析**　质量管理流程可以分为 4 个环节：建立质量标准体系，质量管理的前提就是建立质量衡量标准；项目实施中进行质量监控，收集项目实施的信息，观察、分析实际情

况，对项目进行监控；现实和标准对比，将质量标准和实际对比，找出问题原因，为评价质量提供依据；纠偏、纠错，根据具体情况采取合理的纠正措施，让项目实施回到正轨。

■ **参考答案** B

【考核方式 3】考核软件过程改进的标准之一——六西格玛。

● 质量管理六西格玛标准的优越之处不包括__（4）__。

（4）A．从结果中检验质量　　B．减少了检控质量的步骤

C．培养了员工的质量意识　　D．减少了由于质量问题带来的返工成本

■ **攻克要塞-试题分析** 六西格玛在质量上表示 DPMO（100 万个机会中出现缺陷的机会）少于 3.4。一般企业的缺陷率大约是 3σ～4σ之间。六西格玛强调对组织过程满足顾客要求的能力进行量化，并在此基础上确定改进目标并寻求改进机会，其核心是将所有的工作作为一种流程，采用量化的方法分析流程中影响质量的因素，找出最关键的因素加以改进从而达到更高的客户满意度，即采用 DMAIC（确定、测量、分析、改进、控制）对组织的关键流程进行改进。

六西格玛的优越之处在于从项目实施过程中改进和保证质量，而不是从结果中检验控制质量。

■ **参考答案** A

【考核方式 4】质量管理的原则。

案例题考核。质量管理的 8 项基本原则，请参考教程。

知识点：规划质量

知识点综述

规划质量过程是识别项目及其产品的质量要求和标准，并利用质量计划描述项目将如何达到这些要求和标准。质量计划属于规划质量过程的主要输出之一。

现代质量管理的一个基本准则是：质量是计划出来的，而不是检查出来的。由此可以看到质量计划的重要性。

质量计划中，常考的知识点涉及对质量计划的理解及规划质量的相关工具等。

参考题型

【考核方式 1】考核对规划质量过程的理解。

● 有关质量计划的编制，__（5）__是正确的。

（5）A．在整个项目的生命周期，应当定期进行质量计划的编制工作

B．编制质量计划是编制范围说明书的前提

C．仅在编制项目计划时进行质量计划的编制

D．在项目的执行阶段不再考虑质量计划的编制

■ **攻克要塞-试题分析** 质量计划编制是项目质量管理的重要工作，致力于制定质量目标，并规定必要的运行过程和相关资源以实现项目质量目标。在整个项目的生命周期，对于各类计划都存在一个渐进明细、监控调整的过程，不可能一次性完成。因此，对于质量计划来说，在生命周期内应当定期进行质量计划的编制工作。

本题中，B 选项中的范围说明书是编制质量计划的输入（前提条件），C 选项和 D 选项均与 A

选项矛盾。

■ **参考答案** A

【考核方式 2】识记题，考核规划质量的工具和技术。

● 质量计划的工具和技术不包括___（6）___。

（6）A．成本分析　　B．基准分析　　C．质量成本　　D．质量审计

■ **攻克要塞-试题分析** 此处考核的实际是规划质量过程（也称编制质量计划）的工具和技术，质量管理过程的输入、输出、技术/工具/方法如表 7-1 所示。

表 7-1　质量管理过程的输入、输出、技术/工具/方法

管理过程	输入、输出、技术/工具/方法	
规划质量	输入	项目管理计划、干系人登记册、风险登记册、需求文件、事业环境因素和组织过程资产
	输出	质量管理计划、过程改进计划、质量测量指标、质量核对单、项目文件更新
	技术	成本效益分析法、质量成本法、标杆对照、实验设计、控制图、其他质量管理工具
实施质量保证	输入	质量管理计划、过程改进计划、质量测量指标、质量控制测量结果
	输出	组织过程资产（更新）、变更请求、项目管理计划（更新）、项目文件（更新）
	技术	质量审计、过程分析
实施质量控制	输入	项目管理计划、质量测量指标、质量核对单、工作绩效数据、批准的变更请求、可交付成果、项目文件、组织过程资产
	输出	质量控制测量结果、确认的变更、核实的可交付成果、工作绩效信息、组织过程资产（更新）、变更请求、项目管理计划（更新）、项目文件（更新）
	技术	因果图、控制图、流程图、直方图、帕累托图、趋势图、散点图、统计抽样、检查、审查已批准的变更请求

■ **参考答案** D

[辅导专家提示] 质量规划过程中主要掌握频率较高的一些工具。

效益分析法（201711T64）

质量成本法（201805T64）

标杆对照（201805T64）

实验设计（201805T64）

【考核方式 3】考核规划质量过程的输入、输出。

● ___（7）___属于规划质量管理的输出。

（7）A．项目管理计划　　B．需求文件　　C．风险登记册　　D．质量核对单

■ **攻克要塞-试题分析** 规划质量管理是识别项目及其可交付成果的质量要求和标准，并准备对策确保符合质量要求的过程。本过程的主要作用是为在整个项目中如何管理和确认质量提供指南和方向。

规划质量管理输出包含：质量管理计划（定义、基本要求、编制流程、实施检查与调整）、过程改进计划、质量测量指标、质量核对单、项目文件更新。

规划质量管理的输入包含：项目管理计划、干系人登记册、风险登记册、需求文件、事业环境因素和组织过程资产。

■ **参考答案** D

【考核方式 4】考核对质量规划概念的理解。

● 下列关于质量计划与质量体系之间的描述中，正确的是__(8)__。

(8) A. 质量计划是为具体产品、项目、服务或合同准备的
　　B. 质量体系是为具体产品、项目、服务或合同准备的
　　C. 质量体系由单个组织实体采用，通常是质量保证部门
　　D. 质量计划并非组织管理系统的一个组成部分

■ 攻克要塞-试题分析　建立质量保证体系首先要明确并在全体员工中贯彻质量方针，建立健全对形成质量全过程有影响的所有管理者、执行者、操作者的质量责任，建立起质量保证手册、质量程序文件等书面文件。质量体系并非为具体产品、项目、服务或合同准备的。

■ 参考答案　A

知识点：质量保证

知识点综述

质量保证一般是每隔一段时间进行的，主要通过系统的质量审计和过程分析来保证项目的质量。对于本知识点，需要掌握以下三点：

(1) 质量保证与质量控制的区别。

(2) 质量保证中的工具、技术和方法。

(3) 质量保证活动包含了哪些内容。

如图 7-3 所示为实施质量保证的知识点图谱。

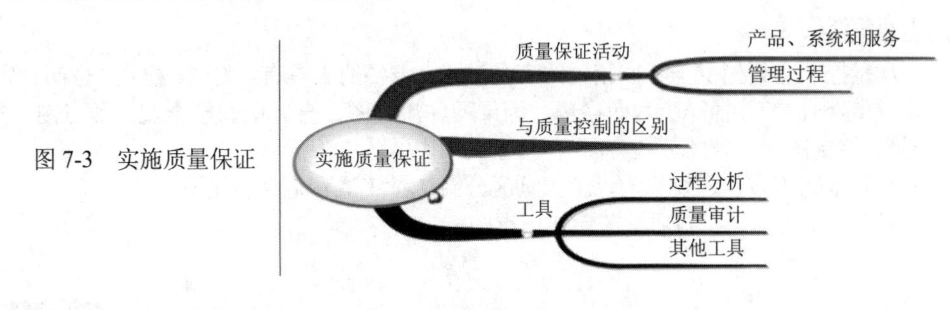

图 7-3　实施质量保证

参考题型

【考核方式 1】考核对质量保证工具的理解。

● 下列关于项目质量审计的叙述中，__(9)__是不正确的。

(9) A. 质量审计是对其他质量管理活动的结构化审查和独立的评审方法
　　B. 质量审计可以内部完成，也可以委托第三方完成
　　C. 质量审计应该是预先计划的，不应该是随机的
　　D. 质量审计用于判断项目活动是否遵从于项目定义的过程

■ 攻克要塞-试题分析　本题考核质量保证的工具——质量审计。

质量审计是一种独立的结构化审查，用来确定项目活动是否遵循了组织和项目的政策、过程和程序。质量审计的目标是：识别全部正在实施的良好/最佳实践；识别全部差距/不足；分享所在组织/行业中类似项目的良好实践；积极主动地提供协助，以改进过程的执行，从而帮助团队提高生产效率。

■ 参考答案 C

【考核方式 2】考核对质量保证和质量控制的理解，区分其异同。

● 下列有关质量保证和质量控制的说法，错误的是＿（10）＿。

（10）A．质量保证是质量管理的一部分，致力于增强满足质量要求的能力

B．质量保证的内容就是保证项目的质量

C．质量控制的目标就是确保产品的质量能满足顾客、法律法规等提出的质量要求

D．质量控制应贯彻“预防为主与检验把关相结合”的原则

攻克要塞-试题分析 质量保证一般是每隔一定时间（如每个阶段末）进行的，主要通过系统的质量审计和过程分析来保证项目的质量（产品/系统/服务的质量保证、管理过程的质量保证）。也就是说，质量保证是按质量管理计划正确地做。

质量控制是实时监控项目的具体结果，以判断其是否符合相关质量标准，制定有效方案，以消除产生质量问题的原因。也就是说，质量控制检查是否做得正确并纠错。

一定时间内，质量控制的结果也是质量保证的质量审计对象。质量保证的成果又可以指导下一阶段的质量工作，包括质量控制和质量改进；质量保证是对质量控制过程的质量控制。

质量计划是质量控制和质量保证的共同依据，满足相关的质量标准并达到质量要求是质量控制和质量保证的共同目标。

■ 参考答案 B

知识点：质量控制

知识点综述

质量控制主要侧重于考核相关的工具技术，主要的工具有：测试、检查（也叫评审、同行评审、审计或走查）、统计抽样、六西格玛、因果图、流程图、直方图、检查表、散点图、排列图（帕累托图）、控制图（管理图、趋势图）、相互关系图等。

对于本知识点，还要基于以上工具区分新 7 种工具和老 7 种工具。

如图 7-4 所示为实施质量控制知识点图谱。

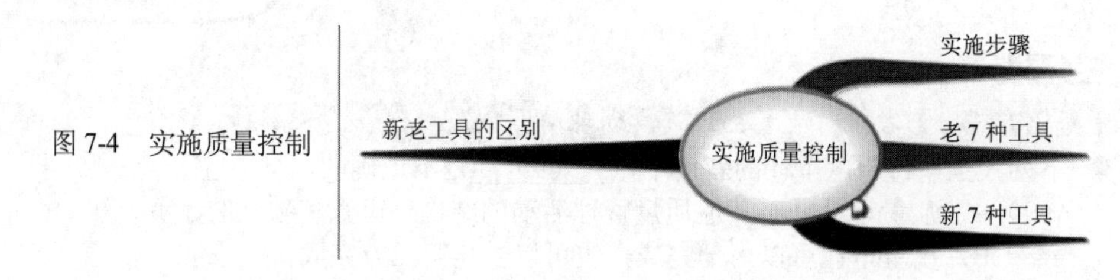

图 7-4 实施质量控制

参考题型

【考核方式 1】考核质量控制工具的分类，根据图形进行选择。

● 在项目质量管理中有多种质量控制工具，下图中，填入空白处正确的是＿（11）＿。

（11）A．控制图　　B．鱼刺图　　C．帕累托图　　D．流程图

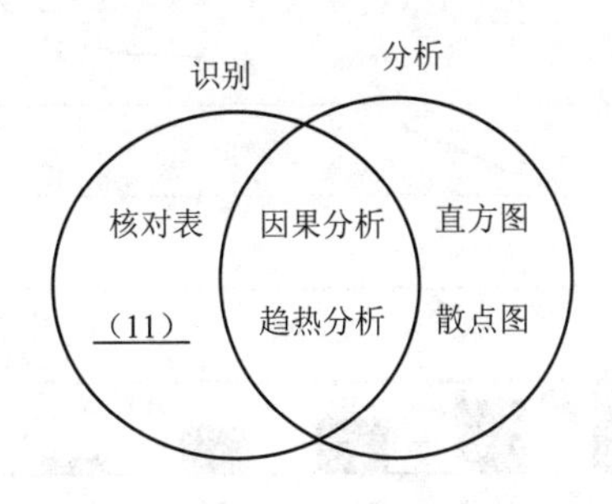

■ 攻克要塞-试题分析 通常在质量管理中广泛应用的直方图、控制图、因果图、排列图、散点图、核对表和趋势分析等都可以用于项目的质量控制。此外在项目质量管理中，还用到检查、统计分析等方法。本题应选择 C 选项，帕累托图。

帕累托（Pareto）图来自于帕累托定律，该定律认为绝大多数的问题或缺陷产生于相对有限的起因，即常说的 80/20 定律，即 20%的原因造成 80%的问题。

帕累托图又叫排列图，是一种柱状图，按事件发生的频率排序而成。它显示由于某种原因引起的缺陷数量或不一致的排列顺序，是找出影响项目产品或服务质量的主要因素的方法。只有找出影响项目质量的主要因素（即项目组首先应该解决引起更多缺陷的问题），才能取得良好的经济效益。

■ 参考答案 C

【考核方式 2】考核具体的质量控制工具适用的场景。

- 排列图（帕累托图）可以用来进行质量控制是因为 (12) 。

（12）A. 它将缺陷的数量多少画出一条曲线，反映了缺陷的变化趋势
B. 它将缺陷数量从大到小进行了排列，使人们关注数量最多的缺陷
C. 它将引起缺陷的原因从大到小排列，项目团队应关注造成最多缺陷的原因
D. 它反映了按时间顺序抽取的样板的数值点，能够清晰地看出过程实现的状态

■ 攻克要塞-试题分析 排列图也称为帕累托图，是按照频率大小的顺序绘制的直方图，表示有多少结果是由已确认类型或范畴的原因造成的。按等级排序的目的是指导如何采取主要纠正措施。项目团队应首先采取措施纠正最多数量缺陷的问题。

■ 参考答案 C

【考核方式 3】考核具体的质量控制工具的应用。

- 某项目的质量管理人员在统计产品缺陷时，绘制了如下统计图，并将结果反馈至项目经理，但是由于工期紧张，下列选项中 (13) 缺陷可以暂时搁置。

（13）A. 起皱 B. 缺边 C. 划伤 D. 磕碰

■ 攻克要塞-试题分析 本题考核对帕累托图的理解，该图的特点是依据二八原理抓大放小，图中“划伤”的数量最低，所以可以暂时搁置。

■ 参考答案 C

[辅导专家提示] 每种质量工具适用的环境是常考点，如表 7-2 所示为常见的质量工具适用场景总结。

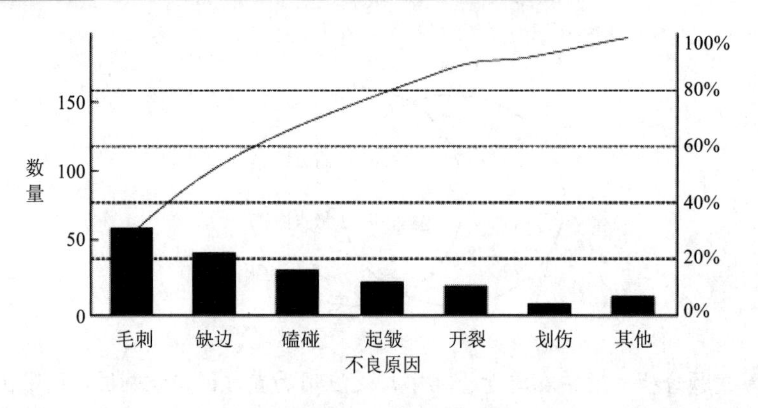

表 7-2 质量工具总结

名称	解释	特点和适用场景
帕累托图（排列图）	基于二八原理，利用缺陷分布评估来指导纠错行动	从大到小排列，找到问题发生的主次原因
统计抽样	从感兴趣的群体中选取一部分进行检查	降低质量成本，精确度根据抽样的多少来决定
鱼骨图（因果图）	又称石川图，直观地显示出各项因素如何与各种潜在问题或结果联系起来	找到问题潜在的原因
散点图	将表示质量要素关联的点在坐标轴上进行呈现	发现两个质量要素之间的关联
直方图	一种垂直的条形图，显示特定情况发生的次数。每个柱形都代表某一个问题的一种属性或特征	用数字和柱形的相对高度直观地表示了引发问题最普遍的原因
控制图	质量控制图一般有三条线：上控制界限、下控制界限和中心线。将所控制的质量特性用圆点标记	判断项目过程的质量是否处于受控状态

【考核方式 4】根据某种质量控制工具的特点来考核该工具的名称。

● 在质量控制中动态掌握质量状态，判断项目建设过程的稳定性应采用 （14） 。

（14）A．直方图法　　B．因果分析图法　C．排列图法　　D．控制图法

■ **攻克要塞-试题分析** A 选项，直方图法主要用于掌握偏差情况；B 选项，因果分析图法主要用来分析和说明各种因素和原因如何导致或产生各种潜在的问题和后果；C 选项，排列图法主要确定质量问题是由哪些主要因素导致的。A．B．C 选项都是静态分析法，D 选项控制图法需要用统计方法来分析判断项目建设过程的稳定性，及时发现项目建设过程中的异常现象，查明各类设备的实际精度，为评定产品质量提供依据。

■ **参考答案** D

[辅导专家提示] 质量控制工具的知识点中要求考生能够识别主要质量工具的图例。

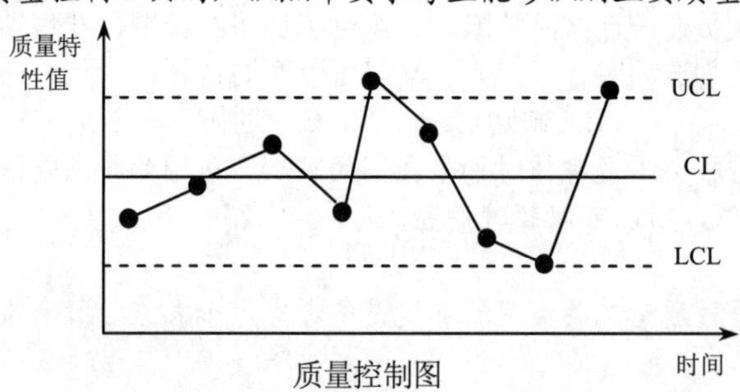

质量控制图

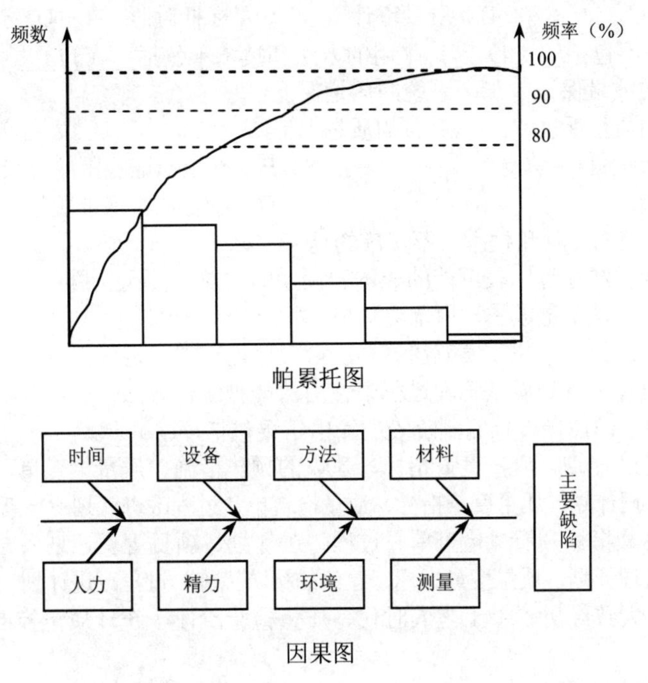

帕累托图

因果图

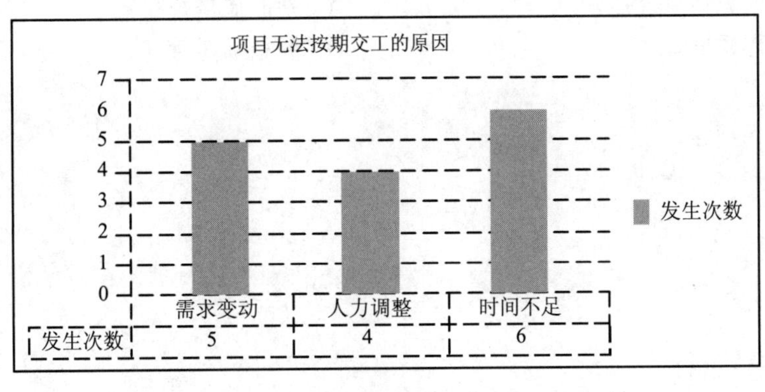

直方图

课堂练习

- 质量控制非常重要，但是进行质量控制也需要一定的成本，____（1）____可以降低质量控制的成本。

  （1）A．进行过程分析　　B．使用抽样统计　C．对全程进行监督　D．进行质量审计

- 某ERP系统投入使用后，经过一段时间，发现系统变慢，进行初步检测之后要找出造成该问题的原因，最好采用____（2）____方法。

  （2）A．质量审计　　B．散点图　　C．因果分析图　　D．统计抽样

- 为了识别项目中使用的无效和低效政策、过程和程序，可以采用____（3）____方法。

（3）A．检查　　B．质量审计　　C．标杆对照　　D．过程分析

- 项目的质量保证不包括＿（4）＿，采用的方法和技术不包括＿（5）＿。

（4）A．产品的质量保证　　B．系统的质量保证
　　C．人员的质量保证　　D．服务的质量保证

（5）A．确定质量目标　　B．确定保证范围的等级
　　C．质量检验　　D．制定质量保证规划

- 针对规划质量管理的工具和技术，不正确的是＿（6）＿。

（6）A．成本效益法通过比较可能的成本和预期的收益来提高质量
　　B．预防成本是质量成本，内部失败成本不是质量成本
　　C．统计抽样的频率和规模应在规划质量管理过程中确定
　　D．实验设计是规划质量管理过程中使用的一种统计方法

- 在项目质量管理中，质量计划编制阶段的输出结果包括＿（7）＿。

（7）A．质量管理计划、质量度量指标、建议的预防措施、质量检查单、过程改进计划
　　B．质量管理计划、质量度量指标、质量检查单、过程改进计划、更新的项目管理计划
　　C．质量度量指标、质量检查单、过程改进计划、项目管理计划
　　D．质量管理计划、质量度量指标、建议的预防措施、过程改进计划、更新的项目管理计划

- 质量管理阶段，大致经历了手工艺人时代、质量检验阶段、统计质量控制阶段和＿（8）＿四个阶段。

（8）A．零缺陷质量管理　　B．全面质量管理
　　C．过程质量管理　　D．精益质量管理

8 项目人力资源管理

知识点图谱与考点分析

项目人力资源管理包括制定人力资源管理计划、组建项目团队、建设项目团队和管理项目团队各个过程，如图 8-1 所示。这个过程相互之间有影响，并且同项目管理的其他知识领域中的过程相互影响。根据项目的需要，每个过程可能都涉及一个或更多的个人或团队的努力。

人力资源管理章节复习的重点：

（1）对人力资源管理过程的理解；

（2）熟悉每个过程的输入、输出和工具。

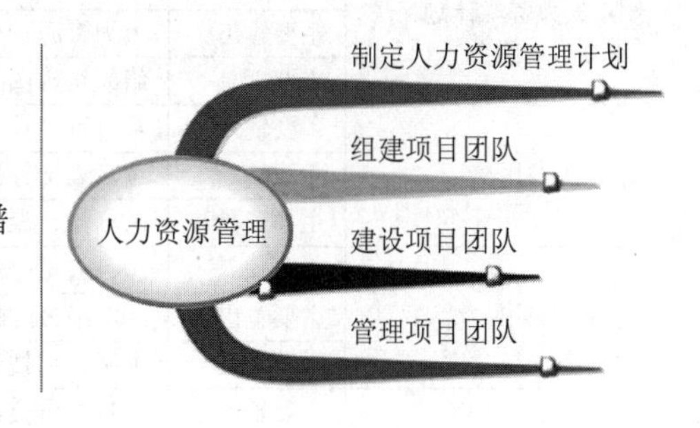

图 8-1　人力资源管理知识点图谱

知识点：规划人力资源管理

知识点综述

人力资源计划是规划人力资源管理（制定人力资源计划）过程的输出，该计划包括 3 个部分：角色和职责、项目组织结构图以及人员配置管理计划。

在对人力资源计划的考核中，通常涉及的内容包括：①制定人力资源计划过程的输出和主要工具，尤其以工具的考核居多；②考核人力资源计划的内容，如图 8-2 所示。

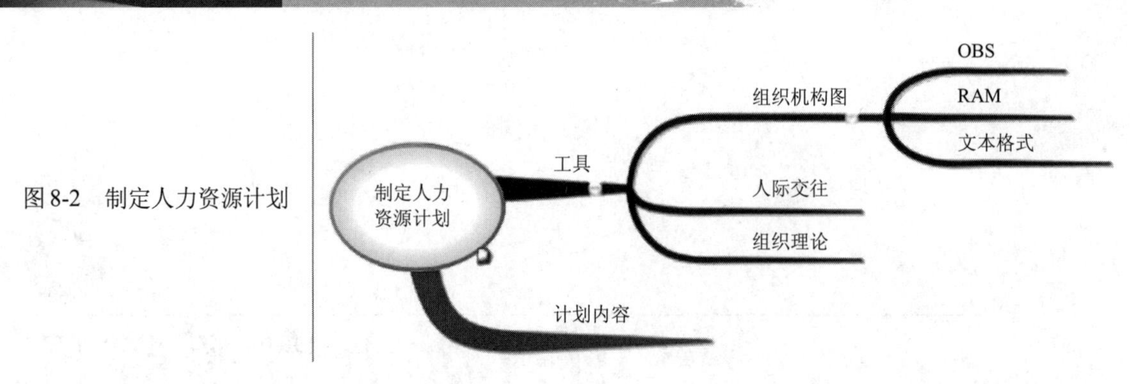

图 8-2　制定人力资源计划

<u>参考题型</u>

【考核方式 1】考核制定人力资源计划过程的输出。

● 制定人力资源计划的输出不包括＿（1）＿。

（1）A．角色和职责　　B．人力资源模板
C．项目的组织结构图　　D．人员配备管理计划

■ 攻克要塞-试题分析　制定人力资源计划的输出为人力资源计划，该计划实际由 3 个部分组成：角色和职责、组织结构图和人员配备管理计划。人力资源管理的输入、输出、技术或工具如表 8-1 所示。

表 8-1　人力资源管理的输入、输出、技术/工具/方法表

过程名称	输入、输出、技术/工具/方法	
制定人力资源计划（规划人力资源管理）	主要输入	活动资源需求、事业环境因素、组织过程资产
	主要输出	人力资源计划
	主要工具	组织结构图与职位描述、人际交往、组织理论
组建项目团队	主要输入	项目管理计划、事业环境因素、组织过程资产
	主要输出	项目人员分派、资源日历、项目管理计划（更新）
	主要工具	预分派、谈判、招募、虚拟团队
建设项目团队	主要输入	项目人员分派、项目管理计划、资源日历
	主要输出	团队绩效评价、事业环境因素（更新）
	主要工具	人际关系技能、培训、团队建设活动、基本规则、集中办公、认可与奖励
管理项目团队	主要输入	项目人员分派、项目管理计划、团队绩效评价、绩效报告、组织过程资产
	主要输出	项目管理计划（更新）、变更请求、事业环境因素（更新）、组织过程资产（更新）
	主要工具	观察和交谈、项目绩效评估、冲突管理、问题日志、人际关系技能

本题中，B 选项属于制定人力资源计划的工具。

■ 参考答案　B

【考核方式 2】考核制定人力资源计划过程中的工具，参考表 8-1。

● 下列关于下表的描述中，＿（2）＿是错误的。

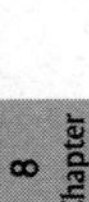

	人员				
活动	小张	小王	小李	小赵	小钱
定义	R	I	I	A	I
测试	A	C	I	I	C
开发	R	C	I	I	C

（2）A．该表是一个责任分配矩阵

B．该表表示了需要完成的工作和团队成员之间的关系

C．该表不应包含虚拟团队成员

D．该表可用于人力资源计划编制

■ 攻克要塞-试题分析 本题考核责任分配矩阵（RAM）。RAM被用来表示需要完成的工作和团队成员之间的联系，是用于制定人力资源计划的技术与工具之一。从表中可以知道，这是一个RACI（Responsible/Accountable/Consulted/Informed）表，RACI表是RAM的一种形式。

虚拟团队是指一群拥有共同目标、履行各自职责却很少有时间或者没有时间能面对面开会的人员。RAM中应该包含虚拟团队成员。

■ 参考答案 C

【考核方式 3】考核人力资源计划编制的工具。

● 层次结构图用于描述项目的组织结构，常用的层次结构图不包含___（3）___。

（3）A．工作分解结构　B．组织分解结构　C．资源分解结构　D．过程分解结构

■ 攻克要塞-试题分析 本题考核层次结构图。传统的组织结构图就是一种典型的层次结构图，它用图形的形式从上至下地描述团队中的角色和关系。层次结构图还包括：①工作分解结构（WBS）；②组织分解结构（OBS）；③资源分解结构（Resource Breakdown Structure，RBS）。

■ 参考答案 D

知识点：组建项目团队

知识点综述

项目团队包括为完成项目而承担了相应角色和责任的人员。随着项目的推进，项目所需人员的数量和类型也在不断发生变化。项目管理团队是项目团队的一个子集，负责编制计划、实施、控制和收尾等项目管理活动。

组建项目团队的过程包括获得所需要的人力资源，并将其分配到项目中去，如图8-3所示。

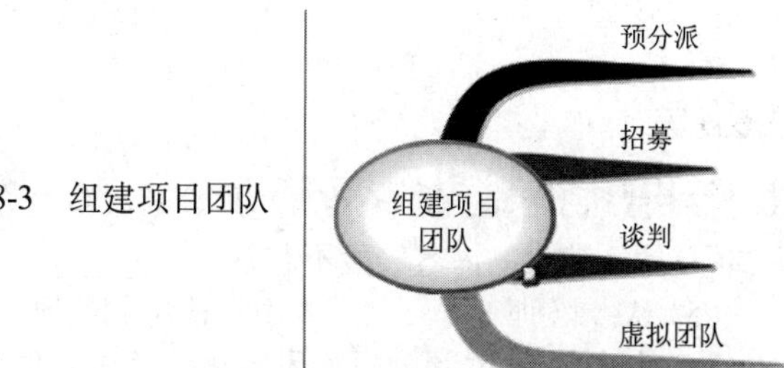

图8-3　组建项目团队

参考题型

【考核方式 1】考核组建项目团队过程的工具。

● 下列 (4) 不是组建项目团队的工具和技术。

（4）A．事先分派　　B．资源日历　　C．采购　　D．虚拟团队

■ 攻克要塞-试题分析　组建项目团队的工具和技术：事先分派（或预分派）、谈判、招聘与虚拟团队、多维决策分析等。

组建项目团队的输出：项目人员分派、资源日历、项目管理计划更新。

显然，B 选项“资源日历”不是组建项目团队的工具和技术，而是该过程的输出。

■ 参考答案　B

[辅导专家提示]　组建团队的工具中，“虚拟团队”考核频率较高，“多维决策分析”是教程改版后新增的工具。

知识点：团队建设

知识点综述

有效的团队建设的直接结果是建设成一个高效、运行良好的项目团队，团队的整体效率提高了，从而提高了项目的绩效。

在“团队建设”的知识点中，重点在于：

（1）理解团队建设的阶段划分；

（2）理解团队建设的工具，包括激励理论的具体应用；

（3）识记团队建设的具体内容。

如图 8-4 所示为建设团队知识点图谱。

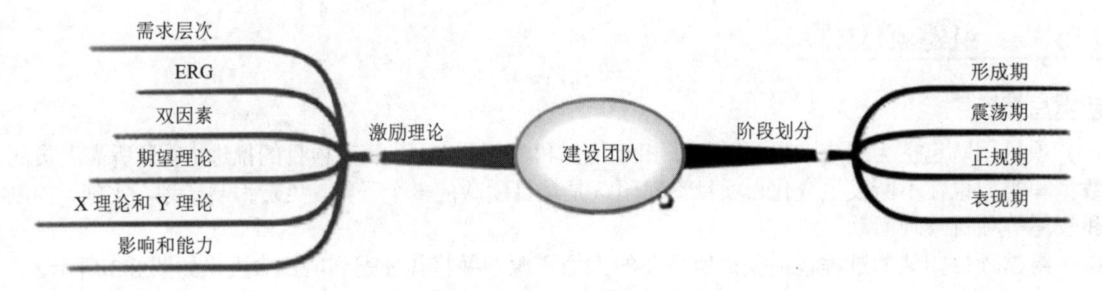

图 8-4　建设团队

参考题型

【考核方式 1】识记题。考核团队建设的具体内容。

● 项目团队建设的内容一般不包括 (5) 。

（5）A．培训　　B．认可和奖励　　C．职责分配　　D．同地办公

■ 攻克要塞-试题分析　团队建设的内容依据其使用的工具和技术有一般管理技能、培训、

团队建设活动、基本原则、同地办公（集中）、认可和奖励等。

职责分配是人力资源计划编制过程要完成的工作。

■ 参考答案 C

【考核方式 2】理解题。考核对激励理论的理解。

● 下列对相关激励理论的叙述中，错误的是＿（6）＿。

（6）A．典型的激励理论有马斯洛的需求层次理论、赫兹伯格的双因素理论和期望理论

B．自我实现是马斯洛需求层次中的最高需求层次

C．期望理论认为，一个目标对人的激励程度受目标效价与期望值两个因素的影响

D．Y 理论强调应对员工严格监督、控制与管理，以强迫员工努力工作

■ 攻克要塞-试题分析 本题所考核的知识点涉及马斯洛的需求层次理论、期望理论、双因素理论、X 理论和 Y 理论。

X 理论是把人的工作动机视为获得经济报酬的“实利人”的人性假设理论。采用 X 理论管理的唯一激励办法就是以经济报酬来激励生产，只要增加金钱奖励，便能取得更高的产量。所以这种理论特别重视满足职工生理及安全的需要，同时也很重视惩罚，认为惩罚是最有效的管理工具。

Y 理论认为，一般人本性不厌恶工作，如果给予适当机会，人们会喜欢工作并渴望发挥其才能；多数人愿意对工作负责，寻求发挥能力的机会；能力的限制和惩罚不是使人去为组织目标而努力的唯一办法；激励在需要的各个层次上都起作用；想象力和创造力是人类广泛具有的。因此，Y 理论的激励办法是：扩大工作范围；尽可能把职工工作安排得富有意义，并具有挑战性；工作之后引起自豪，满足其自尊和自我实现的需要；使职工达到自我激励。只要启发内因，实行自我控制和自我指导，在条件适合的情况下就能实现组织目标与个人统一起来的最理想状态。

■ 参考答案 D

[辅导专家提示] 了解常见的一些激励理论，如马斯洛需求层次理论，奥尔得弗 ERG 理论，赫茨伯格双因素理论等。

【考核方式 3】理解、识记团队建设的生命周期。

● 优秀团队的建设并非一蹴而就，而要经历几个阶段，一般按顺序可划分为＿（7）＿4 个阶段。

（7）A．形成期、震荡期、表现期、正规期 B．形成期、表现期、震荡期、正规期

C．形成期、磨合期、表现期、正规期 D．形成期、震荡期、正规期、表现期

■ 攻克要塞-试题分析 一个项目团队从开始到终止是一个不断成长和变化的过程，这个发展过程可以描述为 4 个时期：形成期、震荡期、正规期和表现期。

形成期：由单个的个体成员转变为团队成员，开始形成共同目标，对未来有美好的期待。

震荡期：团队成员开始执行被分配的任务，一旦遇到超出预想的困难，希望被现实打破，个体之间开始争执，互相指责，并且开始质疑项目经理的能力。

正规期：经过一段时间的磨合，团队成员之间相互熟悉了解，矛盾基本解除，项目经理得到了团队的认可。

表现期：此时团队成员之间配合默契，对项目经理产生了信任，成员积极工作，努力实现目标，这时集体荣誉感也非常强。

■ 参考答案 D

[辅导专家提示] 高级教材在团队建设阶段的描述上有所差异，一般来说分为 4 个阶段：形成

期、震荡期、正规期（规范期）、表现期（发挥期）。

但在中级官方教材中实际划分成了 5 个阶段：形成阶段、震荡阶段、规范阶段、发挥阶段、结束阶段。此种划分方法的区别在于多了一个“结束阶段”。

【考核方式 4】考核团队建设的工具。

团队建设过程中除了用到“激励理论”外，还包括人际关系技能、培训、团队建设活动、基本规则、集中办公、认可和奖励、人事测评工具。

知识点：团队管理

知识点综述

项目团队管理是指跟踪个人和团队的绩效，提供反馈，解决问题，协调变更，以提高项目的绩效。项目团队管理必须观察团队的行为，管理冲突，解决问题并评估团队成员的绩效。实施项目团队管理后，应将项目人员配备管理计划进行更新，可以提出变更请求，更新人力资源计划，实现问题的解决，同时为组织绩效评估提供依据，为组织的数据库增加新的经验教训。

如图 8-5 所示为项目团队管理知识点图谱。

图 8-5　项目团队管理

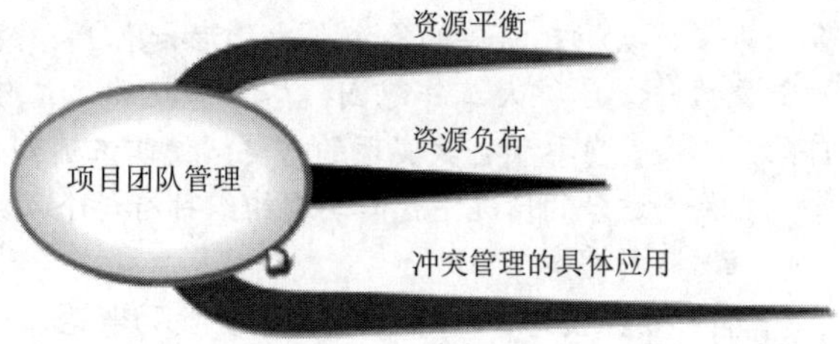

项目团队管理

资源平衡

资源负荷

冲突管理的具体应用

参考题型

【考核方式 1】识记题。考核团队管理的工具和技术。

● ____（8）____不是项目团队管理的工具和技术。

（8）A．观察和对话　　B．角色定义　　C．项目绩效评估　D．冲突管理

■ 攻克要塞-试题分析 项目团队管理的工具和技术有：观察和对话；项目绩效评估；问题清单；人际关系技能；冲突管理。

B 选项属于“制定人力资源计划”的范畴。

■ 参考答案 B

【考核方式 2】理解题。考核冲突管理中具体方法的应用。

● 冲突管理中最有效的解决冲突的方法是____（9）____。

（9）A．问题解决　　B．求同存异　　C．强迫　　D．撤退

■ 攻克要塞-试题分析 常见的冲突管理有 6 种方法：问题解决；合作；强制；妥协；求同存异；撤退。显然，冲突管理中最有效的解决冲突的方法是问题解决。

■ 参考答案 A

课堂练习

- 在项目人力资源计划编制中，一般会涉及组织结构图和职位描述。其中，根据组织现有的部门、单位或团队进行分解，把工作包和项目的活动列在负责的部门下面的图采用的是 （1） 。

（1）A．工作分解结构（WBS） B．组织分解结构（OBS）
C．资源分解结构（RBS） D．责任分配矩阵（RAM）

- 小王作为项目经理正在带领项目团队实施一个新的信息系统集成项目。项目团队共同工作了相当一段时间，正处于项目团队建设的发挥阶段，此时一个新成员加入该团队，则 （2） 。

（2）A．团队建设将从震荡阶段重新开始
B．团队将继续处于发挥阶段
C．团队建设将从震荡阶段重新开始，但很快就会步入发挥阶段
D．团队建设将从形成阶段重新开始

- 虽然项目具有独特性，但考虑到当前进行的项目和去年已完工的一个项目类似，为了加快人力资源计划的编制，项目经理小王采用了这个类似项目的任务或职责定义、汇报关系、组织架构图和职位描述。小王在人力资源计划的编制过程中采用了 （3） 方法。

（3）A．组织结构图和职位描述 B．人力资源模板
C．非正式的人际网络 D．活动资源估算

- 对团队成员的激励永远是困扰项目经理的一个问题，对于高创新要求的项目团队来说，利用 （4） 方法相对会更加有效。

（4）A．赋予更大的责任和权力 B．大幅增加薪酬
C．给予必要的关心和照顾 D．给予更高的社会地位

- （5） 不属于编制人力资源计划的工具与技术。

（5）A．OBS B．RAM C．RBS D．SWOT

- 关于责任分配矩阵（RAM）的描述,不正确的是 （6） 。

（6）A．大型项目中，RAM 可分为多个层
B．针对具体的一项活动可分配多个成员，每个成员承担不同的工作任务
C．RAM 中用不同的字母表示不同的职责
D．RAM 中每项活动中可以有一个以上成员对任务负责

- 项目经理常用领导力、影响力和有效决策等人际关系技能来管理团队，根据项目管理的领导与管理理论，如果针对新员工，采用 （7） 领导方式更有效。

（7）A．民主型 B．部分授权 C．放任型 D．指导型

- 关于项目团队管理，不正确的是 （8） 。

（8）A．项目团队管理用于跟踪个人和团队的绩效、解决问题和协调变更
B．项目成员的工作风格差异是冲突的来源之一
C．在一个项目团队环境下，项目经理不应公开处理冲突
D．合作、强制、妥协、求同存异等是解决冲突的方法

9 项目沟通管理和干系人管理

知识点图谱与考点分析

本章节包括沟通管理和干系人管理两个部分。项目沟通管理这一章在系统集成历年真题的上午卷中所占平均分值为2分左右。在2016年新版教材中，沟通管理和干系人管理分为了两个知识域，这两个知识域的管理过程参考本书第1章。本书基于实际考核情况，把沟通管理和干系人管理合为一章。

如图9-1所示为沟通管理知识点图谱。

图9-1　沟通管理知识点图谱

知识点：沟通管理过程

知识点综述

了解沟通管理的过程、工具与技术。

管理过程	解释	工具技术
规划沟通	根据干系人的信息需要和要求及组织的可用资产情况，制定合适的项目沟通方式和计划的过程	分析沟通需求、信息传递方法选择
管理沟通	根据沟通管理计划，生成、收集、分发、存储、检索及最终处置项目信息的过程	沟通渠道的选择、信息传递方式的选择、信息管理系统、绩效报告
控制沟通	在整个项目生命周期中对沟通进行监督和控制的过程，以确保满足项目干系人对信息的需求	信息管理系统、专家判断、会议

参考题型

【考核方式 1】识记题。考核主要过程的工具和技术。

● 以下___(1)___不是控制沟通的技术和方法。

（1）A．业务数据分析 B．项目例会 C．信息管理系统 D．专家判断

■ 攻克要塞-试题分析 控制沟通的技术和方法包括：信息管理系统；专家判断；会议。

■ 参考答案 A

知识点：干系人管理过程

知识点综述

了解干系人管理的过程、工具与技术。

管理过程	解释	工具技术
识别干系人	识别影响项目或被项目影响的个人、群体和组织，并分析和记录其信息	组织相关会议、干系人分析（权力利益方格等）
规划干系人管理	分析干系人需求、利益和潜在影响，制定管理策略	组织相关会议、专家判断、分析技术（干系人参与评估矩阵）
管理干系人参与	与干系人沟通和协作来满足其期望，解决实际问题	沟通方法、人际关系技能、管理技能
控制干系人参与	监控干系人间的关系，调整策略和计划，调动参与程度	信息管理系统、专家判断、会议

【考核方式 1】识记题。考核主要过程的输入、输出、工具和技术。

● ___(2)___不属于项目干系人管理的输入。

（2）A．干系人管理计划 B．干系人沟通需求 C．变更日志 D．问题日志

■ 攻克要塞-试题分析 管理干系人的输入包括：干系人管理计划；沟通管理计划；变更日志；组织过程资产。

■ 参考答案 D

知识点：干系人分析

知识点综述

本节主要知识点包括：

干系人分析的方法（识别干系人影响）：权力/利益方格、权力/影响方格、影响/作用方格、凸显模型。其中，权力/利益方格考核频率较高。

干系人参与评估矩阵。

【考核方式 1】识记题。考核权力/利益方格。

● 关于下图中的干系人权利和利益方格的描述，不正确的是___(3)___。

（3）A．项目经理的主管领导就是 A 区的干系人，要“令其满意”

B．项目客户是 B 区的干系人，要“重点管理、及时报告”

C. 对于 C 区的干系人，要“随时告知”

D. 对于 D 区干系人，花费最少的精力监督即可

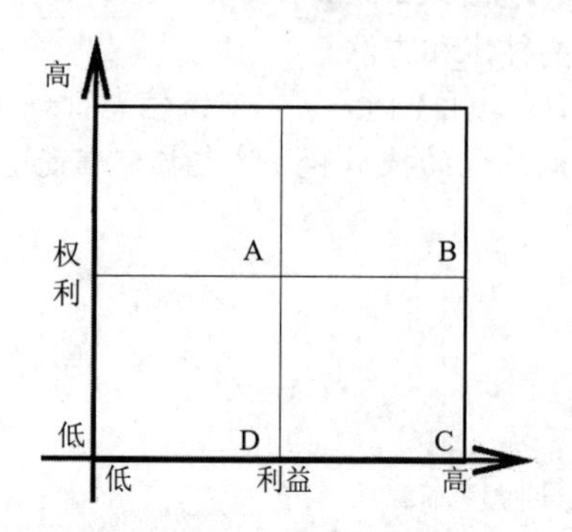

■ 攻克要塞-试题分析 权力/利益矩阵是根据干系人权力的大小以及利益对其分类。这个矩阵指明了项目需要建立的与各干系人之间的关系的种类。

首先关注处于 B 区的干系人，他们对项目有很高的权力，也很关注项目的结果，项目经理应该“重点管理，及时报告”，应采取有力的行动让 B 区干系人满意。项目的客户和项目经理的主管领导，就是这样的项目干系人。

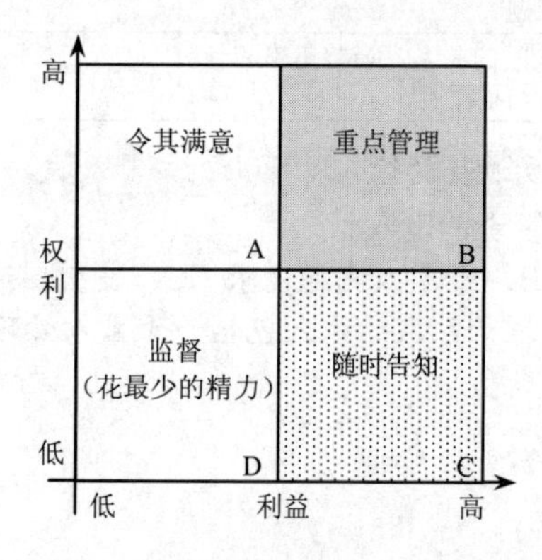

■ 参考答案 A

【考核方式 2】识记题，考核干系人参与评估矩阵。

干系人参与评估矩阵。

干系人	不知晓	抵制	中立	支持	领导
干系人 1	C			D	
干系人 2			C	D	
干系人 3				D C	

干系人的参与程度可分为如下类别：

不知晓：对项目和潜在影响不知晓。

抵制：知晓项目和潜在影响，抵制变更。

中立：知晓项目，既不支持，也不反对。

支持：知晓项目和潜在影响，支持变更。

领导：知晓项目和潜在影响，积极致力于保证项目成功。

知识点：规划沟通

知识点综述

项目沟通管理中的规划沟通（又称沟通管理计划编制）过程确定项目干系人的信息和沟通需求，包括：哪些人是项目干系人，他们对于该项目的收益水平和影响程度，谁需要什么样的信息，何时需要以及怎样分发给他们。如图9-2所示为规划沟通知识点图谱。

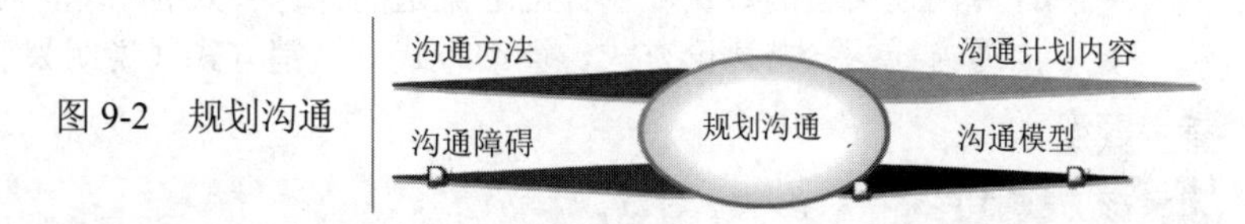

图9-2　规划沟通

参考题型

【考核方式1】理解题。考核对沟通计划的理解。

● 项目文档应发送给___（4）___。

（4）A．执行机构所有的干系人　　B．所有项目干系人

C．项目管理小组成员和项目主办单位　　D．沟通管理计划中规定的人员

■ 攻克要塞-试题分析　项目沟通管理中的规划沟通过程确定项目干系人的信息和沟通需求。也就是说，沟通的结果应当通过什么形式、向谁汇报、由谁执行、由谁监督以及使用什么方法来发布。

选项D“沟通管理计划中规定的人员”是最准确的选项。

■ 参考答案　D

【考核方式2】识记题。考核沟通管理的过程。

● 下列___（5）___不属于项目沟通管理的范畴。

（5）A．编制沟通计划　　B．记录工作日志

C．编写绩效报告　　D．发布项目信息

■ 攻克要塞-试题分析　项目沟通管理的过程包括：规划沟通（编制沟通计划）、信息分发、绩效报告、项目干系人管理。

选项B不属于项目沟通管理范畴。

■ 参考答案　B

[辅导专家提示]　项目沟通管理是确保及时、正确地产生、收集、分发、储存和最终处理项目信息所需的过程。项目经理们花费大量的时间用于与项目团队、项目干系人、客户和赞助商沟通。项目中的每一个成员都应当了解沟通是如何在整体上影响项目的。

知识点：沟通模型

知识点综述

沟通是个双向的过程，是信息生成、传递、接收和理解检查的过程。“沟通模型”的知识点属于规划沟通过程，其知识点图谱如图 9-3 所示。

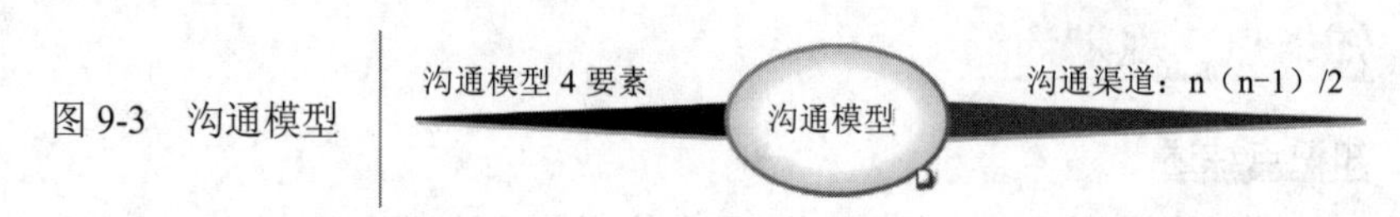

图 9-3　沟通模型

对于沟通模型，要求考生掌握：

- 识别沟通模型的组成要素（信息发送者、信息接收者、反馈、传递渠道）。
- 计算沟通渠道的数量，掌握沟通渠道的计算公式 n×（n−1）/2。
- 沟通方式：参与讨论方式、征询方式、推销方式（说明）、叙述方式。

参考题型

【考核方式 1】考核对沟通概念的理解。

- 下列关于沟通与沟通管理的叙述中，错误的是＿（6）＿。

（6）A．沟通就是信息生成、传递和接收的过程
　　B．沟通的基本单元是个人与个人之间的沟通
　　C．项目沟通管理在人员与信息之间提供取得成功所必需的关键联系
　　D．项目沟通管理包括保证及时恰当地生成、搜集、加工处理、传播、存储、检索与管理项目信息所需的各个过程

■ 攻克要塞-试题分析　本题实际考核沟通模型，如图 9-4 所示。一般沟通模型包括信息发送者、信息接收者、反馈和传递渠道 4 个部分，而且沟通模型往往是一个循环的过程。

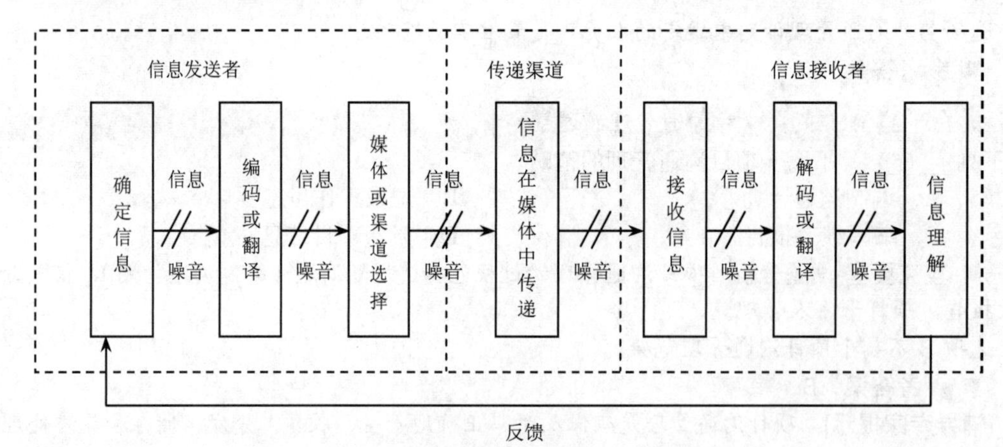

图 9-4　沟通模型

本题中，选项 A 缺少“反馈”过程。

■ 参考答案　A

【考核方式 2】考核沟通渠道的数量。

● 由 n 个人组成的大型项目组，人与人之间交互渠道的数量级为___（7）___。

（7）A．n^2　　B．n^3　　C．n　　D．2^n

■ 攻克要塞-试题分析　沟通渠道数的计算公式为 $n\times(n-1)/2$，从而交互渠道的数量级为 n^2。

■ 参考答案　A

知识点：沟通障碍

知识点综述

沟通障碍知识点图谱如图 9-5 所示。

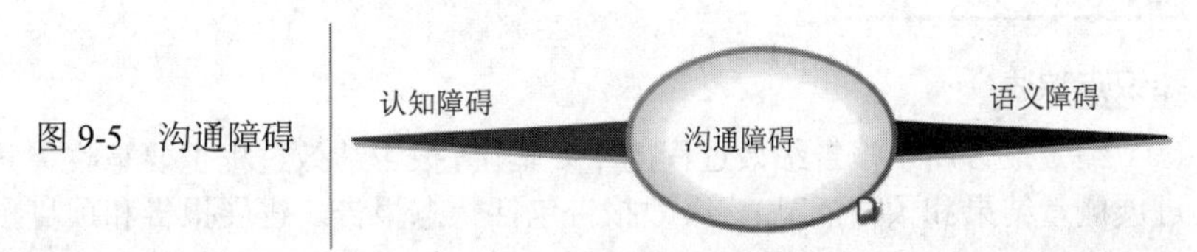

图 9-5　沟通障碍

认知障碍产生于个人的学历、经历、经验等方面，不同的人对同一事物（信息源）有不同的认知；语义障碍也称为个性障碍，是指由于人们的修养不同和表达能力的差别，对于同一思想和事物的表达（理解）有清楚和模糊之分。

要求考生根据沟通模型识别沟通中的两种障碍：认知障碍和语义障碍。

参考题型

【考核方式 1】在沟通模型的基础上考核沟通障碍，要求考生能够识别认知障碍和语义障碍。

● 沟通是项目管理的一项重要工作，如图 9-6 所示为人与人之间的沟通模型。该模型说明了发送者收集信息、对信息加工处理、通过渠道传送、接收者接收并理解、接收者反馈等若干环节。由于人们的修养不同和表达能力的差别，在沟通时会产生各种各样的障碍。语义障碍最常出现在___（8）___，认知障碍最常出现在___（9）___。

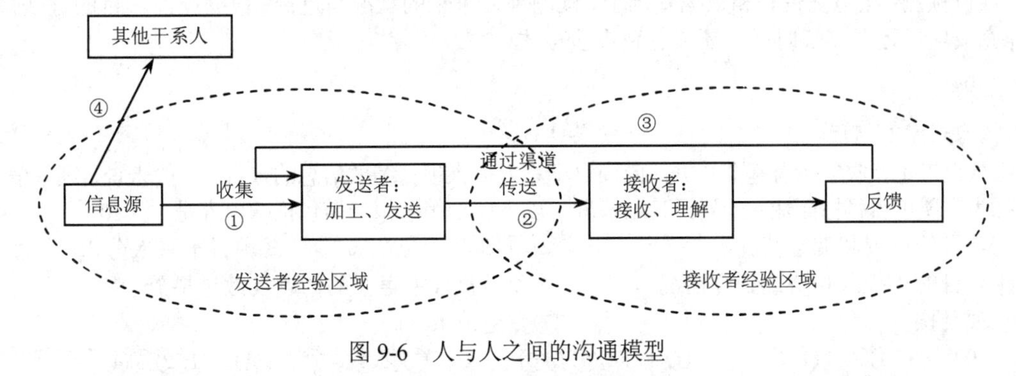

图 9-6　人与人之间的沟通模型

（8）A．①和③　　B．①和②　　C．②和③　　D．①和④

（9）A．①和③　　B．①和②　　C．②和③　　D．①和④

■ 攻克要塞-试题分析 沟通障碍产生于个人的认知、语义的表述、个性、态度、情感、偏见、组织结构的影响以及过大的信息量等方面，主要有认知障碍和语义障碍。

认知障碍产生于个人的学历、经历、经验等方面，不同的人对同一事物（信息源）有不同的认知；语义障碍也称为个性障碍，是指由于人们的修养不同和表达能力的差别，对于同一思想和事物的表达有清楚和模糊之分。

■ 参考答案 （8）C （9）D

[辅导专家提示] 对认知障碍和语义障碍的识别往往是考生容易弄混的地方，经验如下：

- 认知障碍涉及对信息的认识，因此发生在“主体”和“信息源”之间；
- 语义障碍涉及表达，因此发生在两个沟通者之间。

以本题为例，①和④均与信息源关联，②和③均与发送者和接收者关联。

知识点：绩效报告

知识点综述

绩效报告属于报告绩效过程的重要输出，报告绩效过程主要是收集并发布绩效信息（状态报告、进展测量结果和预测情况）。绩效报告包括状态报告、进展报告和项目预测，如图 9-7 所示。

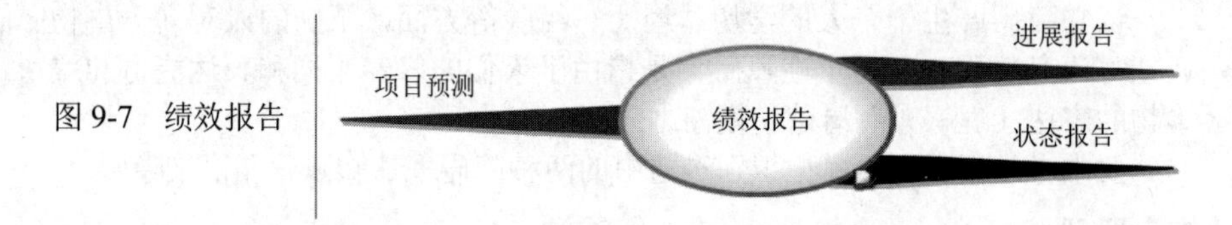

图 9-7 绩效报告

状态报告：描述项目在某一特定时间点所处的项目阶段。状态报告是从项目所达到的范围、时间和成本三项目标上描述项目所处的状态。

进展报告：描述项目团队在某一特定时间段的工作完成情况。在信息系统项目中，一般分为周进展报告和月进展报告。项目经理根据项目团队各成员提交的周报或月报提取工作绩效信息，完成统一的项目进展报告。

项目预测：在历史资料和数据基础上，预测项目未来的状况与进展。根据当前项目的进展情况，预计完成项目还要多长时间、还要花费多少成本。

参考题型

【考核方式 1】识记题。考核绩效报告的具体内容。

- 绩效报告是指收集所有基准数据并向项目干系人提供项目绩效信息的报告。一般来说，绩效信息包括为实现项目目标而输入的资源使用情况。以下属于绩效报告需包括的内容是__（10）__。

①项目的进展和调整情况 ②项目的完成情况 ③项目干系人分析
④项目的总投入和资金到位情况 ⑤项目执行中存在的问题及改进措施
⑥项目预测 ⑦变更请求

（10）A. ①②③④⑤ B. ②③④⑤⑥ C. ①②④⑤⑥⑦ D. ①②③④⑤⑥

■ 攻克要塞-试题分析 本题属于识记性题目，有两个关键点：

解题方法：描述最全面的往往是所要选择的答案。

知识点：绩效报告的内容。

■ 参考答案 C

【考核方式 2】根据给定的信息进行判断。

● 项目经理在项目管理过程中需要收集多种工作信息，如完成了多少工作、花费了多少时间、发生了什么样的成本以及存在什么突出问题等，以便__（11）__。

（11）A．执行项目计划　B．进行变更控制　C．报告工作绩效　D．确认项目范围

■ 攻克要塞-试题分析 本题考核的是项目沟通管理的绩效报告过程，其中：

选项 A“执行项目计划”，指执行在项目管理计划中所定义的工作达到项目的目标；

选项 B“进行变更控制”，指评审所有的变更请求、批准变更、控制对可交付物和组织过程资产的变更；

选项 C“报告工作绩效”，指收集并发布有关项目绩效的信息给项目干系人，通常这些信息包括状态报告、进展报告和项目预测；

选项 D“确认项目范围”，指项目干系人对项目范围的正式确认，但实际上，项目范围确认贯穿整个项目生命周期的始终，从 WBS 的确认（或合同中具体分工界面的确认）到项目验收时范围的检验。

从题干和各个选项的分析可知，答案应该是 C。

■ 参考答案 C

[辅导专家提示] 一般来说，凡涉及“完成了多少工作、花费了多少时间、发生了什么样的成本”之类的关键词，其答案往往和绩效报告相关。

【考核方式 3】给出具体的案例环境，根据环境信息进行判断。

● 每次项目经理会见其所负责的赞助商，赞助商都强调对该项目进行成本控制的重要性，赞助商总是询问有关成本绩效的情况，如哪些预算实现了、哪些预算没有实现，为了回答其问题，项目经理应该提供__（12）__。

（12）A．成本绩效报告　B．绩效衡量图表　C．资源生产力分析　D．趋势分析统计数据

■ 攻克要塞-试题分析 绩效报告是一个收集并发布项目绩效信息的动态过程，包括状态报告、进展报告和项目预测。项目干系人通过审查项目绩效报告，可以随时掌握项目的最新动态和进展，分析项目的发展趋势，及时发现项目进展过程中存在的问题，从而有的放矢地制定和采取必要的纠偏措施。

绩效报告的主要输出包括状态报告、进展报告、项目预测和变更请求；

绩效报告的依据（输入）包括项目工作绩效信息、项目管理计划和其他项目记录（文件）；

绩效评审、偏差分析、趋势分析、挣值分析是绩效报告过程的常用工具和技术。

本题中的“绩效衡量图表”是绩效报告的一部分。

■ 参考答案 A

课堂练习

● 系统集成工程建设的沟通协调非常重要，有效的沟通可以提升效率、降低内耗。以下关于沟通的叙述，__（1）__是错误的。

（1）A．坚持内外有别的原则，要把各方掌握的信息控制在各方内部
B．系统集成商经过广泛的需求调查，有时会发现业主的需求之间存在自相矛盾的现象
C．一般来说，参加获取需求讨论会的人数控制在 5～7 人是最好的
D．如果系统集成商和客户就项目需求沟通不够，只是依据招标书的信息做出建议书，可能会导致项目计划不合理，因而造成项目延期、成本超出、纠纷等问题

- 在实际沟通中，__（2）__更有利于被询问者表达自己的见解和情绪。

（2）A．封闭式问题　B．开放式问题　C．探询式问题　D．假设式问题

- 在管理项目团队时，项目经理可以运用__（3）__等方法来解决冲突。

（3）A．求同存异、观察、强制　B．求同存异、妥协、增加权威
C．强制、问题解决、撤退　D．强制、妥协、预防

- 沟通管理计划的编制是确定__（4）__的过程，即明确谁需要何种信息、何时需要以及如何向他们传递。

（4）A．干系人信息与沟通需求　B．沟通方式与信息发布
C．干系人提供的绩效信息　D．干系人管理与经验教训总结

- 项目经理 80%甚至更多的时间都用于进行项目沟通工作。在项目的沟通管理计划中可以不包括__（5）__。

（5）A．传达信息所需的技术或方法　B．沟通频率
C．干系人登记册　D．对要发布信息的描述

- 你正在组织项目沟通协调会，参加会议的人数为 12 人，沟通渠道有__（6）__条。

（6）A．66　B．72　C．96　D．132

- 项目团队中原来有 5 名成员，后来又有 4 人加入项目。与之前相比项目成员之间沟通渠道增加__（7）__条。

（7）A．26　B．10　C．20　D．36

- 干系人登记册是沟通计划编制的输入，__（8）__不是干系人登记册的内容。

（8）A．主要沟通对象　B．关键影响人
C．次要沟通对象　D．组织结构与干系人的责任关系

10

项目风险管理

知识点图谱与考点分析

风险管理就是要在风险成为影响项目成功的威胁之前，识别、着手处理并消除风险的源头。项目风险管理就是项目管理团队通过风险识别、风险估计和风险评价，并以此为基础合理地使用多种管理方法、技术和手段对项目活动涉及的风险实行有效的控制，主动行动，创造条件，尽量扩大风险事件的有利结果，妥善处理风险事故造成的不利后果，以最少的成本保证安全，可靠地实现项目的总目标。

在风险管理中，重点关注风险管理的过程、风险分析以及风险应对的方法，尤其是定量分析的方法属于考核难点之一，如图 10-1 所示为风险管理知识点图谱。

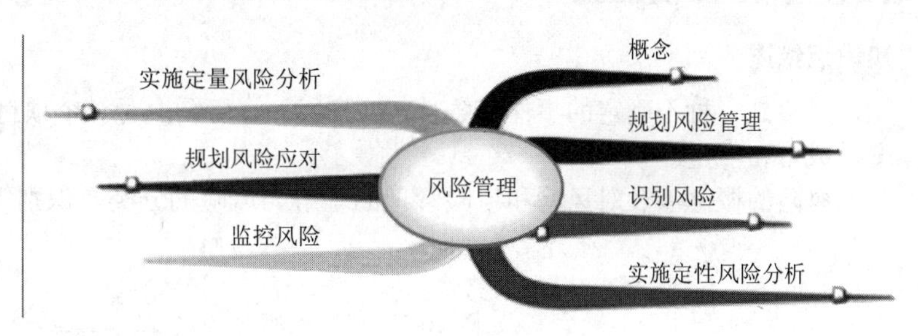

图 10-1　风险管理知识点图谱

知识点：风险管理过程

知识点综述

风险管理包括 6 个过程，如图 10-1 所示。

在考核方式上，除了考核对 6 个管理过程的理解，还考核各个过程的输入、输出以及工具技术等。

常见的考核方式有：在选项中将过程及过程的输入、输出和工具混杂在一起，要求考生进行识别。

参考题型

【考核方式 1】识记题。考核对风险管理过程的识记。

● 在项目风险管理的基本过程中，不包括下列中的__（1）__。

（1）A．风险分析　　B．风险追踪　　C．风险规避措施　D．风险管理计划编制

■ 攻克要塞-试题分析 风险管理的基本过程包括 6 项主要活动：风险规划（风险管理计划编制）、风险识别、定性风险分析、定量风险分析、制定风险应对计划、风险控制。

选项 C“风险规避措施”是规划风险应对（制定风险应对计划）的一项输出，不属于风险管理基本过程中的活动。

■ 参考答案 C

[辅导专家提示] 本题的考核形式是将过程输出与过程名称混在一起，要求考生进行判别。本题在选择过程中，也可以根据各选项的词性来判断，A. B. D 选项都属于动词结构，而 C 选项属于名词结构。

【考核方式 2】考核对风险管理过程的理解，根据文字的描述找到相应的过程。

● 确定哪些风险会影响项目并记录风险的特性，这个过程称为__（2）__。

（2）A．风险识别　　B．风险处理　　C．经验教训学习　D．风险分析

■ 攻克要塞-试题分析 风险识别包括确定风险的来源、风险产生的条件、描述风险特征和确定哪些风险事件有可能影响整个项目。风险识别就是采用系统化的方法识别出项目中已知的和可预测到的风险。风险识别是一项反复的过程，项目团队应该参与该过程，以便形成针对风险的应对措施，并保持一种责任感。

确定风险并记录特性属于风险识别的范畴，所以答案是 A。

■ 参考答案 A

知识点：风险的概念

知识点综述

风险是一种不确定的事件或条件，一旦发生，会至少对一个项目目标造成影响，比如范围、进度、成本和质量。

风险的概念涉及对风险和风险管理的理解、风险的分类及识别等，如图 10-2 所示。

图 10-2　风险的概念

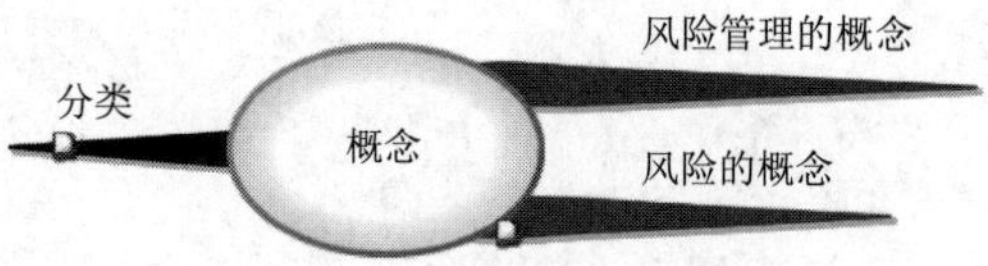

分类

概念

风险管理的概念

风险的概念

风险的分类方法有 5 种，如图 10-3 所示。

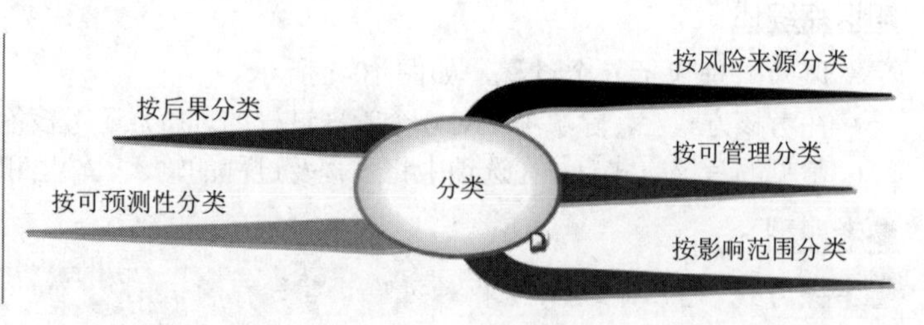

图 10-3　风险的分类

参考题型

【考核方式 1】考核对风险的理解。

● 下列＿（3）＿不是对风险的正确认识。

（3）A．所有项目都存在风险　　B．风险可以转化成机会

C．风险可以完全回避或消除　　D．对风险可以进行分析和管理

■ **攻克要塞-试题分析**　每一个项目都有风险。一方面，完全回避或消除风险，或者只享受权益而不承担风险是不可能的；另一方面，对项目风险进行认真的分析、科学的管理是能够避开不利条件、少受损失、取得预期结果并实现项目目标的。

■ **参考答案**　C

【考核方式 2】考核风险的分类。给出分类后的结果，要求考生识别分类的方式。

● 按照风险可能造成的后果，可将风险划分为＿（4）＿。

（4）A．局部风险和整体风险　　B．自然风险和人为风险

C．纯粹风险和投机风险　　D．已知风险和不可预测风险

■ **攻克要塞-试题分析**　按照风险可能造成的后果，可将风险分为纯粹风险和投机风险。

纯粹风险是不能带来机会、无获得利益可能的风险。纯粹风险只有两种可能的后果：造成损失和不造成损失。纯粹风险造成的损失是绝对的损失，活动主体蒙受了损失，整个社会也跟着受损失。

既可以带来机会、获得利益，又隐含威胁、造成损失的风险叫做投机风险。投机风险有 3 种可能的后果：造成损失、不造成损失和获得利益。虽然投机风险可能使活动主体蒙受损失，但全社会不一定跟着受损失，相反，其他人有可能因此而获得利益。

此外，按照风险来源或损失产生的原因，风险可分为自然风险和人为风险；按照影响范围，风险可分为局部风险和整体风险；按照风险的可预测性，风险可分为已知风险、可预测风险和不可预测风险。

■ **参考答案**　C

【考核方式 3】考核风险的分类，要求根据风险场景识别风险类型。

● 软件项目中，技术风险威胁到要开发软件的质量及交付时间，而＿（5）＿不属于技术风险。

（5）A．采用先进技术开发而目前尚无用户真正需要的产品或系统

B．软件需要使用新的或未经证实的硬件接口

C．产品需求要求开发某些程序构件，这些构件与以前所开发的构件完全不同

D．需求中要求使用新的分析、设计或测试方法

■ **攻克要塞-试题分析**　本题考核风险的另一种分类形式，要求考生从选项中区分商业风险、技术风险和项目风险。

A 选项尽管采用了先进的技术，但其关键的风险所在是“尚无用户真正需要”，因此，A 选项应属于商业风险。B. C. D 选项均属于技术风险。

■ **参考答案**　A

[辅导专家提示]　项目风险包括潜在的预算、进度、人员和组织、资源、用户和需求问题，项目复杂性，规模和结构的不确定性等。

商业风险包括市场风险（系统虽然很优秀，但不是市场真正想要的）、策略风险（系统不再符合企业的信息系统战略）、销售风险（开发了销售部门不清楚如何推销的系统）、管理风险（由于重

点转移或人员变动而失去上级支持）和预算风险（开发过程没有得到预算或人员的保证）。

技术风险主要指潜在的设计、实现、接口、测试和维护方面的问题，规格说明的多义性、技术上的不确定性、技术陈旧、采用最新技术等。

知识点：规划风险管理

知识点综述

风险管理计划属于规划风险管理过程的输出。**规划风险管理的重要性在于可提高其他 5 个风险管理过程的成功概率**，为风险管理活动安排充足的资源和时间，并为评估风险奠定一个共同认可的基础。规划风险管理过程在项目构思阶段就应开始，并在项目规划阶段早期完成。图 10-4 所示为规划风险管理知识点图谱。

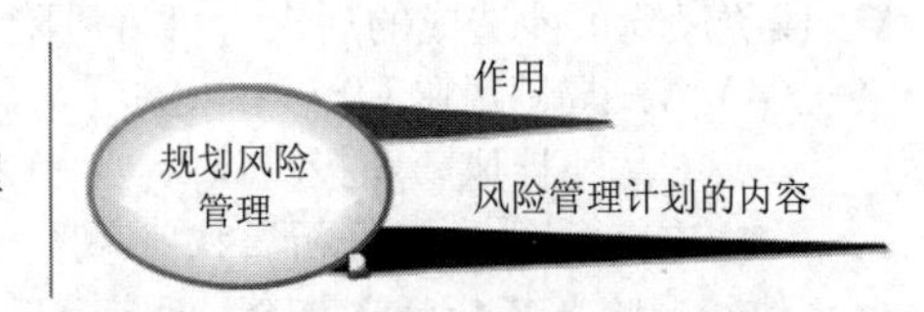

图 10-4　规划风险管理

参考题型

【考核方式 1】识记题，考核风险管理计划的内容。

● 风险管理计划是描述如何安排与实施项目风险管理，它的基本内容包括___(6)___。

①方法论　②角色与职责　③预算
④风险概率及影响的定义　⑤汇报格式　⑥风险管理表格

(6) A．①②③④⑤　B．②③④⑤⑥　C．①②③④⑥　D．①②③⑤⑥

■ 攻克要塞-试题分析　本题将风险管理计划中的部分内容作为选项进行考核。

风险管理计划的内容包括：方法论、角色与职责、预算、时间安排（实施风险管理的次数和频率）、风险分类、风险概率及影响的定义、概率和影响矩阵、项目干系人承受度、汇报格式、跟踪、应急计划、应急储备。

■ 参考答案　A

知识点：风险识别

知识点综述

本知识点要求掌握常见的风险识别技术以及技术的特点，如图 10-5 所示。

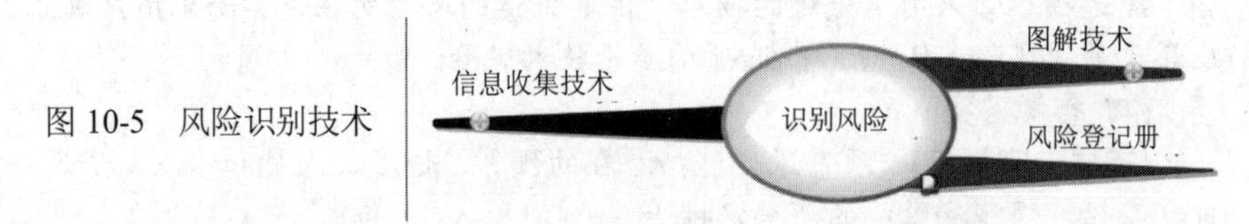

图 10-5　风险识别技术

参考题型

【考核方式 1】考核风险识别的工具技术。

● 德尔菲技术是一种风险识别技术，它___(7)___。

(7) A．对定义特定变量发生的概率尤其有用

B．对减少数据中人为的偏见、防止任何人对结果不适当地产生过大的影响尤其有用

C．有助于将决策者对待风险的态度考虑在内

D．为决策者提供一系列图形化的决策方案

■ **攻克要塞-试题分析** 本题中所考核的德尔菲法属于风险识别工具技术中的“信息收集技术”。

德尔菲法的实质是利用众多专家的主观判断，通过信息沟通与循环反馈，使预测意见趋于一致，逼近实际值。德尔菲法的不足之处在于易受专家的主观意识和思维局限影响，在技术上，征询表的设计对预测结果的影响较大。德尔菲法对减少数据中人为的偏见、防止任何人对结果不适当地产生过大的影响尤其有用。

■ **参考答案** B

[辅导专家提示] 风险识别工具技术中的信息收集技术包括德尔菲法、头脑风暴法（集思广益法）、访谈法和 SWOT 分析。

图解技术包括因果图、系统（过程）流程图、影响图。

【考核方式 2】考核风险识别的输入、输出。

● 风险识别的输出是___(8)___。

(8) A．风险因素　　B．已识别风险清单　　C．风险概率　　D．风险损失

■ **攻克要塞-试题分析** 风险识别过程的输出是风险登记册。风险登记册中包括：已识别风险清单、潜在应对措施清单。

■ **参考答案** B

知识点：风险分析

知识点综述

“风险分析”的知识点包括风险定性分析和风险定量分析。风险定性分析包括对已识别风险进行优先级排序，以便采取进一步措施，如进行风险量化分析或风险应对；风险定量分析过程定量地分析风险对项目目标的影响，它也为用户在面对很多不确定因素时提供了一种量化的方法，以做出尽可能恰当的决策。

重点掌握风险分析过程中各种工具的应用，如图 10-6 和图 10-7 所示。

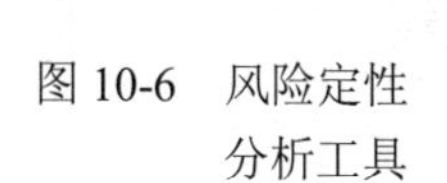
图 10-6 风险定性分析工具

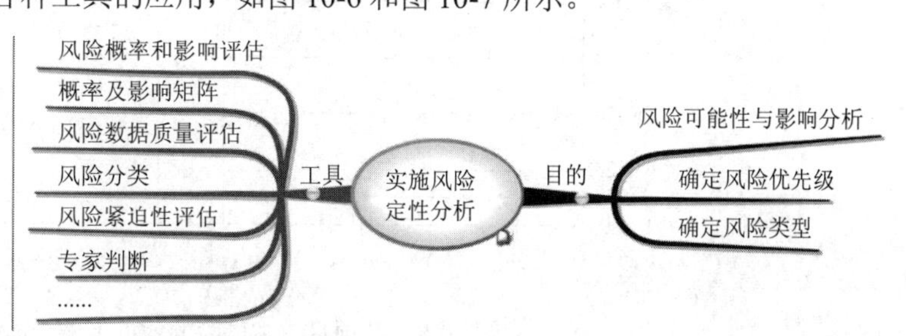

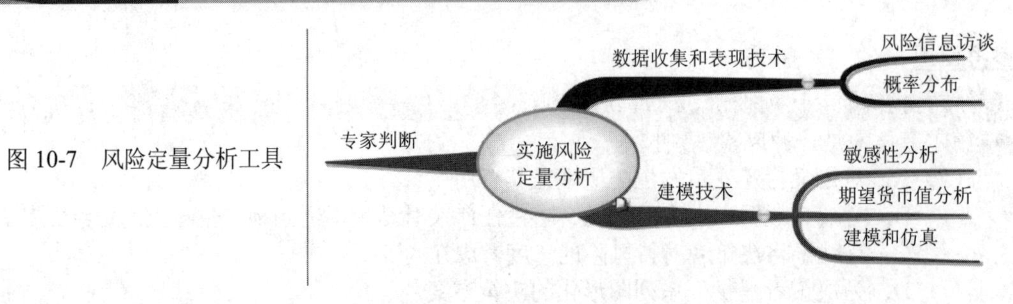

图 10-7　风险定量分析工具

参考题型

【考核方式 1】识记题。要求区分风险定性分析和风险定量分析的工具。

- 在进行项目风险定性分析时，一般不会涉及＿（9）＿；在进行项目风险定量分析时，一般不会涉及＿（10）＿。

（9）A．风险数据质量评估 B．风险概率和影响评估 C．风险紧迫性评估 D．建模和仿真

（10）A．概率及影响矩阵 B．期望货币值分析 C．敏感性分析 D．风险信息访谈

■ 攻克要塞-试题分析　风险定性分析是通过对风险发生的概率及影响程度的综合评估来确定其优先级的。在进行风险定性分析时，经常会使用到的技术与工具包括风险概率和影响评估、概率及影响矩阵、风险数据质量评估、风险分类和风险紧迫性评估。

风险定量分析经常会使用到的技术工具包括数据收集和表现技术（包括风险信息访谈、概率分布和专家判断）、建模技术（包括灵敏度分析、期望货币值分析、建模和仿真）。

■ 参考答案　（9）D　（10）A

【考核方式 2】理解题。考核风险分析工具的应用。

- 准确和无偏颇的数据是量化风险分析的基本要求，可以通过＿（11）＿来检查人们对风险的理解程度。

（11）A．风险数据质量评估 B．概率及影响评估 C．敏感性分析 D．影响图

■ 攻克要塞-试题分析　检查人们对风险的理解程度属于风险定性分析，定性分析的方法有风险概率及影响评估、概率及影响矩阵、风险数据质量评估等。B 选项“概率及影响评估”并没有说明是“风险发生概率”，而 C 选项和 D 选项都是定量分析的工具和技术。

■ 参考答案　A

【考核方式 3】理解题。考核对风险分析工具的理解。

- 图 10-8 是某项目成本风险的蒙特卡罗分析图。以下说法中，不正确的是＿（12）＿。

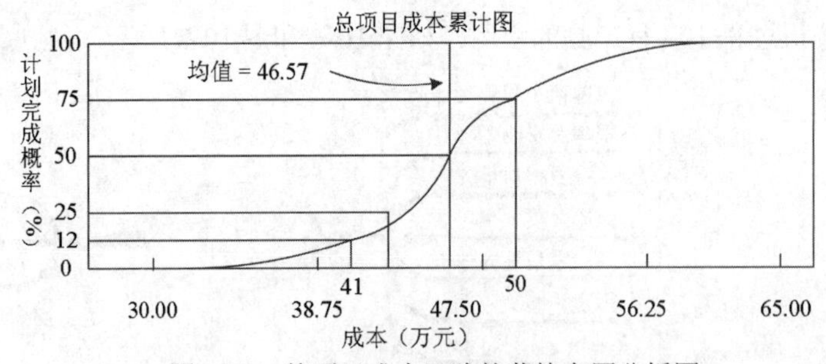

图 10-8　某项目成本风险的蒙特卡罗分析图

（12）A. 蒙特卡罗分析法也叫随机模拟法
B. 该图用于风险分析时，可以支持定量分析
C. 根据该图，用 41 万元完成的概率是 12%，如果要达到 75%的概率，需要增加 5.57 万元作为应急储备
D. 该图显示，用 45 万元的成本也可能完成计划

■ **攻克要塞-试题分析** 本题考核蒙特卡罗分析的综合应用。

蒙特卡罗模拟是将目标变量与自变量之间的关系用一个尽可能综合了主要风险变量的模型表示。每个风险变量用一个具体的概率分布来描述，并据此分布产生随机数。各风险变量每取一个随机数值，就可以根据所建立的模型计算出目标变量的一个值。经过多次重复计算，就可以统计计算出目标变量的分布，即风险对整个项目的影响大小和分布。蒙特卡罗法主要通过分析各种不确定因素，模拟真实情况下某个系统中的各个主要因素变化对风险结果的影响。

本图表明了项目成本的乐观估计值、悲观估计值和最可能估计值符合一定的资金分布。从此图可以看出，该项目在41万元内完成的概率仅有12%，为了达到75%的成功概率则需要50万元。

因此，若完成概率从12%提高到75%，则需要增加9万元。

■ **参考答案** C

[辅导专家提示]

定量分析工具中注意风险值的计算，风险值=风险发生的概率*风险发生的后果。

定性分析工具中注意各个工具的归属关系，包括工具的图例，能识别工具并理解工具的用途。

数据收集和展示技术：访谈；概率分布。

定量风险分析和建模技术：敏感性分析；龙卷风图；预期货币价值分析；建模和模拟。

知识点：风险应对

知识点综述

风险应对就是对项目风险提出处置意见和方法。项目风险应对包括对风险有利机会的跟踪和对风险不利影响的控制，应对策略包括消极的应对策略和积极的应对策略，如图 10-9 所示。

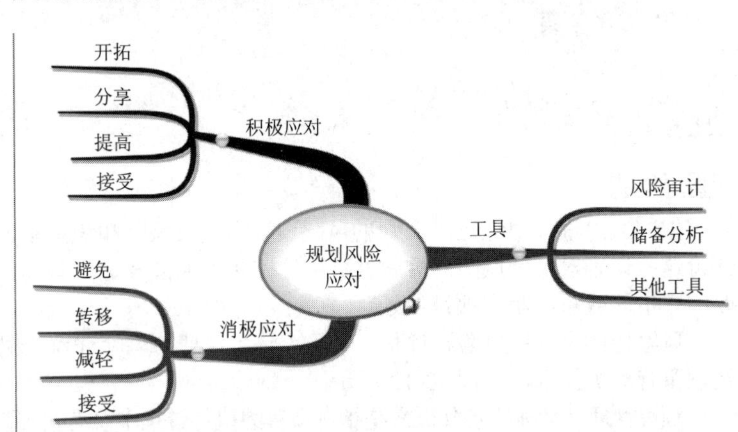

图 10-9 规划风险应对

参考题型

【考核方式 1】考核风险应对措施中的具体方法。

● 在一个子系统中增加冗余设计，以增加某信息系统的可靠性，这种做法属于风险应对策略中的＿（13）＿方法。

（13）A．避免　　B．减轻　　C．转移　　D．接受

■ 攻克要塞-试题分析 选项 A，“避免”是指改变项目计划以排除风险或条件，或者保护项目目标使其不受影响，或对受到威胁的一些目标降低要求，如延长进度或减少范围。

选项 B，“减轻”是指设法把不利的风险事件的概率或后果降低到一个可接受的临界值。

选项 C，“转移”是指设法将风险的后果连同应对的责任转移到他方身上。

选项 D，“接受”是指避免来自项目的所有风险通常是不可能的，所以有时要采取一种风险接受策略。该策略表明：项目团队已经决定不通过改变项目计划来应对风险或不能够识别其他适当的应对策略。

■ 参考答案 B

[辅导专家提示] 本题 D 选项“接受”策略既可以是积极的，也可以是消极的。常见的积极接受是建立应急储备，应对已知或潜在的未知威胁或机会；消极接受则不需要采取任何行动，待风险发生时视情况进行处理。

【考核方式 2】综合性理解。

● 某项目经理刚刚完成了项目的风险应对计划，＿（14）＿应该是风险管理的下一步措施。

（14）A．确定项目整体风险的等级　　B．开始分析那些在产品文档中发现的风险
C．在工作分解结构上增加任务　　D．进行风险审核

■ 攻克要塞-试题分析 规划风险应对是继风险识别、风险分析与评估之后，针对风险量化结果，为降低项目风险的负面效应制定风险应对策略和技术手段的过程。风险应对计划必须与风险的严重程度和成功实现项目目标的有效性相适应，与风险发生的过程、时间和由于风险而导致的后果相适应。

A 选项和 D 选项属于风险分析的范畴，B 选项属于风险识别的范畴。

■ 参考答案 C

知识点：控制风险

知识点综述

控制风险过程跟踪已经识别的风险、监测残余风险和识别新的风险，保证风险计划的执行，并评价这些计划对减轻风险的有效性。风险控制可能涉及选择备用策略方案、执行某一应急计划、采取纠正措施或重新制定项目计划。

风险控制会使用风险再评估、风险审计、定期的风险评审、偏差和趋势分析、技术绩效测评以及预留管理等技术，如图 10-10 所示。

预留管理（又称储备分析）是指在项目的执行过程中总有可能发生某些风险，这会对预算和时间的应急储备产生正面或负面的影响。通过比较剩余的预留储备和风险可以看出预留储备是否合适。

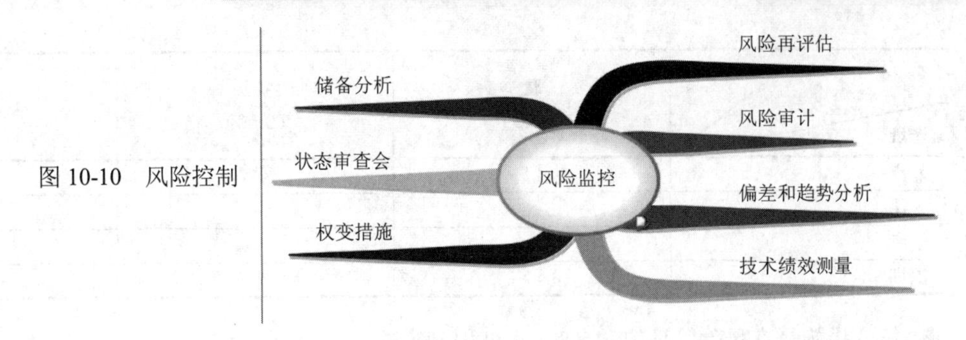

图 10-10 风险控制

参考题型

【考核方式 1】考核对风险控制工具的理解。要求考生了解各个工具，能够根据给定的场景选择合适的工具。

- 在处理已识别的风险及其根源时，__(15)__用来检查并记录风险应对策略和风险管理过程的效果。

（15）A．风险再评估　　B．风险审计
C．预留管理　　D．偏差和趋势分析

■ 攻克要塞-试题分析 风险审计用于检查并记录风险应对措施在处理已识别风险及其根源方面的有效性，以及风险管理过程的有效性。项目经理要确保按项目风险管理计划所规定的频率实施风险审计。既可以在日常的项目审查会中进行风险审计，也可单独召开风险审计会议。在实施审计前。要明确定义审计的格式和目标。

风险审计可以通过应用风险管理方法，对风险管理过程的充分性和有效性进行检查、评价和报告，提出改进意见，为管理层或审计委员会提供帮助。风险审计包括确定风险领域、评价风险控制程序的有效性、检查风险管理过程的效果。

■ 参考答案 B

[辅导专家提示] 一般来说，题干中出现了“检查并记录”关键词，则选项中必有“审计”选项。“风险审计”考核频率较高。

课堂练习

- 下列__(1)__不属于风险识别的方法或工具。

（1）A．德尔菲技术　　B．SWOT 分析法
C．检查表　　D．计划评审技术（PERT）

- 某公司希望举办一个展销会以扩大市场，选择北京、天津、上海、深圳作为候选会址。获利情况除了与会址有关外，还与天气有关。天气可分为晴、多云和多雨三种。通过天气预报，估计三种天气情况发生的概率分别为 0.25、0.50、0.25，其收益（单位：人民币/万元）情况如表所示，使用决策树进行决策的结果为__(2)__。

（2）A．北京　　B．天津　　C．上海　　D．深圳

天气 / 收益 / 选址	晴 （0.25）	多云 （0.50）	多雨 （0.25）
北京	4.5	4.4	1
天津	5	4	1.6
上海	6	3	1.3
深圳	5.5	3.9	0.9

- 权变措施是在风险管理的＿（3）＿过程确定的。

  （3）A．风险识别　B．定量风险分析　C．风险应对规划　D．风险监控

- 因时间紧、任务急，经过评估，某智能监控软件涉及的传输速度与精度指标难以满足需求，故项目团队欲将该软件开发分包给技术实力很强的企业。这种风险应对措施被称为风险＿（4）＿。

  （4）A．接受　B．规避　C．减轻　D．转移

- 某公司正在准备竞标一个系统集成项目，为了估算项目的收益，技术总监带领风险管理团队，对项目可选的两种集成实施方案进行了决策树分析，分析图如下所示。以下说法中，正确的是＿（5）＿。

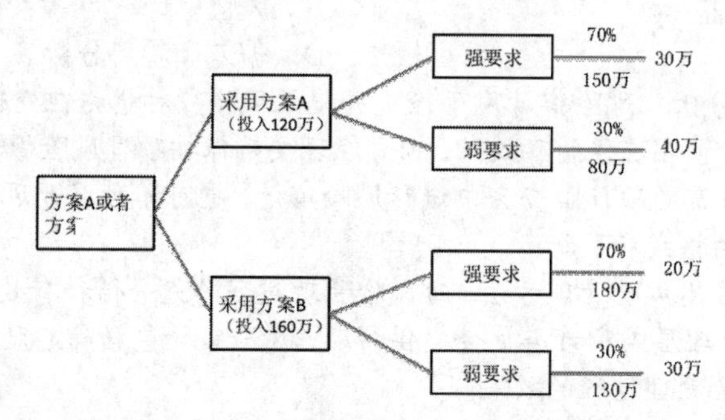

  （5）A．以上进行的是风险定性分析，根据分析，该公司应采用方案B

  B．以上进行的是风险定量分析，根据分析，该公司应采用方案B

  C．以上进行的是风险定性分析，根据分析，该公司应采用方案A

  D．以上进行的是风险定量分析，根据分析，该公司应采用方案A

- ＿（6）＿不属于项目风险的特性。

  （6）A．可变性　B．必然性　C．相对性　D．不确定性

- 风险应对略中，＿（7）＿可用于应对积极风险

  （7）A．规避　B．转移　C．减轻　D．分享

- 风险可以从不同角度、根据不同的标准来进行分类。百年不遇的暴雨属于＿（8）＿。

  （8）A．不可预测风险　B．可预测风险　C．已知风险　D．技术风险

- ＿（9）＿用于检查并记录风险应对措施在处理已识别风险及其根源方面的有效性，以及风险管理过程的有效性。

  （9）A．风险再评估　B．技术绩效测量　C．偏差和趋势分析　D．风险审计

- 在进行项目风险定性分析时，可能会涉及到＿（10）＿。

  （10）A．建立概率及影响矩阵　B．决策树分析　C．敏感性分析　D．建模和模拟

11 项目采购管理

知识点图谱与考点分析

采购管理的知识点所占的分值占整个考试的比例并不多,常考的知识点有采购管理计划及相关工具技术等。

此外，按照官方版教材的编排，“项目采购管理”章节中另一个比较重要的内容是合同管理，涉及合同签订、合同履行、合同变更、合同档案管理、违约管理以及合同索赔等知识点。

如图 11-1 所示为采购管理知识点图谱。

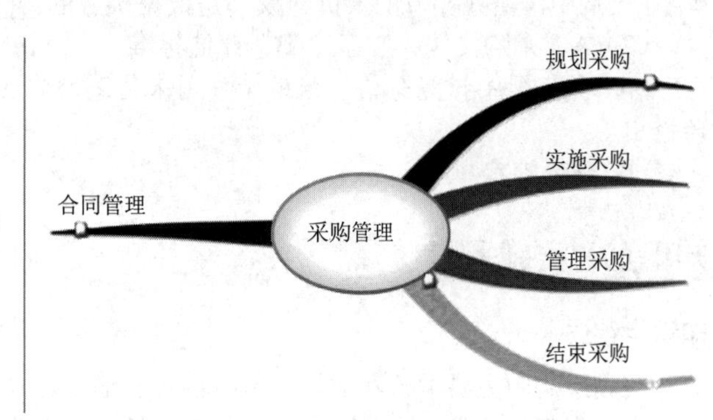

图 11-1　采购管理知识点图谱

知识点：规划采购

知识点综述

规划采购的工具和输出如图 11-2 所示。

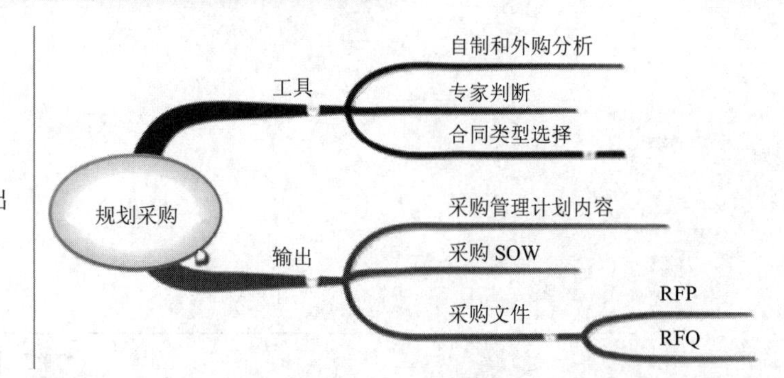

图 11-2　规划采购的工具和输出

参考题型

【考核方式】 考核规划过程中的输入、输出及具体工具技术。

● 自制或外购的决定需要考虑＿（1）＿。

（1）A．战术成本和战略成本　　B．管理成本和项目成本

C．拖延成本和滞留成本　　D．直接成本和间接成本

■ 攻克要塞-试题分析 项目执行组织对需要采购的产品和服务拥有选择权和决策权，在采购计划的编制过程中，项目管理者一般会采用自制和外购分析。

自制和外购分析用来分析和决定某种产品或服务由项目执行组织自我完成或者外购，这是一种通用的管理技术。自制或外购分析都应考虑间接成本和直接成本。例如，在外购分析时应包括采购产品的成本和管理购买过程的间接费用。自制和外购分析必须反映执行组织的观点和项目的直接需求。

■ 参考答案 D

● 在采购中，潜在卖方的报价建议书是根据买方的＿（2）＿制定的。

（2）A．采购文件　　B．评估标准　　C．工作说明书　　D．招标通知

■ 攻克要塞-试题分析 采购文件用来得到潜在卖方的报价建议书，属于编制采购计划过程的输出。

■ 参考答案 A

知识点：实施采购

知识点综述

实施采购中主要考核其工具技术、输入与输出。

主要到工具技术有：投标人会议；建议书评价技术；独立估算；专家判断；刊登广告；分析技术；采购谈判。

参考题型

【考核方式】 考核实施过程中的输入、输出及工具技术。

● 小王作为某项目的项目经理，决定采用投标人会议的方式选择卖方。以下做法中，正确的是＿（3）＿。

（3）A．限制参会者提问的次数，防止少数人问太多的问题

B．防止参会者私下提问

C．小王不需要参加投标人会议，只需采购管理员参与即可

D．设法获得每个参会者的机密信息

■ 攻克要塞-试题分析 本题考核“实施采购”过程的工具--投标人会议。投标人会议是指在准备建议书之前与潜在供应商举行的会议。投标人会议用来确保所有潜在供应商对采购目的（如技术要求和合同要求等）有一个清晰的、共同的理解。对供应商问题的答复可能作为修订条款包含到采购文件中。在投标人会议上，所有潜在供应商都应得到同等对待，以保证一个好的招标结果。

■ 参考答案 D

知识点：控制采购

知识点综述

控制采购是管理采购关系、监督合同执行情况，并根据需要实施变更和采取纠正措施的过程。控制采购的输入是项目管理计划、采购文件、合同及合同管理计划、绩效报告、已批准的变更申请、工作绩效报告和工作绩效信息，经过使用合同变更控制系统、买方主持的绩效评审、检查和审计、绩效报告、支付系统、索赔管理和自动的工具系统等工具和技术，顺利完成合同。

参考题型

【考核方式 1】考核对控制采购过程的概念的理解。

- 关于控制采购的描述，不正确的是___（4）___。

（4）A．控制采购是管理采购关系、监督合同执行情况，并依据需要实施变更和采取纠正措施的过程

B．采购是买方行为，卖方不需要控制采购过程

C．控制采购过程中，还需要财务管理工作

D．控制采购可以保证对采购产品质量的控制

■ 攻克要塞-试题分析 控制采购过程是买卖双方都需要的。该过程确保卖方的执行过程符合合同需求，确保买方可以按合同条款去执行。对于使用来自多个供应商提供的产品、服务或成果的大型项目来说，合同管理的关键是管理买方卖方间的接口，以及多个卖方间的接口。

■ 参考答案 B

【考核方式 2】考核输入、输出、工具技术。

- 控制采购的输入不包括___（5）___。

（5）A．合同管理计划　　B．采购档案　　C．合同　　D．采购文件

■ 攻克要塞-试题分析 控制采购的输入包括：项目管理计划、采购文件、合同、批准的变更请求、工作绩效报告和工作绩效数据等。

■ 参考答案 B

知识点：合同类型

知识点综述

采购合同的知识点主要涉及合同类型的选择，如图 11-3 所示，一般的考核方式是根据给定的

条件来选择合适的合同类型。一般来说，按照承包方式划分（按信息系统范围划分），可分为总承包合同、单项承包合同以及分包合同；按照合同价款支付方式划分，可分为固定总价合同、成本补偿合同和工时材料合同（又称单价合同）。固定总价合同最简单的形式是采购单。

此外，需关注合同签订时应注意的事项。

图 11-3　合同类型选择

参考题型

【考核方式 1】考核项目合同类型。

● 关于项目合同的分类，正确的是___（6）___。

（6）A．信息系统工程项目合同通常按照信息系统范围和项目总价划分
B．需要立即开展工作的项目不适宜采用成本补偿合同
C．工程量大、工期较长、技术复杂的项目宜采用总价合同
D．工料合同兼有成本补偿合同和总价合同的特点，适用范围较宽

■ 攻克要塞-试题分析　本题考核对各种合同类型的理解，主要涉及总价合同、成本补偿合同、工料合同。

选项 A 错，信息系统工程项目合同通常有两种分类方式，一种是按信息系统范围划分，一种是按项目付款方式划分。

选项 B，对于成本补偿合同，发包人须承担项目实际发生的一切费用，因此也承担了项目的全部风险。承包人由于无风险，其报酬往往也较低。这类合同的缺点是发包人对工程造价不易控制，承包人也往往不注意降低项目成本。

选项 C 错，总价合同又称固定价格合同，适用于工程量不太大且能精确计算、工期较短、技术不太复杂、风险不大的项目，

选项 D，工料合同是兼具成本补偿合同和总价合同的某些特点的混合型合同。这类合同主要适用于以下项目：需立即开展工作的项目；对项目内容及技术经济指标未确定的项目；风险大的项目。

■ 参考答案　D

[辅导专家提示]　总价合同分为固定总价合同、变动总价合同（总价加激励费用合同 FPIF）和总价加经济价格调整合同（FP-EPA）。其中，总价加经济价格调整合同已经考过。

【考核方式 2】考核不同类型合同的适用环境，根据具体的合同类型来选择其匹配的环境条件。

● 对承建方来说，总价合同适用于___（7）___的项目。

（7）A．工期长、工程量变化幅度很大
B．工期长、工程量变化幅度不太大
C．工期短、工程量变化幅度不太大
D．工期短、工程量变化幅度很大

■ 攻克要塞-试题分析　总价合同是指根据单位工程量的固定价格和实际完成的工程量计算合同的实际总价的工程承包合同。如果采用固定总价合同，在整个施工过程中，合同总价是固定不

变的，实际支付时以投标时的价格和实际完成的工程量为准计算。因此，采用固定总价合同不利于业主控制工程造价。业主的工作量增加，主要表现在核实已完成工程量的工作量加大；而对于承建方而言，不存在工程量风险。但是，如果工期长、工程量变化幅度大的话，则由于物价上涨等原因，可能造成承建方在单价上受损。因此，不管是对于业主还是承建方，固定总价合同只适用于工期短、工程量变化幅度不太大的项目。

■ 参考答案 C

【考核方式 3】根据环境条件选择适合的合同类型，此种考核方式恰好与考核方式1相反，要求考生能够理解适用的环境并进行分辨。

- 对于工作规模或产品界定不明确的外包项目，一般应采用___（8）___的形式。

（8）A. 固定总价合同 B. 成本补偿合同 C. 工时材料合同 D. 采购单

■ 攻克要塞-试题分析 工时材料合同（也称单价合同）综合了固定总价合同和成本补偿合同两者的优点，类似于成本补偿合同，它具有可扩展性，在签订合同时并没有确定项目的总价。这样，当项目成本上升时，它能和成本补偿合同一样增加合同总价。同样地，工时材料合同也类似于固定总价合同。

例如，工时或材料的单价是由买卖双方事先确定的。双方可以商定各级别工程师的费用，或者在合同中包含一个最高不超过成本限额的条款。因此，当工作规模或产品界定不明确时，一般应采用工时材料合同。

■ 参考答案 C

知识点：合同收尾

参考题型

【考核方式 1】考核采购审计的概念。

- 某项采购已经到了合同收尾阶段，为了总结这次采购过程中的经验教训，以供公司内的其他项目参考借鉴，公司应组织___（9）___。

（9）A. 业绩报告 B. 采购评估 C. 项目审查 D. 采购审计

■ 攻克要塞-试题分析 合同收尾的工具有采购审计和合同档案管理系统。

采购审计是对采购的完整过程进行系统审查，其目标是找出本次采购的成功和失败之处，可以用于项目执行组织内的其他项目借鉴。

■ 参考答案 D

知识点：合同管理

知识点综述

合同管理涉及的内容比较多，包括签订管理、履行管理、变更管理、档案管理以及违约管理，如图11-4所示。注意合同变更管理、合同索赔以及合同签订过程中的若干注意事项。

图 11-4　合同管理

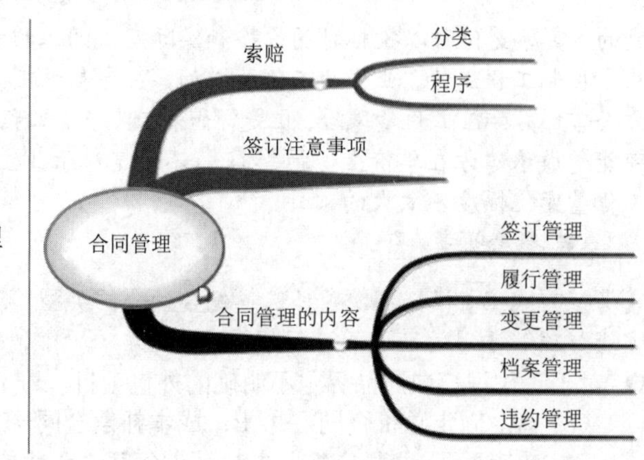

参考题型

【考核方式 1】考核合同管理的内容。

- 加强合同管理对于提高合同执行水平、减少合同纠纷，进而加强和改善建设单位和承建单位的经营管理、提高经济效益，都具有十分重要的意义。该过程主要包括＿（10）＿内容。

（10）A．合同签订管理、合同履行管理、合同变更管理以及合同档案管理

B．合同签订管理、合同索赔管理、合同变更管理以及合同绩效管理

C．合同谈判管理、合同履行管理、合同纠纷管理以及合同档案管理

D．合同谈判管理、合同风险管理、合同变更管理以及合同档案管理

■ 攻克要塞-试题分析 合同管理的内容包括签订管理、履行管理、变更管理、档案管理以及违约管理。

■ 参考答案 A

【考核方式 2】考核合同变更管理、包括合同变更等原则、内容、步骤等。

- 合同变更处理的首要原则是＿（11）＿。

（11）A．公平合理　　B．经济利益优先　C．安全环保　　D．甲方优先

■ 攻克要塞-试题分析 本题考核的内容为“合同管理”，包括了合同签订管理、合同履行管理、合同变更管理、合同档案管理。其中，“公平合理”是合同变更的处理原则。

■ 参考答案 A

[辅导专家提示] “公平合理”的原则在案例分析中以填空题方式出现多次。

- 合同变更的处理由＿（12）＿来完成。

（12）A．配置管理系统　　B．变更控制系统

C．发布管理系统　　D．知识管理系统

■ 攻克要塞-试题分析 合同变更的处理由合同变更控制系统来完成。合同变更控制系统包括文书记录工作、跟踪系统、争议解决程序以及各种变更所需的审批层次。合同变更控制系统是项目整体变更控制系统的一部分。

■ 参考答案 B

【考核方式 3】考核合同索赔的程序以及索赔程序中相关的时间要求。

- 按照索赔程序，索赔方要在索赔通知书发出后＿（13）＿内，向监理方提出延长工期和（或）

补偿经济损失的索赔报告及有关资料。

（13）A. 2 周　　B. 28 天　　C. 30 天　　D. 3 周

■ 攻克要塞-试题分析 本题考核对合同索赔程序的理解。当项目发生索赔事件之后，遵循的流程如下图所示：

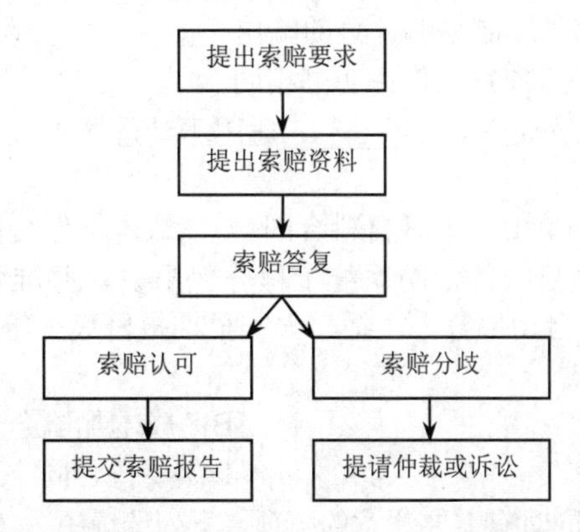

提出索赔要求。当出现索赔事项时，索赔方以书面的索赔通知书形式，在索赔事项发生后的 28 天以内，向监理工程师正式提出索赔意向通知。

报送索赔资料。在索赔通知书发出后的 28 天内，向监理工程师提出延长工期和（或）补偿经济损失的索赔报告及有关资料。

监理工程师答复。监理工程师在收到送交的索赔报告有关资料后，于 28 天内给予答复，或要求索赔方进一步补充索赔理由和证据。

监理工程师逾期答复的后果。监理工程师在收到承包人送交的索赔报告的有关资料后 28 天未予答复或未对承包人作进一步要求的，视为该项索赔已经认可。

持续索赔。

仲裁与诉讼。

■ 参考答案 B

【延伸知识点】项目发生索赔事件后，一般先由监理工程师调解，若调解不成，由政府建设主管机构进行调解，若仍调解不成，由经济合同仲裁委员会进行调解或仲裁。在整个索赔过程中，遵循的原则是索赔的有理性、索赔依据的有效性、索赔计算的正确性。

合同索赔的重要前提条件是合同一方或双方存在违约行为和事实，并且由此造成了损失，责任应由对方承担。对提出的合同索赔，凡属于客观原因造成的延期、属于买方也无法预见到的情况，如特殊反常天气达到合同中特殊反常天气的约定条件，卖方可能得到延长工期，但得不到费用补偿。对于属于买方的原因造成的拖延工期，不仅应给卖方延长工期，还应给予费用补偿。

[辅导专家提示] 合同索赔的考核多次出现在下午案例题中，要求考生了解合同索赔的流程图，并能够用文字来描述具体的索赔流程。

课堂练习

● 下列___(1)___活动应在编制采购计划过程中进行。

（1）A. 自制或外购决策　　B. 回答卖方的问题

C．制定合同　　D．制定RFP文件

- 下面有关采购工作说明书的叙述，错误的是___(2)___。

（2）A．采购工作说明书定义了与合同相关的部分项目范围
B．每个采购工作说明书都来自于项目的范围基准
C．采购工作说明书是编制采购计划的输出
D．采购工作说明书与项目工作说明书相同

- 当不能迅速确定准确的工作量时，___(3)___适用于动态增加人员、专家或其他外部支持人员等情况。

（3）A．固定总价合同　B．工时材料合同　C．成本补偿合同　D．分包合同

- 某承建单位准备把机房项目中的消防系统工程分包出去，并准备了详细的设计图纸和各项说明。该项目工程包括火灾自动报警、广播、火灾早期报警灭火等。为使总体成本可控，该分包合同宜采用___(4)___方式。

（4）A．单价合同　　B．成本加酬金合同
C．总价合同　　D．委托合同

- 签订信息系统工程项目合同时有需要注意的事项。下列选项中___(5)___在合同签订时不要考虑。

（5）A．当事人的法律资格　　B．验收标准
C．项目管理计划　　D．技术支持服务

- ___(6)___不属于控制采购过程的工具与技术。

（6）A．工作绩效信息　　B．合同变更控制系统
C．采购绩效审计　　D．检查与审计

- ___(7)___的项目不适合使用总价合同。

（7）A．工程量不大且能精确计算　　B．技术不复杂
C．项目内容未确定　　D．风险较小

- 关于合同违约索赔的描述，不正确的是___(8)___。

（8）A．项目索赔事件中，监理工程师和政府建设主管机构承担调解责任，经济合同仲裁委员会承担调解或仲裁责任
B．合同索赔遵循的原则包活：索赔的有理性、索赔依据的有效性、索赔计算的正确性
C．对于属于买方的原因造成拖延工期，只需给卖方延长工期，不应给予费用补偿
D．《民法通则》、《合同法》中与合同纠纷相关条款，可以作为工程索赔的法律依据

- 关于“自制/外购”分析的描述，不正确的是___(9)___。

（9）A．有能力自行研制某种产品的情况下，也有可能需要外部采购
B．决定外购后，需要进一步分析是购买还是租借
C．总价合同对进行“自制/外购”分析过程没有影响
D．任何预算限制都有可能影响“自制/外购”分析

12

配置管理

知识点图谱与考点分析

配置管理的知识点在上午卷选择题和下午卷案例题中多次出现，对于本章知识，注意阅读官方版教材中的相关内容并识记关键知识点，如图 12-1 所示为配置管理知识点图谱。

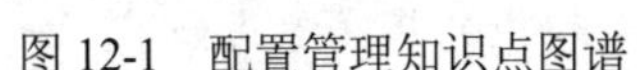
图 12-1　配置管理知识点图谱

配置管理的主要活动：配置识别、变更控制、状态报告和配置审计。

知识点：配置管理基本概念

知识点综述

本知识点涉及的概念较多，而且比较重要。根据以往的培训经验，很多缺乏软件工程经验的考生在配置管理的基本概念上很容易模糊，不能理解配置管理活动的作用。

配置管理的 6 个主要活动：制定配置管理计划、配置标识、配置控制、配置状态报告、配置审计、发布管理与交付。

在基本概念中，最重要的是掌握配置、配置项、基线等概念，如图 12-2 所示。

图 12-2　配置管理的概念

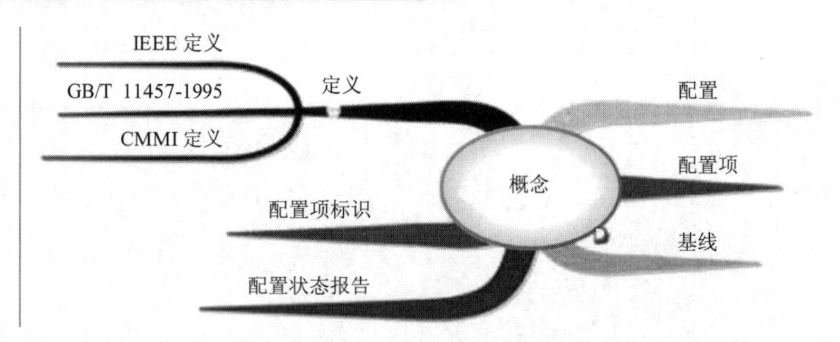

CMMI 对配置管理的定义：配置管理是运用配置标识、配置控制、配置状态、配置状态统计和配置审计，建立和维护工作产品的完整性。

GB/T 11457-1995 对配置管理的定义：配置管理是标识和确定系统中配置项的过程，在系统整个生存期内控制这些配置项的投放和变更，记录并报告配置的状态和变更要求，验证配置项的完整性和正确性。

基线是一组拥有唯一标识号的需求、设计、源代码文卷以及相应的可执行代码、构造文卷和用户文档。基线建立之后，变更要通过评价和验证变更的正式程序来控制。

参考题型

【考核方式 1】考核配置管理中的基本概念，如基线、配置项等。

● 以下有关基线的叙述，错误的是＿（1）＿。

（1）A．基线由一组配置项组成
　　B．基线不能再被任何人任意修改
　　C．基线是一组经过正式审查并且达成一致的范围或工作产品
　　D．产品的测试版本不能被看作是基线

■ 攻克要塞-试题分析　本题中考核了对基线概念的理解。官方教材中的基线定义如下：一组拥有唯一标识号的需求、设计、源代码文卷以及相应的可执行代码、构造文卷和用户文档构成一条基线。

基线按照项目阶段划分有：需求基线、设计基线、测试基线、产品基线等。

选项 D 中，测试版本可以形成测试基线。

■ 参考答案　D

[辅导专家提示]　对于配置管理的基线，除了按照项目阶段划分外，还有以下三种基线：

功能基线——最初通过的功能配置；

分配基线——最初通过的分配配置；

产品基线——最初通过的或有条件地通过的产品配置。

【考核方式 2】考核基本的定义。

● 下列有关信息（文档）与配置管理内容叙述，错误的是＿（2）＿。

（2）A．配置管理的定义是应用技术和管理的指导及监督来标识和用文档来记录配置项的功能和物理特征，控制对这些特征的变更、记录和报告变更处理过程和实现状态、验证与规定需求的一致性
　　B．基线可看作是一个相对稳定的逻辑实体，其组成部分不能被任何人任意修改

C. 配置项的组成可能包括交付客户的产品、内部工作产品、采购产品、使用的工具等

D. IEEE 对配置库的定义为硬件、软件或两者兼有的集合，为配置管理指定的、在配置管理过程中作为一个单独的实体来对待

■ 攻克要塞-试题分析　本题综合考核了四个概念：配置管理、基线、配置项、配置库。

IEEE 对配置项的定义为硬件、软件或两兼有的集合，为配置管理指定的、在配置管理过程中作为一个单独的实体来对待。可作为配置项管理的有：外部交付的软件产品和数据、指定的内部软件工作产品和数据、指定的用于创建或支持软件产品的支持工具、供方/供应商提供的软件和客户提供的设备/软件。典型配置项包括项目计划书、需求文档、设计文档、源代码、可执行代码、测试用例、运行软件所需的各种数据，它们经评审和检查通过后进入软件配置管理。

■ 参考答案　D

知识点：文档管理规范

信息系统文档的规范化管理主要体现在文档书写规范、图表编号规则、文档目录编写标准和文档管理制度等几个方面。

【考核方式 1】考核文档管理规范。

● 在开发人员编写程序时，程序的开始要用统一的格式，包含程序名称、程序功能、调用和被调用的程序、程序设计人等信息，体现了信息系统文档管理的___（3）___。

（3）A. 文档书写规范　　B. 图表编写规则
C. 文档目录编写标准　　D. 文档管理制度

■ 攻克要塞-试题分析

【考点出处】教程 15.1.2，文档管理规则和方法。

信息系统文档的规范化管理主要体现在文档书写规范、图表编号规则、文档目录编写标准和文档管理制度等几个方面。

■ 参考答案　A

【考核方式 2】考核文档分类。

● 质量保证计划属于软件文档中的___（4）___。

（4）A. 开发文档　　B. 产品文档　　C. 管理文档　　D. 说明文档

■ 攻克要塞-试题分析　软件文档分为三类：开发文档、产品文档、管理文档。本题考核开发文档。开发文档描述开发过程本身，基本的开发文档包括：可行性研究报告和项目任务书；需求规格说明；功能规格说明；设计规格说明，包括程序和数据规格说明；开发计划；软件集成和测试计划；质量保证计划；安装和测试信息。

■ 参考答案　A

知识点：配置管理计划

知识点综述

制定配置管理计划的目的是便于 CMO（配置管理员）按计划开展配置管理工作，并保持配置管理工作的一致性。配置管理计划的主要内容包括配置管理软硬件资源、配置项计划、基线计划、

交付计划、备份计划、配置审核和评审、变更管理等，由 CCB 审批该计划，如图 12-3 所示为配置管理计划知识点图谱。

计划内容　配置管理计划　制定步骤

图 12-3　配置管理计划

参考题型

【考核方式 1】间接考核配置管理计划。

● 进行配置管理的第一步是　（5）　。

（5）A．制定识别配置项的准则　　B．建立并维护配置管理的组织方针
　　C．制定配置项管理表　　D．建立 CCB

■ **攻克要塞-试题分析**　配置管理活动的第一步是制定配置管理计划，而 A．B．C．D 四个选项均非配置管理计划，此时则需仔细分析，制定配置管理计划的第一步是建立并维护配置管理的组织方针。因此，答案选择 B。

本题属于间接考核配置管理计划，要求考生对制定配置管理计划比较熟悉。制定配置管理计划的步骤如下：

建立并维护配置管理的组织方针；确定配置管理需使用的资源；分配责任；培训计划；确定配置管理的项目干系人，并确定其介入时机；制订识别配置项的准则；制订配置项管理表；确定配置管理软硬件资源；制定基线计划；制定配置库备份计划；制定变更控制流程；制定审批计划。

■ **参考答案**　B

知识点：配置状态报告

知识点综述

配置状态报告也称配置状态统计，其任务是有效地记录和报告管理配置所需要的信息，目的是及时、准确地给出配置项的当前状况，供相关人员了解，以加强配置管理工作。

参考题型

● 某软件企业为了及时、准确地获得某软件产品配置项的当前状态，了解软件开发活动的进展状况，要求项目组出具配置状态报告，该报告内容应包括　（6）　。

①各变更请求概要：变更请求号、申请日期、申请人、状态、发布版本、变更结束日期
②基线库状态：库标识、至某日预计库内配置项数、实际配置项数、与前版本差异描述
③发布信息：发布版本、计划发布时间、实际发布时间、说明
④备份信息：备份日期、介质、备份存放位置
⑤配置管理工具状态
⑥设备故障信息：故障编号、设备编号、申请日期、申请人、故障描述、状态

（6）A．①②③⑤　　B．②③④⑥　　C．①②③④　　D．②③④⑤

■ **攻克要塞-试题分析**　本题考核配置状态报告的内容，解题方法：首先确定选项①是配置

状态报告的内容，选项B、D排除；然后比较选项A、C的区别在于选项④、⑤；其中选项④应属于数据安全（备份）方面的内容，选项⑤属于配置项范畴，所以排除A。

■ 参考答案 C

知识点：配置审计

知识点综述

（1）功能配置审计：功能配置审计是指审计配置项的一致性（配置项的实际功效是否与其需求一致），具体验证以下几个方面：配置项的开发已圆满完成；配置项已达到配置标识中规定的性能和功能特征；配置项的操作和支持文档已完成并且是符合要求的。

（2）物理配置审计：物理配置审计是指审计配置项的完整性（配置项的物理存在是否与预期一致），具体包括以下两个方面的验证：要交付的配置项是否存在；配置项中是否包含了所有必需的项目。

参考题型

【考核方式 1】考核两种配置审计方式：功能审计、物理审计。

● 关于配置管理，不正确的是___（7）___。

（7）A．配置管理计划制定时需了解组织结构环境和组织单元之间的联系
B．配置标识包含识别配置项，并为其建立基线等内容
C．配置状态报告应着重反映当前基线配置项的状态
D．功能配置审计是审计配置项的完整性，验证所交付的配置项是否存在

■ 攻克要塞-试题分析 选项D描述的物理配置审计，物理配置审计是审计配置项的完整性，而功能配置审计是审计配置项的一致性。

■ 参考答案 D

知识点：发布管理和交付

知识点综述

发布管理和交付活动的主要任务是：有效控制软件产品和文档的发行和交付，在软件产品的生存期内妥善保存代码和文档的母拷贝。

具体包含5项主要任务：存储；复制；打包；交付；重建。

知识点：变更管理

知识点综述

本节知识点来源于教程第16章。涉及的知识点包括：变更的内容；变更的分类；变更管理的角色职责与流程。

参考题型

【考核方式 1】识记题。考核变更的流程图。

● 下面是变更控制管理流程图，该流程图缺少___（8）___。

（8）A．评估影响记录　　　　　　　　　B．配置审计
　　C．变更定义　　　　　　　　　　　D．记录变更实施情况

■ 攻克要塞-试题分析　变更管理的一般工作程序如下：提出变更申请；变更影响分析；CCB 审查批准；实施变更；监控变更实施，记录变更实施情况；结束变更。

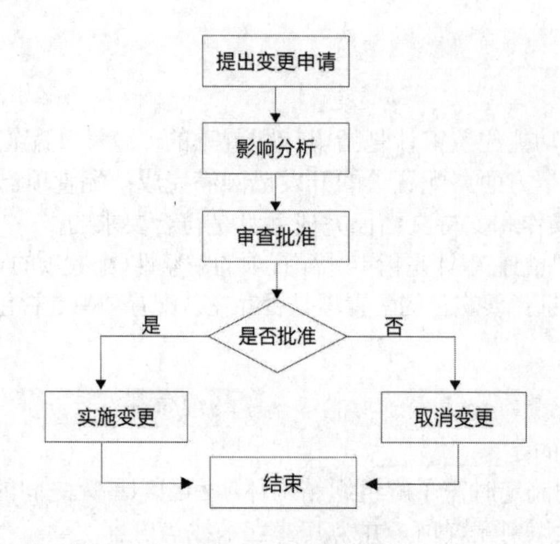

本流程图中缺少“监控变更实施，记录变更实施情况”。

■ 参考答案　D

知识点：配置库

知识点综述

“配置库”的知识点属于配置项标识。

对于配置库来说，要掌握三种分类以及三种库的适用场景，同时要求掌握三种不同的配置库的命名方式，比如开发库又称动态库。一般在考核过程中，可能不直接考核标准名称，而采用其他的名称。

此外，配置库的建库模式也是考核的要点之一。

如图 12-4 所示为配置项标识知识点图谱。

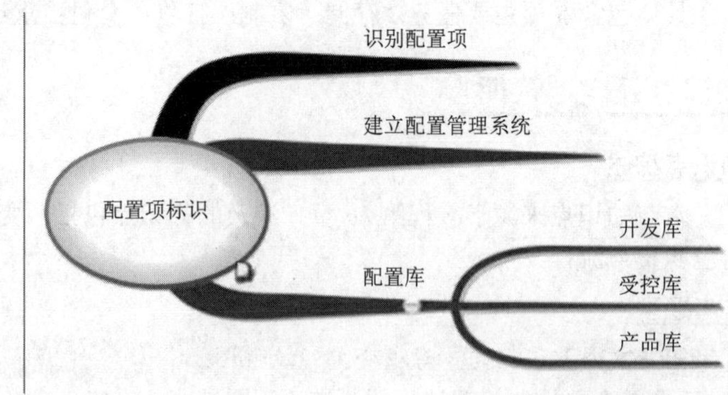

图 12-4　配置项标识

参考题型

【考核方式 1】识记题。考核配置库的组成。

● 配置库通常由＿（9）＿组成。

（9）A．动态库、静态库和产品库　　B．开发库、备份库和产品库
　　C．动态库、主库和产品库　　D．主库、受控库和产品库

■ 攻克要塞-试题分析　本题考核配置库的组成，关键点在于区分库的命名方式。

动态库（开发库）：包含正在创建或修改的配置元素，它们是开发者的工作空间，受开发者控制。动态库中的配置项处于版本控制之下。

主库（受控库）：包含基线和对基线的更改。主库中的配置项被置于完全的配置管理之下。

静态库（备份库或产品库）：包含备用的各种基线的档案。静态库被置于完全的配置管理之下。

■ 参考答案　C

【考核方式 2】考核对三种配置库的应用环境的理解。

● 信息系统项目完成后，最终产品或项目成果应置于＿（10）＿内，当需要在此基础上进行后续开发时，应将其转移到＿（11）＿后进行。

（10）A．开发库　B．服务器　C．受控库　D．产品库
（11）A．开发库　B．服务器　C．受控库　D．产品库

■ 攻克要塞-试题分析　配置库有三种：开发库、受控库、产品库。

信息系统项目完成后，最终产品或项目成果应置于产品库内，当需要在此基础上进行后续开发时，应将其转移到受控库后进行。

■ 参考答案　（10）D　（11）C

【考核方式 3】配置库建库的模式及建立配置库的工具。

● 配置库的建库模式有多种，在产品继承性较强，工具比较统一，采用并行开发的组织，一般会按＿（12）＿建立配置库。

（12）A．开发任务　B．客户群　C．配置项类型　D．时间

■ 攻克要塞-试题分析　本题考核配置库建库的模式，建库的模式有两种，按配置项类型建库和按任务建库。

按配置项的类型分类建库适用于通用软件的开发组织。在这样的组织内，产品的继承性往往较强，工具比较统一，对并行开发有一定的需求。使用这样的库结构有利于对配置项的统一管理和控制，同时也能提高编译和发布的效率。但由于这样的库结构并不是面向各个开发团队的开发任务的，所以可能会造成开发人员的工作目录结构过于复杂，带来一些不必要的麻烦。

按开发任务建立相应的配置库，适用于专业软件的开发组织。在这样的组织内，使用的开发工具种类繁多，开发模式以线性发展为主，所以就没有必要把配置项严格地分类存储，人为增加目录的复杂性。对于研发性的软件组织来说，采用这种设置策略比较灵活。

■ 参考答案　C

[辅导专家提示]　配置库建库的模式曾作为案例题型进行考核。可以用 VSS、CVS、SVN 等工具建立配置库。

知识点：配置识别

知识点综述

配置识别是配置管理的一个要素，包括选择一个系统的配置项和在技术文档中记录配置项的功能和物理特性。

配置项识别是配置管理活动的基础，也是制定配置管理计划的重要内容。

参考题型

【考核方式 1】考核配置识别的内容。

- 配置识别是配置管理的一项活动，包括选择一个系统的配置项和在技术文档中记录配置项的功能和物理特性。其功能不包括__（13）__。

（13）A．识别需要受控的软件配置项
B．建立和控制基线
C．识别组件、数据及产品获取点和准则
D．识别源程序

■ **攻克要塞-试题分析** 配置识别是配置管理员的职能，包括如下内容：识别需要受控的软件配置项；给每个产品和它的组件及相关的文档分配唯一的标识；定义每个配置项的重要特征以及识别其所有者；识别组件、数据及产品获取点和准则；建立和控制基线；维护文档和组件的修订与产品版本之间的关系。

■ **参考答案** D

知识点：版本管理

知识点综述

配置项的版本控制作用于多个配置管理活动之中，如创建配置项、配置项的变更和配置项的评审等。在项目开发过程中，绝大部分的配置项都要经过多次的修改才能最终确定下来，对配置项的任何修改都将产生新的版本。

版本管理的考点主要集中在配置项状态（草稿、正式、修改）变迁的规则以及版本号的命名规则，如图 12-5 所示为版本控制知识点图谱。

图 12-5　版本控制

参考题型

【考核方式 1】考核版本号的命名规则，要求能够应用命名规则来判断版本的状态。

● 某个配置项的版本由 1.11 变为 1.12，按照配置版本号规则，表明＿（14）＿。

（14）A. 目前配置项处于正在修改状态，配置项版本升级幅度较大
B. 目前配置项处于正在修改状态，配置项版本升级幅度较小
C. 目前配置项处于正式发布状态，配置项版本升级幅度较大
D. 目前配置项处于正式发布状态，配置项版本升级幅度较小

■ 攻克要塞-试题分析 根据版本号的命名规则，版本号 X.YZ = 1.12。Z 值不为 0，则处于修改状态，同时升级幅度较小。

■ 参考答案 B

[辅导专家提示] 处于草稿状态的配置项的版本号格式为 0.YZ，其中 Y、Z 的取值范围为 01～99。随着草稿的不断完善，Y、Z 的取值应递增，Y、Z 的初值和增幅由开发者自己把握。

处于正式发布状态的配置项的版本号格式为 X.Y，其中 X 为主版本号，取值范围为 1～9，Y 为次版本号，取值范围为 1～9。配置项第一次正式发布时，版本号为 1.0。

如果配置项的版本升级幅度比较小，一般只增大 Y 值，X 值保持不变。只有当配置项版本升级幅度比较大时，才允许增大 X 值。

处于正在修改状态的配置项的版本号格式为 X.YZ。在修改配置项时，一般只增大 Z 值，X、Y 值保持不变。

【考核方式 2】考核配置项状态变迁规则。

● 配置项的状态可以分为“草稿”“正式”和“修改”三种。以下关于三种状态变化的叙述中，＿（15）＿是正确的。

（15）A.“草稿”经过修改未通过评审时，状态为“修改”
B.“草稿”经过修改未通过评审时，状态仍为“草稿”
C.“草稿”经过修改通过评审时，状态为“修改”
D.“正式”的配置项发生变更，状态变为“草稿”

■ 攻克要塞-试题分析 配置项的状态可以分为草稿、正式和修改三种。配置项刚刚建立时，其状态为“草稿”；配置项通过评审后，其状态变为“正式”；此后若更改配置项，则其状态变为“修改”；当配置项修改完毕并重新通过评审时，其状态又变为“正式”。

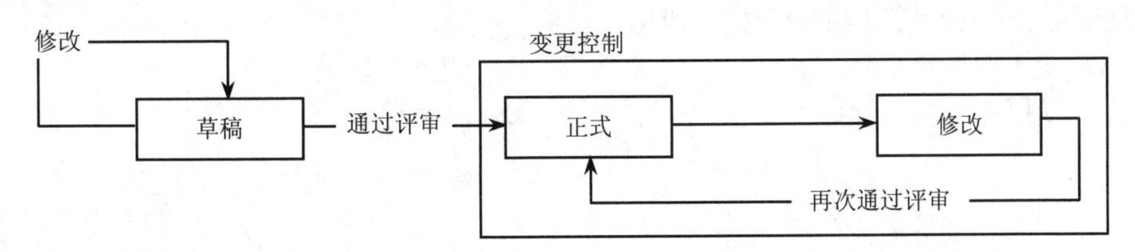

■ 参考答案 B

课堂练习

● 在信息系统开发的某个阶段工作结束时，应将工作产品及有关信息存入配置库的＿（1）＿。

（1）A．受控库　　B．开发库　　C．产品库　　D．知识库

● ___（2）___不是创建基线或发行基线的主要步骤。

（2）A．获得CCB的授权　　B．确定基线配置项
C．形成文件　　D．建立配置管理系统

● 以下关于基线和配置项的叙述中，不正确的是___（3）___。

（3）A．所有配置项的操作权限应由变更管理委员会严格管理
B．基线配置项向软件开发人员开放读取的权限
C．非基线配置项可能包含项目的各类计划和报告等
D．每个配置项的基线都要纳入配置控制，对这些基线的更新只能采用正式的变更管理过程

● 配置项的状态可分为“草稿”“正式”和“修改”三种。以下关于配置项状态的叙述中，不正确的是___（4）___。

（4）A．配置项处于“草稿”状态时，版本号格式为0.YZ
B．配置项第一次成为“正式”文件时，版本号为1.0
C．配置项处于“修改”状态时，版本号应改回0.YZ
D．对于配置项的任何版本都应该保存，不能抛弃旧版本

● 配置识别是配置管理的一项活动，包括选择一个系统的配置项和在技术文档中记录配置项的功能和物理特性。其功能不包括___（5）___。

（5）A．识别需受控的软件配置项　　B．建立和控制基线
C．识别组件、数据及产品获取点和准则　　D．识别源程序

● 关于配置库的描述，不正确的是___（6）___。

（6）A．开发库用于保存开发人员当前正在开发的配置项
B．受控库包含当前的基线及对基线的变更
C．产品库包含已发布使用的各种基线
D．开发库是开发人员的个人工作区，由配置管理员控制

● 关于软件配置管理的描述，不正确的是___（7）___。

（7）A．配置控制委员会成员必须是专职人员
B．配置库包括动态库（开发库），受控库（主库）、静态库（产品库）
C．常用的配置管理工具有SVN、GIT等
D．配置项的状态分为草稿、正式和修改三种

● 在项目变更管理中，变更影响分析一般由___（8）___负责。

（8）A．变更申请提出者　　B．变更管理员
C．变更控制委员会　　D．项目经理

第二篇 综合知识篇

【综述】

综合知识篇的内容主要是非项目管理方面的知识，这部分知识包含的内容较多较杂，包括专业技术知识（软件、网络、信息安全）、法律法规和标准化、信息化基础、信息系统集成与服务管理、新技术、专业英语等。

这部分内容对应考者的知识储备提出了挑战。少有考生能够精通全部的知识领域，尤其是部分非专业出身的考生，一直从事管理工作，没有一线经验，这部分内容往往成为其考试的“夺命锏”。

在此部分内容的应试上，由于其考核主要集中在上午卷选择题部分，而且其考核的知识点往往有规律可循，因此，我们建议采用以典型题目带动对知识点的了解，足以应付考试。同时，部分知识点的考核往往涉及教材中的原文，因此，通过做题带动知识点复习的过程中，建议考生阅读官方教材。

13

法律法规和标准化

知识点图谱与考点分析

法律法规和标准化所涉及的知识点较多，包括三大部分：法律法规、标准规范、知识产权。

从涉及的法律法规角度来看，包括《合同法》《招投标法》《政府采购法》《著作权法》《计算机软件保护条例》《专利法》《商标法》、标准化基础知识、软件工程标准等。

从试题考点分布的角度来看，考核点包括保护期限、知识产权人的确定、侵权判断及法规所适用的环境，如图 13-1 所示为法律法规与标准化知识点图谱。

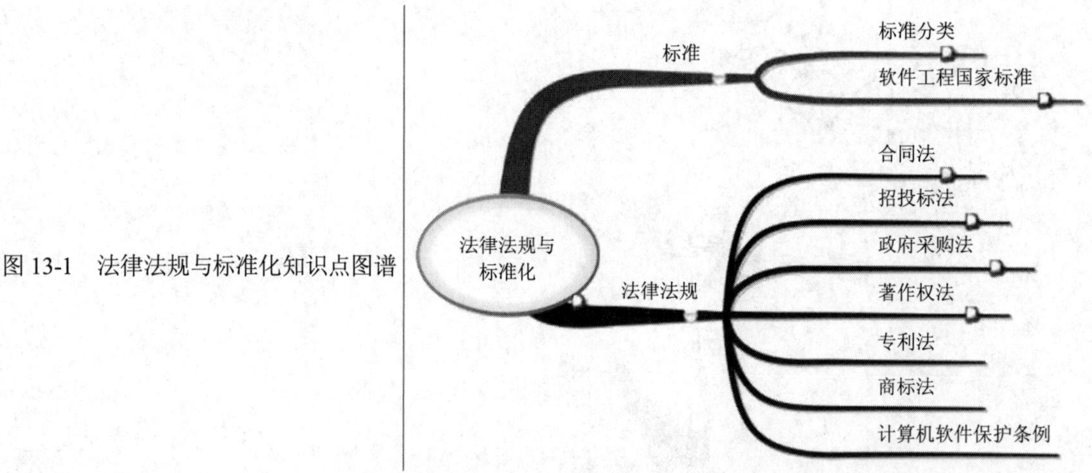

图 13-1　法律法规与标准化知识点图谱

对于标准化部分的知识点，除了标准化的基础知识外，其主要以软件工程国家标准的考核为主，几乎每年均有题目。软件工程所涉及的国家标准较多，且目前在考核上倾向于考核标准中的具体条文。

知识点：标准

标准分类知识点综述

标准是对重复性事务和概念所作的统一规定，它以科学、技术和实践经验的综合成果为基础，经有关方面协商一致，由主管机构批准，以特定形式发布，作为共同遵守的准则和依据。一般以文件形式发布和存在。

在本知识点中，要求了解标准的分类层次以及标准代号的含义，如图 13-2 所示为标准分类知识点图谱。实际考核中，本知识点的考核上更多侧重在软件工程、信息安全相关的标准。

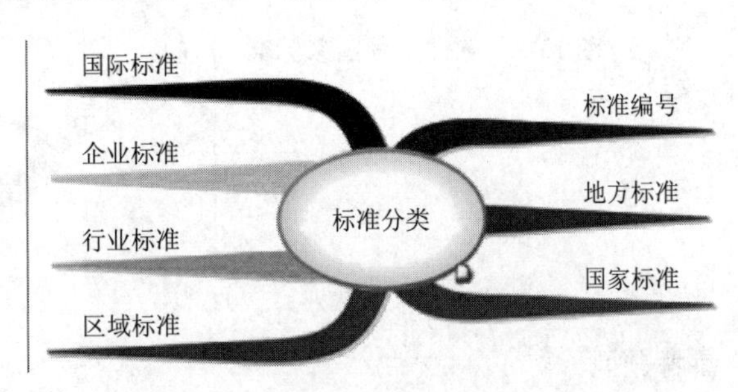

图 13-2　标准分类

《中华人民共和国标准化法》将标准分为 4 个层次：国家标准、行业标准、地方标准和企业标准。

参考题型

【考核方式 1】考核标准的代号。

● ＿（1）＿为推荐性地方标准的代号。

（1）A．SJ/T　　B．Q/T11　　C．GB/T　　D．DB11/T

■ 攻克要塞-试题分析　我国国家标准代号：强制性标准代号为 GB. 推荐性标准代号为 GB/T、指导性标准代号为 GB/Z、实物标准代号为 GSB。

行业标准代号：由汉语拼音大写字母组成（如电力行业为 DL）。

地方标准代号：由 DB 加上省级行政区划分代码的前两位。

企业标准代号：由 Q 加上企业代号组成。

本题中，A 选项是电子行业标准代号，B 选项是企业标准代号，C 选项是国家推荐性标准代号。

■ 参考答案　D

[辅导专家提示]　国内的标准命名大部分以拼音首字母开头，所以在判断过程中可以根据拼音进行判断，如 DB 是“地标”的拼音。

软件工程标准知识点综述

软件工程系列标准属于近年来考核的热点，基本上属于必考知识点，从考核趋势来看，从考核分类和概念性的内容深入到考核对标准条文的识记和理解。

所涉及的主要标准包括： 软件文档管理指南 GB/T－16680；软件工程产品质量 GB/T－16260；计算机软件质量保证计划规范 GB/T 12504－1990；GB/T 14393 计算机软件可靠性和可维护性；中华人民共和国标准 GB 1526－1989；计算机软件需求说明编制指南 GB/T 9385－1988；软件工程术语 GB/T11457－2006；计算机软件产品开发文件编制指南；CMMI。

近几年考核较多的标准有《软件文档管理指南 GB/T 16680－1996》《信息技术 软件产品评价质量特性及其使用指南 GB/T 16260－2002》《软件生存周期过程 GB/T 8566－2001》《计算机软件产品开发文件编制指南》，如图 13-3 所示。

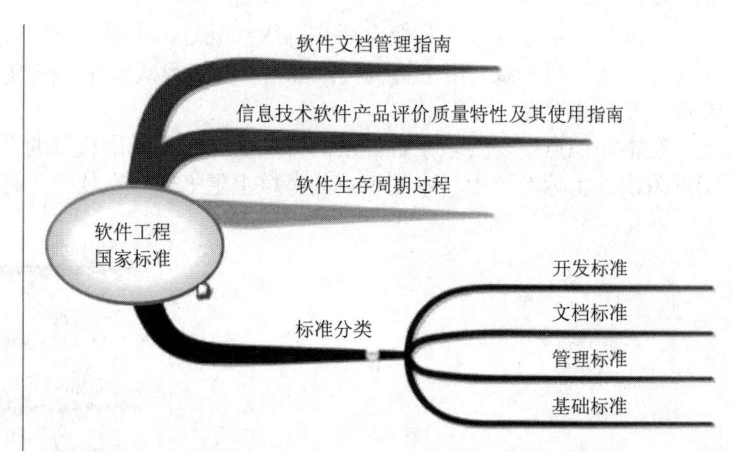

图 13-3　软件工程国家标准

参考题型

【考核方式 1】识记题。考核常见的文档标准的分类。

● 根据《软件文档管理指南 GB/T 16680—1996》，软件文档包括＿（2）＿等。

（2）A．启动文档、计划文档、实施文档和收尾文档
　　B．开发文档、支持文档和管理文档
　　C．开发文档、产品文档和管理文档
　　D．开发文档、技术文档和管理文档

■ 攻克要塞-试题分析　本题考核软件工程标准分类中的文档标准，是简单的识记性的考题。《软件文档管理指南 GB/T 16680－1996》是文档标准中经常考核的标准之一。根据该标准，软件文档包括开发文档、产品文档（用户文档）和管理文档三大类。

■ 参考答案　C

[辅导专家提示]

开发文档：为开发工作提供支持的各种文档，其读者群主要针对开发人员。其中主要包括软件需求规格说明书、数据需求规格说明书、概要设计说明书、详细设计说明书、项目开发计划等。

产品文档：向用户传达各种与开发相关、与产品相关的信息，其读者群主要针对最终用户。其中主要包括用户手册、操作手册、维护修改建议书等。

管理文档：为项目的开发管理提供支持的各种文档，其读者群主要针对管理人员。其中主要包括可行性研究报告、项目开发计划、测试计划、技术报告、开发进度记录、项目开发总结报告等。

【考核方式 2】考核常见的文档标准中的具体内容。

● 根据《软件文档管理指南 GB/T 16680-1996》，＿（3）＿不属于基本的开发文档。

（3）A．可行性研究和项目任务书　　B．培训手册
　　C．需求规格说明书　　D．开发计划

■ 攻克要塞-试题分析　基本的开发文档有可行性研究和项目任务书、需求规格说明书、功

能规格说明书、设计规格说明书（包括程序和数据规格说明书）、开发计划、软件集成和测试计划、质量保证计划（标准和进度）、安全和测试信息；基本的产品文档有培训手册、参考手册和用户指南、软件支持手册、产品手册和信息广告；基本的管理文档按照GB 8567—2006进行处理。

■ 参考答案 B

[辅导专家提示] 本题在上一题的基础上做了更进一步的考核。

《计算机软件产品开发文件编制指南 GB 8567—2006》规定，管理人员使用的文档有可行性研究报告、项目开发计划、模块开发卷宗、开发进度月报、项目开发总结报告；开发人员使用的文档有可行性研究报告、项目开发计划、软件需求说明书、数据要求说明书、概要设计说明书、详细设计说明书、数据库设计说明书、测试计划、测试分析报告；维护人员使用的文档有设计说明书、测试分析报告、模块开发卷宗；用户使用的文档有用户手册、操作手册。

【考核方式3】考核具体的条文，识记性强。一般考生很难仔细去研究文档的内容。

- 根据《信息技术 软件产品评价 质量特性及其使用指南GB/T 16260-2002》的定义，__(4)__不属于质量的功能性子特性。

（4）A．适合性　　B．准确性　　C．互用性　　D．适应性

■ 攻克要塞-试题分析 《信息技术 软件产品评价 质量特性及其使用指南GB/T 16260-2002》定义了6个质量特性和21个质量子特性，它们以最小的重叠描述了软件质量。

功能性：适合性、准确性、互用性、依从性、安全性。

可靠性：成熟性、容错性、可恢复性。

可用性：理解性、易学性、可操作性。

效率：时间特性、资源特性。

可维护性：可分析性、可修改性、稳定性、可测试性。

可移植性：适应性、易安装性、一致性、可替换性。

■ 参考答案 D

[辅导专家提示] 该标准中共有21个子特性。考核的灵活性极大。目前该标准GB/T 16260-2002在新版教材中更新为GB/T 16260-2006。本标准考核频率较高。

【考核方式4】考核CMMI的内容，包括CMMI的表示法和关键过程域。

- CMMI的连续式表示法与阶段式表示法分别表示__(5)__。

（5）A．项目的成熟度和组织的过程能力　　B．组织的过程能力和组织的成熟度
　　C．项目的成熟度和项目的过程能力　　D．项目的过程能力和组织的成熟度

■ 攻克要塞-试题分析 本题考点CMMI是教程改版后新增的知识点，考核CMMI的两种表示法。

CMMI支持两种级别的改进路径。一条路径使组织能够逐步改进其选定的单个过程域（或一组过程域）所对应的过程。另一条路径使组织能够以增量方式应对层次相继的过程域集合来改进相关的过程集。

这两种改进路径与两种级别相关联：能力等级与成熟度级别。这些级别对应两种过程改进方法，称作“表示法”。这两种表示法被称为“连续式”与“阶段式”。

使用连续式表示法能够达成“能力等级”。使用阶段式表示法能够达成“成熟度级别”。

■ 参考答案 B

● 需求管理（REQM）属于 CMMI 的___（6）___过程域。

（6）A. 项目管理类　　B. 过程管理类　　C. 工程类　　D. 支持类

■ 攻克要塞-试题分析　CMMI 过程域可分为 4 类，包括项目管理、过程管理、工程和支持。

要解决此题就要了解 ABCD 选项的具体内涵。CMMI 中的七个项目管理类过程域为：集成项目管理（IPM）；项目监督与控制（PMC）；项目计划（PP）；量化项目管理（QPM）；需求管理（REQM）；风险管理（RSKM）；供方协议管理（SAM）。

■ 参考答案　A

[辅导专家提示]　CMMI 的考核主要包括两部分：CMMI 过程域，要求考生对每个成熟度级别中的主要过程域了解；CMMI 表示法，了解连续性和阶段性的表示方法。

知识点：法律法规

法律法规部分涉及《招投标法》《政府采购法》《合同法》《著作权法》《计算机软件保护条例》等，其中，招投标法考核频率最高。

除此之外，还需要关注知识产权的相关知识。

招投标法知识点综述

招投标法属于考核频率最高的知识点之一，图 13-4 为招投标法知识点图谱。

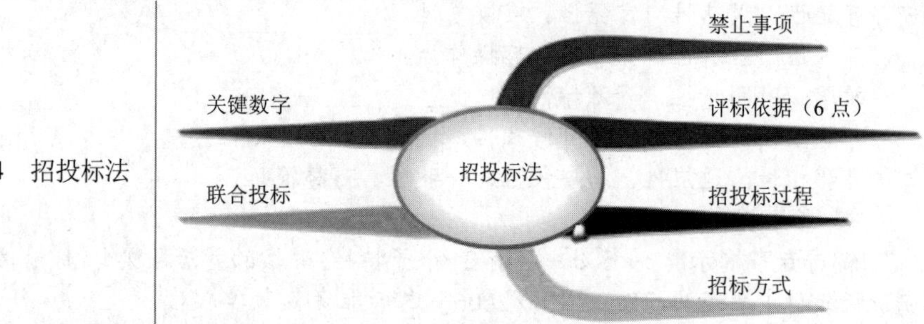

图 13-4　招投标法

招投标法全称为《中华人民共和国招投标法》，该法涉及的考核知识点主要有：

招标方法：招标方式的区分（公开招标和邀请招标）。

招投标过程：招投标的过程（招标、投标、开标、评标、中标）。

评标依据：评标的依据。

禁止事项：招投标过程中的一些主要禁止事项（低于成本价投标、串通报价等）。

相关原则：联合投标的问题（“资质从低认证”的原则）。

相关数字：招投标过程中所涉及的一些关键数字（30、20、15、5、2/3、5%等）。

要求考生对以上内容非常熟悉。

参考题型

【考核方式 1】考核招投标过程中所涉及的关键数字。

● 根据有关法律，招标人与中标人应当自中标通知发出之日___（7）___天内，按招标文件和中标人的投标文件订立书面合同。

（7）A. 15　　　B. 20　　　C. 30　　　D. 45

■ 攻克要塞-试题分析　考核数字。按照招投标法规定，招标人与中标人应当自中标通知书发出之日30天内，按招标文件和中标人的投标文件订立书面合同。

■ 参考答案　C

[辅导专家提示]　招投标过程中所涉及的一些关键数字有：

30天：中标通知书发出30天内，订立合同。

20天：招标文件要提前20天发布。

15天：如果要修改招标文件的内容，需要提前15天。

5天：资格预审文件或者招标文件发售期不得少于5天。

2/3：评委中要有2/3的技术和经济方面的专家。

2%：投标保证金不得超过招标项目估算价的2%。

【考核方式2】考核招投标过程中评标的原则。

- 某单位要对一个网络集成项目进行招标，由于现场答辩环节没有一个定量的标准，相关负责人在制定该项评分细则时规定本项满分为10分，但是评委的打分不得低于5分。这一规定反映了制定招标评分标准时＿（8）＿。

（8）A. 以客观事实为依据　　　B. 得分应能明显分出高低
　　C. 严格控制自由裁量权　　　D. 评分标准应便于评审

■ 攻克要塞-试题分析　严格控制自由裁量权是指在评分细则中应尽可能少地出现"由评委根据某情况酌情打分"的字样，对那些确实不好用客观依据量化、细化的评分因素，也应将评委的自由裁量权控制在最小范围内，如技术方案、现场答辩、现场测试效果等确实无法描述的评分因素，评分细则应设定该因素的最低得分值，且最低得分不得少于该因素满分值的50%。

■ 参考答案　C

【考核方式3】考核对具体条款的理解。

- 下列关于投标与签订合同的有关叙述，表达最准确的是＿（9）＿。

（9）A. 两个以上法人或其他组织可以组成联合体，以多个投标人的身份参加投标
　　B. 投标方可对招标文件"招标设备一览表"中所列的一项或几项设备投标，特殊情况下可将其一项中的内容拆开投标
　　C. 中标人的投标应能满足招标文件的实质性要求，并且经评审价格最低
　　D. 合同谈判的方法一般是先谈技术条款，后谈商务条款

■ 攻克要塞-试题分析　A选项只能以一个投标人身份投标；B选项和C选项都违背了招投标的原则，B选项需要经过招标方同意，C选项中，招标时根据评标原则来确定中标人，而不仅仅是价格。

■ 参考答案　D

[辅导专家提示]　招投标法的知识点几乎属于必考题，从本考试开考以来，每次考试都没落下，基本分值为1～2分。因此，对于此类知识点，考生可以阅读历年题目。

政府采购法知识点综述

政府采购法全称为《中华人民共和国政府采购法》，以立法的方式强制规定了有关政府采购的

相关活动，该法明确了政府采购当事人、政府采购方式、政府采购程序、政府采购合同、质疑与投诉、监督检查以及法律责任。

在该知识点中，需重点掌握几种主要的政府采购方式的适用环境，图 13-5 为政府采购法知识点图谱。

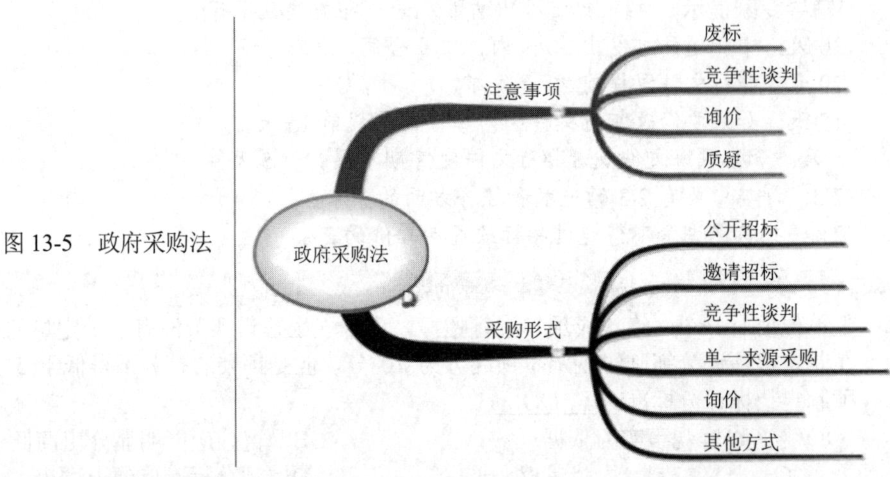

图 13-5 政府采购法

参考题型

【考核方式 1】考核概念，要求考生熟悉政府采购法中的采购方式。

● 下列有关《中华人民共和国政府采购法》的叙述中，错误的是__（10）__。

（10）A．政府采购可以采用公开招标方式

B．政府采购可以采用邀请招标方式

C．政府采购可以采用竞争性谈判方式

D．公开招标应作为政府采购的主要采购方式，政府采购不可从单一来源采购

■ 攻克要塞-试题分析 本题考查《中华人民共和国政府采购法》。根据政府采购法的条款第二十六条，政府采购可采用的方式有：公开招标；邀请招标；竞争性谈判；单一来源采购；询价；国务院政府采用监督管理部门认定的其他采购方式。

公开招标应作为政府采购的主要采购方式。

■ 参考答案 D

[辅导专家提示] 《政府采购法》中常见条款：

第二十七条：采购人采购货物或服务应当采用公开招标的方式，其具体数额标准，属于中央预算的政府采购项目，由国务院规定；属于地方预算的政府采购项目，由省、自治区、直辖市人民政府规定；因特殊情况需要采用公开招标以外的采购方式的，应当在采购活动开始前获得设区的市、自治州以上人民政府采购监督管理部门的批准。

第二十八条：采购人不得将应当以公开招标方式采购的货物或服务化整为零或以其他任何方式规避公开招标采购。

【考核方式 2】考核应用，要求考生掌握政府采购法中主要采购方式的适用环境。

● 根据《中华人民共和国政府采购法》的规定，当__（11）__时不采用竞争性谈判方式采购。

（11）A．技术复杂或性质特殊，不能确定详细规格或具体要求
B．采用招标所需时间不能满足用户紧急需要
C．发生了不可预见的紧急情况，不能从其他供应商处采购
D．不能事先计算出价格总额

■ **攻克要塞-试题分析** 根据政府采购法第三十条规定，符合下列情形之一的货物或服务，可以依照本法采用竞争性谈判方式采购：招标后没有供应商投标或者没有合格标的或者重新招标未能成立的；技术复杂或者性质特殊，不能确定详细规格或具体要求的；采用招标所需时间不能满足用户紧急需要的；不能事先计算出价格总额的。

■ **参考答案** C

[辅导专家提示] 对于政府采购法，要弄清楚每种采购方式所适用的场景，如表 13-1 所示。

表 13-1 政府采购方式及适用场景

政府采购方式	适用场景
邀请招标	具有特殊性，只能从有限范围的供应商处采购的 采用公开招标方式的费用占政府采购项目总价值的比例过大的
竞争性谈判	招标后没有供应商投标或者没有合格标的或者重新招标未能成立的 技术复杂或者性质特殊，不能确定详细规格或具体要求的 采用招标所需时间不能满足用户紧急需要的 不能事先计算出价格总额的
单一来源采购	只能从唯一供应商处采购的 发生了不可预见的紧急情况，不能从其他供应商处采购的 必须保证原有采购项目一致性或者服务配套的要求，需要继续从原供应商处添购，且添购资金总额不超过原合同采购金额百分之十（10%）的
询价方式	采购的货物规格、标准统一、现货货源充足且价格变化幅度小的政府采购项目

此外，还需要重点注意的是，该知识点在下午卷案例分析中出现，根据其考核趋势来看，大部分情形都集中在考核竞争性谈判和单一来源采购，尤其注意单一来源采购中“不超过原合同金额10%”的条款。

合同法知识点综述

合同是平等主体的自然人、法人、其他组织之间设立、变更、终止民事权利义务关系的协议。合同法规范了合同的订立、效力、履行、变更和转让、权利义务终止、违约责任的法律。合同管理包括合同签订管理、合同履行管理、合同变更管理以及合同档案管理。

如图 13-6 所示为合同法知识点图谱。

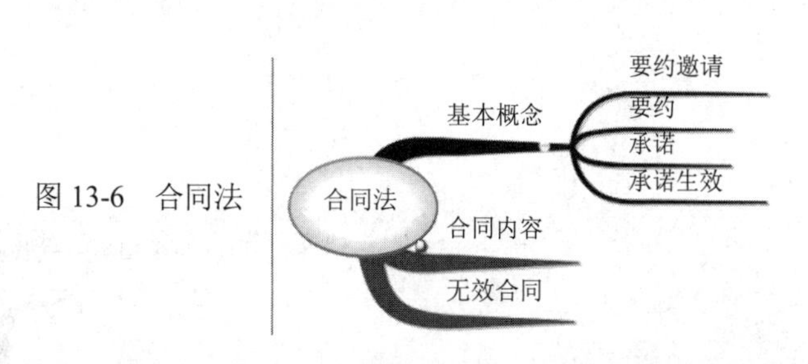

图 13-6 合同法

参考题型

【考核方式 1】考核合同法中的基本概念。

- 在建设工程合同的订立过程中，投标人根据招标内容在约定期限内向招标人提交的投标文件为___(12)___。

（12）A．要约邀请　　B．要约　　C．承诺　　D．承诺生效

■ 攻克要塞-试题分析　根据《中华人民共和国合同法》，要约是希望和他人订立合同的意思表示；要约邀请是希望他人向自己发出要约的意思表示。寄送的价目表、拍卖公告、招标公告、招股说明书、商业广告等为要约邀请。商业广告的内容符合要约规定的，视为要约；承诺是受要约人同意要约的意思表示；承诺生效时合同成立。

根据以上定义，在合同的订立过程中，招标人所发布的招标公告是一种要约邀请；投标人根据招标内容在约定期限内向招标人提交的投标文件可以看作是一种要约。

■ 参考答案　B

【考核方式 2】考核合同管理的内容和合同的主要内容（具体条款）。

- 合同内容是当事人订立合同时的各项合同条款。合同的主要内容包括___(13)___。

①当事人各自的权利、义务　②项目费用及工程款的支付方式
③项目变更约定　④违约责任　⑤保密约定

（13）A．①②④　　B．①②③④⑤　　C．①②③⑤　　D．②③④

■ 参考答案　B

【考核方式 3】无效合同的判断。

- 当___(14)___时，合同可能认定为无效。

（14）A．合同甲乙双方损害了社会共同利益　　B．合同标的规格约定不清
C．合同中缺少违约条款　　D．合同中包括对人身伤害的免责条款

■ 攻克要塞-试题分析　根据《中华人民共和国合同法》第五十二条，有下列情形之一的，合同无效：一方以欺诈、胁迫的手段订立合同，损害国家利益；恶意串通，损害国家、集体或第三人利益；以合法形式掩盖非法目的；损害社会公共利益；违反法律、行政法规的强制性规定。

■ 参考答案　A

著作权法知识点综述

著作权法属于知识产权体系。根据我国民法通则，知识产权是指公民、法人、非法人单位对自己的创造性智力成果和其他科技成果依法享有的民事权。

本知识点主要掌握对基本概念的理解以及侵权的判定，如图 13-7 所示为著作权法知识点图谱。

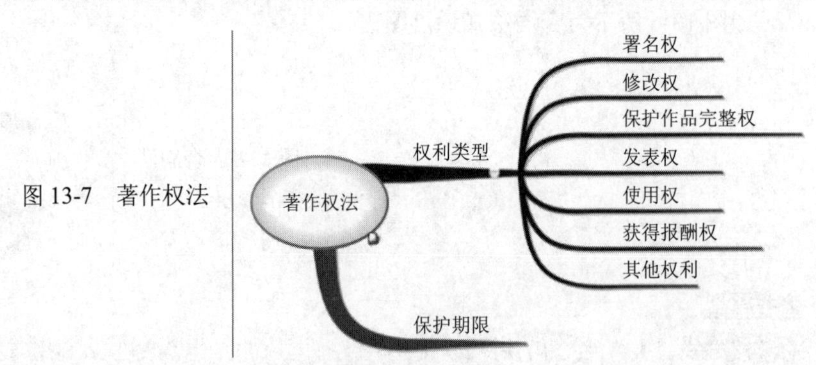

图 13-7　著作权法

参考题型

【考核方式 1】识记题。考核著作权法中的基本概念。

● 在我国著作权法中，＿（15）＿是指同一概念。

（15）A．出版权与版权 B．著作权与版权 C．作者权与专有权 D．发行权与版权

■ **攻克要塞-试题分析** 根据《中华人民共和国著作权法》第五十六条规定："本法所称的著作权即版权"。

■ **参考答案** B

[辅导专家提示] 著作权法包括署名权、修改权、保护作品完整权、发表权、使用权和获得报酬权等，建议考生阅读官方教材了解这些权利所包含的大致内容。

【考核方式 2】识记题。考核保护期限。

● 根据知识产权法的有关规定，下列选项中正确的说法是＿（16）＿。

（16）A．专利权、商业秘密权和商标权均有法定保护期限

B．专利权、商标权有法定保护期限，商业秘密权无法定保护期限

C．专利权、商业秘密权和商标权均无法定保护期限

D．专利权、商业秘密权无法定保护期限，商标权有法定保护期限

■ **攻克要塞-试题分析** B 选项，专利权保护期限为 20 年，商标权保护期限为 10 年，商业秘密权不确定，公开后公众可用。

■ **参考答案** B

● 根据著作权法规定，当著作权属于公民时，著作权人署名权的保护期为＿（17）＿。

（17）A．永久 B．100 年 C．50 年 D．20 年

■ **攻克要塞-试题分析** 本题考核《著作权法》，考核保护期限。

著作权属于公民。署名权、修改权、保护作品完整权的保护期没有任何限制，永远受法律保护；发表权、使用权和获得报酬权的保护期为作者终生及其死亡后的 50 年（第 50 年的 12 月 31 日）。作者死亡后，著作权依照继承法进行转移。

■ **参考答案** A

[辅导专家提示] 主要知识产权保护期限总结如表 13-2 所示。

表 13-2 主要知识产权保护期限总结

客体类型	权利类型	保护期限
公民作品	署名权、修改权、保护作品完整权	没有限制
	发表权、使用权和获得报酬权	作者终生及其死亡后的 50 年（第 50 年的 12 月 31 日）
单位作品	发表权、使用权和获得报酬权	50 年（首次发表后的第 50 年的 12 月 31 日），若其间未发表则不保护
公民软件产品	署名权、修改权	没有限制
	发表权、复制权、发行权、出租权、信息网络传播权、翻译权、使用许可权、获得报酬权、转让权	作者终生及其死亡后的 50 年（第 50 年的 12 月 31 日），合作开发以最后死亡作者为准
单位软件产品	发表权、复制权、发行权、出租权、信息网络传播权、翻译权、使用许可权、获得报酬权、转让权	50 年（首次发表后的第 50 年的 12 月 31 日），若其间未发表则不保护

续表

客体类型	权利类型	保护期限
注册商标		有效期为 10 年（若注册人死亡或倒闭 1 年后，未转移则可注销，期满前 6 个月内必须续注）
发明专利权		保护期为 20 年（从申请日开始）
实用新型和外观设计专利权		保护期为 10 年（从申请日开始）
商业秘密		不确定，公开后公众可用

计算机软件保护条例知识点综述

计算机软件保护条例知识点主要考核知识产权的归属、保护期限以及侵权的判定。

参考题型

【考核方式 1】考核保护期限。

- 自然人的计算机软件著作权的保护期为 （18） 。

（18）A．25 年　　B．50 年　　C．作者终生及死后 50 年　　D．不受限制

■ 攻克要塞-试题分析　自然人的计算机软件著作权的保护期自软件著作权产生之日起，截止于著作权人死亡后的第 50 年的 12 月 31 日（即著作权人终生及其死亡之后 50 年）。

■ 参考答案　C

【考核方式 2】应用题。考核知识产权归属的判断。

- 《计算机软件保护条例》规定：对于在委托开发软件活动中，委托者与受委托者没有签订书面协议，或者在协议中未对软件著作权归属作出明确的约定，其软件著作权归 （19） 。

（19）A．委托者所有　　B．受委托者所有　C．国家所有　　D．软件开发者所有

■ 攻克要塞-试题分析　《计算机软件保护条例》第十一条：接受他人委托开发的软件，其著作权的归属由委托人与受托人签订书面合同约定；无书面合同或者合同未作明确约定的，其著作权由受托人享有。

■ 参考答案　B

【考核方式 3】应用题。考核侵权的判定。

- 某软件设计师自行将他人使用 C 语言开发的控制程序转换为机器语言形式的控制程序，并固化在芯片中，该软件设计师的行为 （20） 。

（20）A．不构成侵权，因为新的控制程序与原控制程序使用的程序设计语言不同

B．不构成侵权，因为对原控制程序进行了转换与固化，其使用和表现形式不同

C．不构成侵权，将一种程序语言编写的源程序转换为另一种程序语言形式，属于一种“翻译”行为

D．构成侵权，因为他不享有原软件作品的著作权

■ 攻克要塞-试题分析　《计算机软件保护条例》第二条规定：本条例所称的计算机软件（以下简称软件），是指计算机程序**及其有关文档**。

《计算机软件保护条例》第三条规定：

本条例下列用语的含义如下：

（1）计算机程序：是指为了得到某种结果而可以由计算机等具有信息处理能力的装置执行的

代码化指令序列，或者可以被自动转换成代码化指令序列的符号化指令序列或符号化语句序列。**同一计算机程序的源程序和目标程序为同一作品**。

（2）文档：是指用来描述程序的内容、组成、设计、功能规格、开发情况、测试结果及使用方法的文字资料和图表等，如程序设计说明书、流程图、用户手册等。

（3）软件开发者：是指实际组织开发、直接进行开发，并对开发完成的软件承担责任的法人或其他组织；或者依靠自己具有的条件独立完成软件开发，并对软件承担责任的自然人。

（4）软件著作权人：是指依照本条例的规定，对软件享有著作权的自然人、法人或其他组织。

因此，用 C 语言开发的控制程序是受法律保护的，自行将他人的 C 语言程序转换为机器语言形式程序，并固化在芯片中，是一种侵权行为。

■ 参考答案 D

[辅导专家提示] 本节知识点所涉及的完整的法律法规可在公众号 ruankao580 中通过关键字“法律法规”获取。

知识点：知识产权

知识点综述

广义的知识产权从权利类型来说，包括**著作权、专利权、商标权和其他知识产权**；从保护对象来说，则是作品、发明创造、商标等商业标识，未公开信息、植物新品种、集成电路等各类知识产品、信息产品。**狭义的知识产权是指由著作权（含邻接权）、专利权和商标权**三个部分组成的传统知识产权，**涉及的对象有作品、发明创造和商标**。

本知识点主要考核知识产权的特点：无体性；专有性；时间性；地域性。

大部分知识产权的获得需要法定的程序，比如商标权的获得需要经过登记注册。

参考题型

【考核方式 1】考核知识产权的特点。

● 知识产权作为法律所确认的知识产品所有人依法享有的民事权利，其管理的要项中不包括 （21） 。

（21）A．权利客体是一种无形财产　　B．权利具有地域性
C．权利具有优先性　　D．权利具有时间性

■ 攻克要塞-试题分析 选项 C 不属于知识产权的特点（无体性、专有性、时间性、地域性）。

■ 参考答案 C

课堂练习

● （1） 不需要登记或标注版权标记就能得到保护。

（1）A．专利权　　B．商标权　　C．著作权　　D．财产权

● 根据《计算机软件质量保证计划规范 GB/T 12504-1990》，项目开发组长或其代表 （2） 。

（2）A．可以作为评审组的成员，不设副组长时可担任评审组的组长
B．可以作为评审组的成员，但只能担任评审组的副组长

C．可以作为评审组的成员，但不能担任评审组的组长或副组长

D．不能挑选为评审组的成员

- 根据《计算机软件需求说明编制指南 GB/T 9385－1988》，关于软件需求规格说明的编制，＿（3）＿是不正确的做法。

（3）A．软件需求规格说明由开发者和客户双方共同起草

B．软件需求规格说明必须描述软件的功能、性能、强加于实现的设计限制、属性和外部接口

C．软件需求规格说明中必须包含软件开发的成本、开发方法和验收过程等重要外部约束条件

D．在软件需求规格说明中避免嵌入软件的设计信息，如把软件划分成若干模块、给每一个模块分配功能、描述模块间信息流和数据流及选择数据结构等

- 政府采购的主要方式是＿（4）＿。

（4）A．公开招标　　B．邀请招标　　C．竞争性谈判　　D．单一来源采购

- 关于知识产权，以下说法不正确的是＿（5）＿。

（5）A．知识产权具有一定的有效期限，超过法定期限后，就成为社会共同财富

B．著作权、专利权、商标权都属于知识产权范畴

C．知识产权具有跨地域性，一旦在某国取得承认，那么在域外将具有同等效力

D．发明、文学和艺术作品等智力创造都可以被认为是知识产权

- 《软件文档管理指南 GB/T16680－1996》明确了软件文档分为＿（6）＿三种类型。

（6）A．需求文档、设计文档、总结文档

B．开发文档、实施文档、验收文档

C．需求说明书、详细设计说明书、操作手册

D．开发文档、产品文档、管理文档

- 当＿（7）＿时，依照政府采购法，不能采用单一来源方式采购。

（7）A．只有唯一供应商提供货物

B．发生了不可预见的紧急情况不能从其他供应商处采购

C．必须保证原有采购项目一致性或者服务配套的要求，需要继续从原供应商处添购，且添购金总额不超过原合同采购金额的百分之十

D．公开招标方式的费用占政府采购项目总价值的比例过大

- 软件质量模型描述了软件产品的质量特性和质量子特性。其中＿（8）＿包括适宜性、准确性、互用性、依从性和安全性等子特性。

（8）A．功能性　　B．可靠性　　C．可用性　　D．可维护性

- 根据我国政府采购法，采购人与中标供应商应当在中标通知书发出之日起＿（9）＿日内按照采购文件确定的事项签订政府采购合同。

（9）A．7　　B．10　　C．20　　D．30

14

信息化基础

知识点图谱与考点分析

信息化基础知识点所占分值为 2～4 分，所涉及的知识面比较广，包括信息与信息系统、电子政务、电子商务、企业资源计划 ERP、客户关系管理 CRM、供应链管理 SCM、商业智能等，图 14-1 所示为信息化基础知识点图谱。

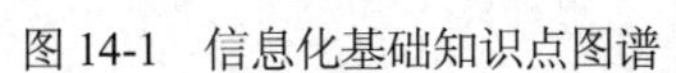

图 14-1　信息化基础知识点图谱

此外，关注官方教材第二版中的两化融合（信息化与工业化融合）的概念以及信息技术发展的趋势（十个方面：高速度、大容量、集成化、平台化、智能化、虚拟计算、通信技术、遥感和传感技术和移动智能终端等）。

知识点：基本概念

知识点综述

本知识点属于教程改版后新增，包括了：信息的定量描述；信息的传输模型（2016 年 11 月考核）；信息的质量属性（2017 年 5 月考核）；信息的基本概念（2017 年 11 月考核）；其他基本概念（本体论信息概念、认识论信息概念）。

参考题型

【考核方式 1】对信息基本概念的考核，主要来自教程的原文。

● 以下关于信息的表述，不正确的是：___(1)___。

（1）A．信息是对客观世界中各种事物的运动状态和变化的反映

B．信息是事物的运动状态和状态变化方式的自我表述

C．信息是事物普遍的联系方式，具有不确定性、不可量化等特点

D．信息是主体对于事物的运动状态以及状态变化方式的具体描述

■ 攻克要塞-试题分析 本题考核的是对“信息概念”的理解。选项 D 是“认识论”信息概念，选项 B 是“本体论”信息概念。在“信息的定量描述”中，香农用概率来定量描述信息，并给出了公式，“信息”可以理解为消除不确定性的一种度量，所以，选项 C 错误。

■ 参考答案 C

【考核方式 2】考核信息的传输模型，来自教程的原文。

● 基于 TCP/IP 协议的网络属于信息传输模型中的___(2)___。

（2）A．信源　　B．信道　　C．信宿　　D．编解码

■ 攻克要塞-试题分析 教程原话：“信道”指传送信息的通道，如 TCP/IP 网络。

此题为送分题，凭经验即可判断。考核信息传输模型，要求考生了解信息传输模型的几个要素（如下图）。

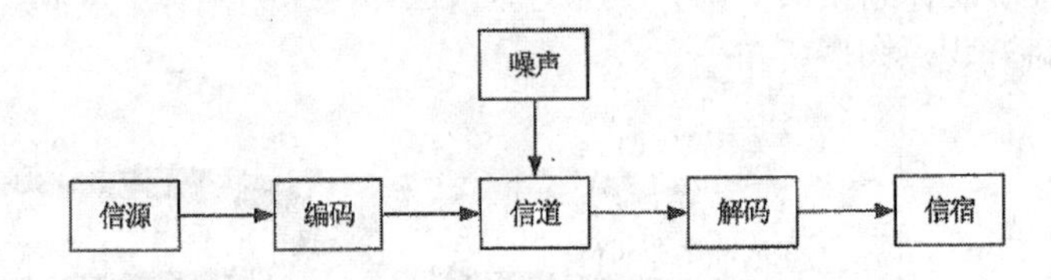

■ 参考答案 B

知识点：信息系统及规划

知识点综述

本知识点包括了：信息系统基本概念；信息系统开发方法（结构化方法、原型法、面向对象方法）。

结构化方法：是应用最为广泛的一种开发方法。应用结构化系统开发方法，把整个系统的开发过程分为若干阶段，然后依次进行，前一阶段是后一阶段的工作依据，按顺序完成。每个阶段和主要步骤都有明确详尽的文档编制要求，并对其进行有效控制。

原型法：其认为在无法全面准确地提出用户需求的情况下，并不要求对系统做全面、详细的分析，而是基于对用户需求的初步理解，先快速开发一个原型系统，然后通过反复修改来实现用户的最终系统需求。原型法的特点在于其对用户的需求是动态响应、逐步纳入的；系统分析、设计与实现都是随着对原型的不断修改而同时完成的，相互之间并无明显界限，也没有明确分工。原型又可以分为抛弃型原型和进化型原型两种。

面向对象方法：用对象表示客观事物，对象是一个严格模块化的实体，在系统开发中可被共享和重复引用，以达到复用的目的。其关键是能否建立一个全面、合理、统一的模型，既能反映需求对应的问题域，也能被计算机系统对应的求解域所接受。面向对象方法主要涉及**分析、设计和实**

现三个阶段，整个开发过程实际上都是对面向对象三种模型的建立、补充和验证。因此，其分析、设计和实现三个阶段的界限并非十分明确。

参考题型

【考核方式 1】考核信息系统基本概念，考核知识点的理解与识记。

- 信息系统是一种以处理信息为目的的专门系统类型，组成部件包括软件、硬件、数据库、网络、存储设备、规程等。其中＿（3）＿是经过结构化、规范化组织后的事实和信息的集合。

（3）A．软件　　B．规程　　C．网络　　D．数据库

■ 攻克要塞-试题分析　数据库是经过结构化、规范化组织后的事实和信息的集合，是信息系统中最有价值和最重要的部分之一。本知识点的考核主要基于教程中的论述。

■ 参考答案　D

【考核方式 2】考核信息系统开发方法，高频考点。

- 某企业信息化系统建设初期，无法全面准确获取需求，此时可以基于对已有需求的初步理解，快速开发一个初步系统模型，然后通过反复修改实现用户的最终需求。这种开发方法称为＿（4）＿。

（4）A．结构化方法　　B．原型法　　C．瀑布模型法　　D．面向对象法

■ 攻克要塞-试题分析　常用的开发方法包括结构化方法、原型法、面向对象方法等。

【考点出处】教程 P133，3.1.2 信息系统开发方法。

“原型法”在无法全面准确地提出用户需求的情况下，并不要求对系统做全面、详细的分析，而是基于对用户需求的初步理解，先快速开发一个原型系统，然后通过反复修改来实现用户的最终系统需求。

■ 参考答案　B

[辅导专家提示]　知识点“信息系统设计”，参考官方教程 P134。

知识点：国家信息化体系

知识点综述

图 14-2 所示为国家信息化体系知识点图谱。

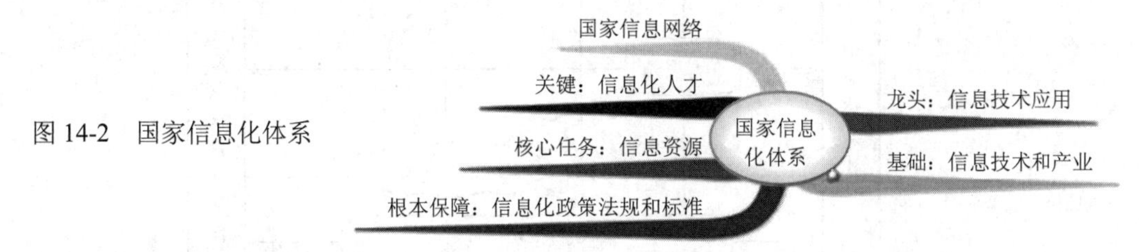

图 14-2　国家信息化体系

我国国家信息化管理部门列出了国家信息化体系的六个要素，可以作为区域信息化、行业信息化、企业信息化的参考，分别是：信息资源——信息、材料和能源共同构成经济和社会发展的三大战略资源，开发和利用信息资源是我国信息化的关键和决定性的一环；国家信息网络；信息技术应用；信息技术和产业；信息化人才；信息化政策法规和标准——信息化政策法规和标准是国家信息化快速、有序、健康、持续发展的保障。

其他相关知识点包括了：信息化的基本内涵；两网一站四库十二金。

参考题型

【考核方式 1】考核基本概念，考核知识点的识记，考核形式填空。

● 在国家信息化体系六要素中，____（5）____是国家信息化的核心任务，是国家信息化建设取得实效的关键。

（5）A．信息技术和产业　　B．信息资源的开发和利用
　　C．信息化人才　　D．信息化政策法规和标准

■ 攻克要塞-试题分析　本题考查国家信息化体系六要素：信息资源、国家信息网络、信息技术和产业、信息技术应用、信息化人才、信息化政策法规和标准。这六个要素构成一个有机的整体。

■ 参考答案　B

【考核方式 2】考核基本概念，考核知识点的识记，考核形式填图。

● 国家信息化体系包括六个要素，这六个要素的关系如下图所示，其中①的位置应该是____（6）____。

（6）A．信息技术和产业　　B．信息技术应用
　　C．信息化人才　　D．信息化政策法规和标准

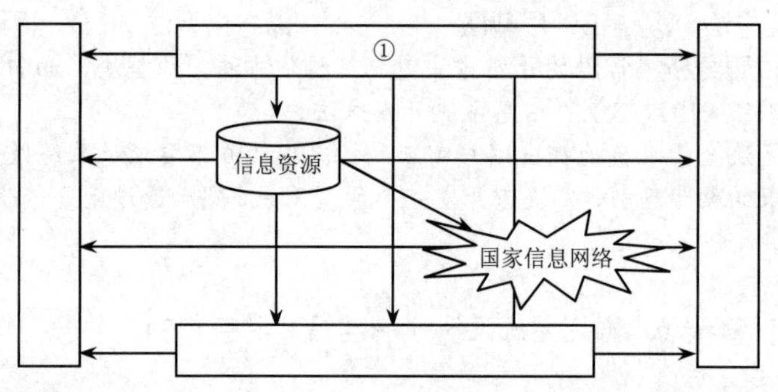

■ 攻克要塞-试题分析　题的关键知识点在于国家信息化体系六要素关系图，熟记该图即可得出此类题目的答案。国家信息化体系六要素关系图如图 14-3 所示。

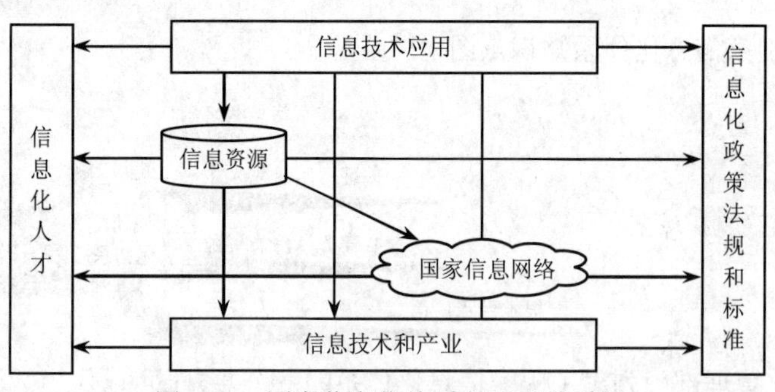

图 14-3　国家信息化体系六要素关系图

■ 参考答案　B

【考核方式 3】将六大要素进行组合考核。

● ____（7）____是国家信息化体系的六大要素。

（7）A. 数据库、国家信息网络、信息技术应用、信息技术教育和培训、信息化人才、信息化政策法规和标准
B. 信息资源、国家信息网络、信息技术应用、信息技术和产业、信息化人才、信息化政策法规和标准
C. 地理信息系统、国家信息网络、工业与信息化、软件技术与服务、信息化人才、信息化政策法规和标准
D. 信息资源、国家信息网络、工业与信息化、信息产业与服务业、信息化人才、信息化政策法规和标准

■ **参考答案** B

【考核方式 4】考核国家信息化体系中具体要素，要求对六要素有一定程度理解

● 关于信息资源描述，不正确的是＿（8）＿。

（8）A. 信息资源的利用具有同质性，相同信息在不同用户中体现相同的价值
B. 信息资源具有广泛性，对其检索和利用不受时间、空间、语言、地域和行业的制约
C. 信息资源具有流动性，通过信息网可以快速传输
D. 信息资源具有融合性，整合不同的信息资源并分析和挖掘，可以得到比分散信息资源更高的价值

■ **参考答案** A

【考核方式 5】考核国家层面信息化相关的规划、标准等

● 工业和信息化部会同国务院有关部门编制的《信息化发展规划》提出了我国未来信息化发展的指导思想和基本原则。其中，不包括＿（9）＿原则。

（9）A. 统筹发展，有序推进　　B. 需求牵引，政府主导
C. 完善机制，创新驱动　　D. 加强管理，保障安全

■ **攻克要塞-试题分析** 选项 B 错误，应为：需求牵引，市场导向。

■ **参考答案** B

● 根据我国“十三五”规划纲要，＿（10）＿不属于新一代信息技术产业创新发展的重点。

（10）A. 人工智能　B. 移动智能终端　C. 先进传感器　D. 4G

■ **攻克要塞-试题分析** 人工智能、移动智能终端、5G、先进传感器是发展重点。

■ **参考答案** D

[辅导专家提示] 相关知识点还包括一系列规划，如《中国制造 2025》等。

知识点：ERP 与 CRM

知识点综述

企业资源计划 ERP 是指建立在信息技术的基础上，以传统化的管理思想为企业决策层及员工提供决策运行手段的管理平台。ERP 系统集技术与先进的管理思想于一身，成为现代企业的运行模式。ERP 的核心思想就是实现对整个供应链的有效管理。

ERP 的发展过程经历了 MRP 物料需求计划、闭环 MRP、制造资源计划 MRP II 和企业资源计划 ERP 4 个阶段，该知识点的难点在于 4 个阶段的特征区分。

CRM 知识点考核客户数据分类以及 CRM 功能。CRM 数据分类包括描述性数据、交易性数据、促销性数据三类。

图 14-4 所示为企业资源计划 ERP 知识点图谱。

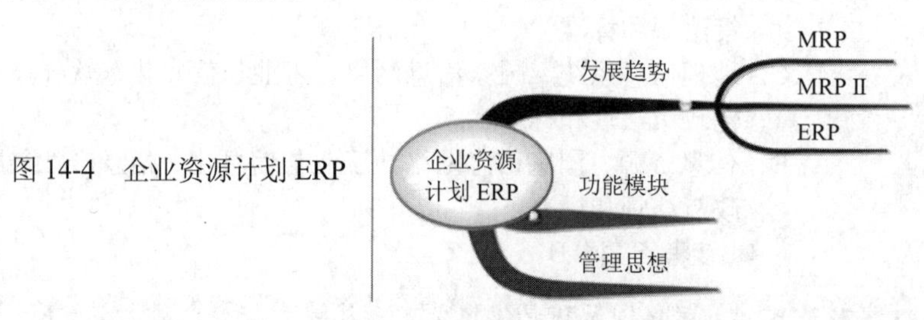

图 14-4 企业资源计划 ERP

参考题型

【考核方式 1】考核 ERP 的各发展阶段，要求对知识点识记并理解。

- 企业资源规划是由 MRP 逐步演变并结合计算机技术的快速发展而来的，大致经历了 MRP、闭环 MRP、MRP II 和 ERP 4 个阶段，以下关于企业资源规划的论述不正确的是__(11)__。

（11）A．MRP 指的是物料需求计划，根据生产计划、物料清单、库存信息制定出相关的物资需求

B．MRP II 指的是制造资源计划，侧重于对本企业内部的人、财、物等资源的管理

C．闭环 MRP 充分考虑现有生产能力的约束，要求根据物料需求计划扩充生产能力

D．ERP 系统在 MRP II 的基础上扩展了管理范围，把客户需求与企业内部的制造活动以及供应商的制造资源整合在一起，形成一个完整的供应链管理

■ 攻克要塞-试题分析 闭环 MRP 在物料需求计划（MRP）的基础上，增加对投入与产出的控制。

■ 参考答案 C

【考核方式 2】考核对 ERP 软件的理解。

- 与制造资源计划 MRP II 相比，企业资源计划 ERP 最大的特点是在制定计划时将__(12)__考虑在一起，延伸管理范围。

（12）A．经销商 B．整个供应链 C．终端用户 D．竞争对手

■ 攻克要塞-试题分析 见上题 D 选项所述。

■ 参考答案 B

【考核方式 3】理解题。考核对 CRM 的理解。

- __(13)__不属于客户关系管理（CRM）系统的基本功能。

（13）A．自动化销售 B．自动化项目管理

C．自动化市场营销 D．自动化客户服务

■ 攻克要塞-试题分析 CRM 的基本功能包括**自动化的销售、客户服务和市场营销**。

■ 参考答案 B

【考核方式 4】识记题。考核 CRM 客户数据的分类。

- 客户关系管理（CRM）系统是以客户为中心设计的一套集成化信息管理系统，系统中记录的客户购买记录属于__(14)__客户数据。

（14）A．交易性 B．描述性 C．促销性 D．维护性

■ 攻克要塞-试题分析

【考点出处】教程 P56 "3.CRM 应用设计"。

本题考核 CRM 系统中的数据类型，包括描述性数据、交易性数据、促销性数据。客户的购买记录很明显属于交易性数据。

描述性数据：这类数据是指客户的基本信息。

促销性数据：这类数据是体现企业曾经为客户提供的产品和服务的历史数据，主要包括用户产品使用情况调查的数据、促销活动记录数据、客服人员的建议数据和广告数据等。

交易性数据：这类数据是反映客户对企业做出的回馈的数据，包括历史购买记录数据、投诉数据、请求提供咨询及其他服务的相关数据、客户建议数据等。

■ 参考答案 A

【考核方式 5】考核对 CRM 的理解，与上题类似，考核的知识点相同，但考核形式不同。

- CRM 系统是基于方法学、软件和因特网的，以有组织的方式帮助企业管理客户关系的信息系统。__（15）__准确地说明了 CRM 的定位。

（15）A. CRM 在注重提高客户满意度的同时，一定要把帮助企业提高获取利润的能力作为重要指标

B. CRM 有一个统一的以客户为中心的数据库，以方便对客户信息进行全方位的统一管理

C. CRM 能够提供销售、客户服务和营销三个业务的自动化工具，具有整合各种客户联系渠道的能力

D. CRM 系统应该具有良好的可扩展性和可复用性，并把客户数据分为描述性、促销性和交易性数据三大类

■ 攻克要塞-试题分析 本题考查 CRM 的概念。

CRM 是客户关系管理，以客户为中心，以信息技术为手段，CRM 在注重提高客户满意度的同时，把帮助企业提高获取利润的能力作为重要指标。

■ 参考答案 A

[辅导专家提示] 企业信息化相关的主要知识点除了 ERP、CRM 外，还包括 SCM，新版的教材中增加了两化深度融合（**信息化与工业化融合**），也值得考生关注。

知识点：电子政务

知识点综述

电子政务是指政府机构在其管理和服务职能中运用现代信息技术，实现政府组织结构和工作流程的重组优化，超越时间、空间和部门分隔的制约，建成一个精简、高效、廉洁、公平的政府运作模式。如图 14-5 所示为政府信息化与电子政务知识点图谱。

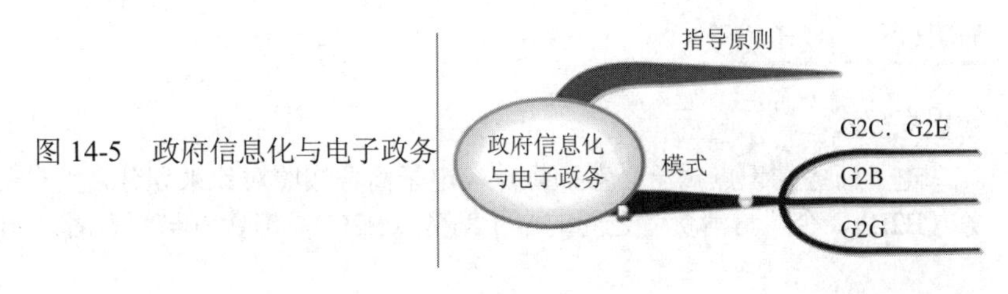

图 14-5 政府信息化与电子政务

本知识点在考核过程中侧重于电子政务的模式以及相关法规的考核，如《国家电子政务“十二五”规划》《国家信息化领导小组关于我国电子政务建设指导意见》等。

参考题型

【考核方式 1】电子政务的相关法规。

- “十二五”期间，电子政务全面支撑政务部门履行职责，满足公共服务、社会管理、市场监管和宏观调控各项政务目标的需要，促进行政体制改革和服务型政策，建设的作用更加显著。其发展目标不包括 （16） 。

（16）A．逐步完善与电子政务相关的法规和标准
B．电子政务信息安全保障能力持续提升
C．电子政务技术服务能力明显加强
D．电子政务信息共享和业务协同取得重大突破

■ 攻克要塞-试题分析 本题考核《国家电子政务“十二五”规划》，该规划中详细地描述了电子政务的发展目标：电子政务统筹协调发展不断深化；应用发展取得重大进展；政府公共服务和管理应用成效明显；电子政务信息共享和业务协同取得重大突破；电子政务技术服务能力明显加强；电子政务信息安全保障能力持续提升。

■ 参考答案 A

[辅导专家提示] 《国家电子政务“十二五”规划》在历年考试中多次考核，对于此类考核方法，在具体应试过程中侧重于理解，并基于常识展开判断。

【考核方式 2】考核电子政务的模式。

电子政务主要包括 4 种模式：政府间的电子政务（G2G）；政府对企业的电子政务（G2B）；政府对公众的电子政务（G2C）；政府对公务员的电子政务（G2E）。

【考核方式 3】考核电子政务的内容。

- 建设完善电子政务公共平台包括：建设以 （17） 为基础的电子政务公共平台顶层设计、制定相关标准规范等内容。

（17）A．云计算　　B．人工智能　　C．物联网　　D．区块链信管网

■ 攻克要塞-试题分析

【考点出处】教程 P34，1.3.4 “电子政务建设的发展方向和应用重点”。

建设完善电子政务公众平台包括：完善以（云计算）为基础的电子政务公共平台顶层设计；全面提升电子政务技术服务能力；制定电子政务云计算标准规范；鼓励向云计算模式迁移。

■ 参考答案 A

[辅导专家提示] 电子政务相关知识点的考核均来自于官方教程。

知识点：电子商务

知识点综述

电子商务知识点属于必考知识点，电子商务按照对象来划分，可分为企业与企业之间的电子商务（B2B）、企业与消费者之间的电子商务（B2C）、消费者与消费者之间的电子商务（C2C）、政府

部门与企业之间的电子商务（G2B）以及 O2O（线上线下），O2O 属于考核重点。如图 14-7 所示。

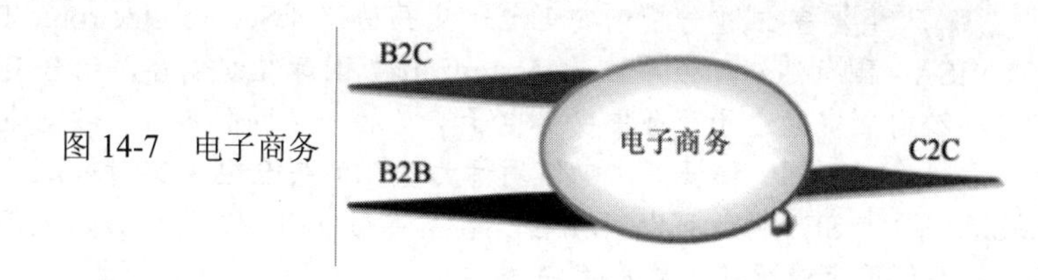

图 14-7 电子商务

参考题型

【考核方式 1】判断电子商务的交易模式。

- 加快发展电子商务，是企业降低成本、提高效率、拓展市场和创新经营模式的有效手段，电子商务与线下实体店有机结合向消费者提供商品和服务，称为___(18)___模式。

（18）A. B2B　　B. B2C　　C. O2O　　D. C2C

■ **攻克要塞-试题分析** 本题考核对 O2O 模式的理解。电子商务与线下实体店有机结合向消费者提供商品和服务，称为 O2O 模式。

■ **参考答案** C

延伸知识点：电子商务的分类

按照依托网络类型来划分，电子商务分为 EDI（电子数据交换）商务、Internet（互联网）商务、Intranet（企业内部网）商务和 Extranet（企业外部网）商务。

按照交易对象，电子商务模式包括：企业与企业之间的电子商务（B2B）、商业企业与消费者之间的电子商务（B2C）、消费者与消费者之间的电子商务（C2C）。

按照交易的内容，电子商务可以分为直接电子商务和间接电子商务。

【考核方式 2】综合性考核。考核对电子商务的理解。

- 电子商务是网络经济的重要组成部分。以下关于电子商务的叙述中，___(19)___是不正确的。

（19）A. 电子商务涉及信息技术、金融、法律和市场等众多领域
　　B. 电子商务可以提供实体化产品、数字化产品和服务
　　C. 电子商务活动参与方不仅包括买卖方、金融机构、认证机构，还包括政府机构和配送中心
　　D. 电子商务使用基于因特网的现代信息技术工具和在线支付方式进行商务活动，因此不包括网上做广告和网上调查活动

■ **攻克要塞-试题分析** 现代电子商务使用基于因特网的现代信息技术工具和在线支付方式进行商务活动。商务活动的内容包括货物贸易、服务贸易和知识产权贸易等，活动的形态包括网上营销、网上客户服务以及网上做广告、网上调查等。电子商务活动参与方不仅包括买卖方、金融机构、认证机构，还包括政府机构和配送中心。

■ **参考答案** D

【考核方式 3】电子商务安全。

- 在电子商务的发展过程中，安全电子交易协议（Secure Electronic Transaction，SET）标准作为北美民间组织推行的电子支付安全协议，其针对的主要交易类型是基于___(20)___的网络交易。

（20）A．专用电子货币　　B．不记名帐号　　C．虚拟货币　　D．信用卡

■ 攻克要塞-试题分析　安全电子交易协议（Secure Electronic Transaction，简称 SET）由威士（VISA）国际组织、万事达（MasterCard）国际组织创建，结合 IBM、Microsoft、Netscope、GTE 等公司制定的电子商务中安全电子交易的一个国际标准。安全电子交易协议 SET 是一种应用于因特网（Internet）环境下，以信用卡为基础的安全电子交付协议，它给出了一套电子交易的过程规范。通过 SET 协议可以实现电子商务交易中的加密、认证、密钥管理机制等，保证了在因特网上使用信用卡进行在线购物的安全。

■ 参考答案　D

【考核方式 4】电子商务基础设施。

- 电子商务不仅包括信息技术，还包括交易原则、法律法规和各种技术规范等内容，其中电子商务的信用管理、收费及隐私保护等问题属于＿（21）＿方面的内容。

（21）A．信息技术　　B．交易规则　　C．法律法规　　D．技术规范

■ 攻克要塞-试题分析　电子商务的基础设施包括四个，即网络基础设施、多媒体内容和网络出版的基础设施、报文和信息传播的基础设施、商业服务的基础设施。此外，技术标准，政策、法律等是电子商务系统的重要保障和应用环境。

政策包括围绕电子商务的税收制度、信用管理及收费、隐私问题等由政府制定的规章或制度。相关法律包括消费者权益保护、隐私保护、电子商务交易真实性认定、知识产权保护等方面的立法或法规。

■ 参考答案　C

[辅导专家提示]　请考生熟悉官方教程 P70 页电子商务基础设施图，教程图 1-9。

知识点：商业智能

知识点综述

商业智能通常被理解为将组织中现有的数据转化为知识，帮助组织做出业务经营决策。所涉及的内容包括：商业智能基本概念；商业智能系统主要功能；商业智能三个层次；商业智能实施步骤；数据库与数据仓库；其他知识点：OLAP、OLTP。

图 14-6 所示为商业智能主要知识点图谱。

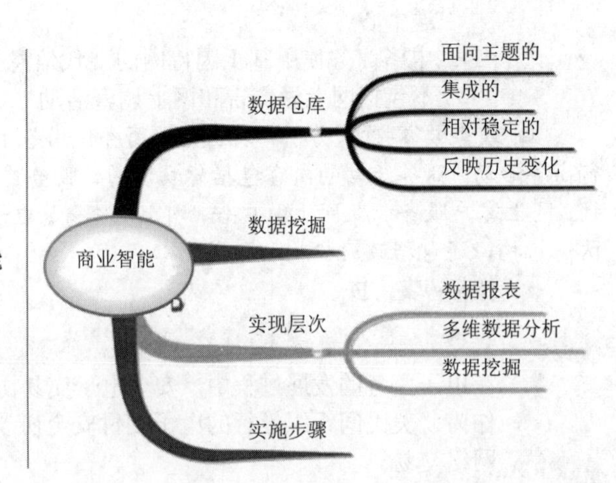

图 14-6　商业智能

参考题型

【考核方式 1】侧重概念的理解。

- 在选项___(22)___中，①代表的技术用于决策分析；②代表的技术用于从数据库中发现知识，对决策进行支持；①和②的结合为决策支持系统开辟了新方向，它们也是③代表的技术的主要组成。

（22）A．①数据挖掘 ②数据仓库 ③商业智能
B．①数据仓库 ②数据挖掘 ③商业智能
C．①商业智能 ②数据挖掘 ③数据仓库
D．①数据仓库 ②商业智能 ③数据挖掘

■ **攻克要塞-试题分析** 数据仓库用于支持管理决策。传统的数据库系统主要是面向事务的处理，数据仓库则是面向分析的处理。数据挖掘用于从数据库中发现知识，对决策进行支持。数据仓库、数据挖掘、OLAP 是商业智能的三个主要组成部分。

■ **参考答案** B

【考核方式 2】识记题。考核商业智能的核心技术。

- 商业智能的核心技术是逐渐成熟的数据仓库和___(23)___。

（23）A．联机呼叫技术 B．数据整理技术 C．联机事务处理技术 D．数据挖掘技术

■ **攻克要塞-试题分析** 商业智能的核心内容是从许多来自企业不同的业务处理系统的数据中，提取出有用的数据，进行清理以保证数据的正确性。然后经过抽取（Extraction）、转换（Transformation）和装载（Load），即 ETL 过程，整合到一个企业级的数据仓库里，从而得到一个企业信息的全局视图，在此基础上利用合适的查询和分析工具、数据挖掘工具等对数据仓库里的数据进行分析和处理，形成信息，甚至进一步从信息中提炼出辅助决策的知识，最后把知识呈现给管理者，为管理者的决策过程提供支持。

■ **参考答案** D

- ___(24)___是一种信息分析工具，能自动地找出数据仓库中的模式及关系。

（24）A．数据集市 B．数据挖掘 C．预测分析 D．数据统计

■ **攻克要塞-试题分析** 数据挖掘是一种信息分析工具，是从大量数据中获取有效的、新颖的、潜在有用的、最终可理解的、模式的非平凡过程。简单地说，数据挖掘就是从大量数据中提取或挖掘知识。

数据集市是数据仓库的一种，每个数据集市包括来自中央数据仓库的历史数据的子集，用以满足特定部门、团队、客户或应用程序分析和报告需求。

■ **参考答案** B

【考核方式 3】考核商业智能系统的层次与主要功能。

- 商业智能系统的主要功能包括数据仓库、数据 ETL、数据统计输出、分析，___(25)___不属于数据 ETL 的服务内容。

（25）A．数据迁移 B．数据同步 C．数据挖掘 D．数据交换

■ **攻克要塞-试题分析** 本题考核数据 ETL，数据 ETL 支持多平台、多数据存储格式（多数据源、多格式数据文件、多维数据库等）的数据组织，要求能自动地根据描述或者规则进行数据查找和理解。减少海量、复杂数据与全局决策数据之间的差距。帮助形成支撑决策要求的参考内容。

■ 参考答案 C

- 商业智能系统应具有的主要功能不包括__（26）__。

（26）A．数据仓库　　B．数据 ETL　　C．分析功能　　D．联机事务处理 OLTP

■ 攻克要塞-试题分析 商业智能系统应具有的主要功能包括：数据仓库;数据 ETL;数据统计输出（报表）——能快速地完成数据统计的设计和展示;分析功能——支持多维度的 OLAP，实现维度变化、旋转、数据切片和数据钻取等，以帮助做出正确的判断和决策。

■ 参考答案 D

【考核方式 4】考核 OLAP 技术。

包括两种方式的考核：OLAP、OLTP 的区别；OLAP 的三种形式 ROLAP、MOLAP、HOLAP 及其特点。

【考核方式 5】考核数据库与数据仓库的区别，要求了解各自的特点。

- 关于数据库和数据仓库技术的描述，不正确的是__（27）__。

（27）A．数据仓库是一个面向主题的、集成的、相对稳定的、反映历史变化的数据集合，用于支持管理决策

B．企业数据仓库的建设是以现有企业业务系统和大量业务数据的积累为基础的，数据仓库一般不支持异构数据的集成

C．大数据分析相比传统的数据仓库应用，其数据量更大，查询分析复杂，且在技术上须依托于分布式、云存储、虚拟化等技术

D．数据仓库的结构通常包含数据源、数据集市、数据分析服务器和前端工具 4 个层次

■ 攻克要塞-试题分析 数据仓库是一个面向主题的、集成的、相对稳定的、反映历史变化的数据集合，用于支持管理决策。数据仓库**是对多个异构数据源**（包括历史数据）的有效集成，集成后按主题重组，且存放在数据仓库中的数据一般不再修改。

■ 参考答案 B

知识点：企业信息化与两化融合

知识点综述

本知识点涉及的内容包括企业信息化、两化融合（信息化与工业化融合）的基本概念。

参考题型

【考核方式 1】考核两化融合概念的理解。

- 关于两化融合的描述，不正确的是__（28）__。

（28）A．虚拟经济与工业实体经济的融合　　B．信息资源与材料、能源等工业资源的融合

C．工业化与自动化发展战略的融合　　D．IT 设备与工业装备的融合

■ 攻克要塞-试题分析 本题考核对“两化融合”基本概念的理解。本题在 2017 年的考核的基础上进行了扩展。难点在于题目基于“两化基本概念”进行了内涵上的扩展。工业化与信息化“两化融合”的含义有三：

一是指信息化与工业化发展战略的融合，即信息化发展战略与工业化发展战略要协调一致，信

息化发展模式与工业化发展模式要高度匹配，信息化规划与工业化发展规划、计划要密切配合。

二是指信息资源与材料、能源等工业资源的融合，能极大节约材料、能源等不可再生资源。

三是指虚拟经济与工业实体经济融合，孕育新一代经济的产生，极大促进信息经济、知识经济的形成与发展。

■ 参考答案 C

知识点：新技术

新技术主要集中在云计算、移动互联网、互联网+、智能制造等知识点，此类知识点的考核集中在当前相对比较热门的技术。

本知识点所涉及的主要内容如图14-7所示。

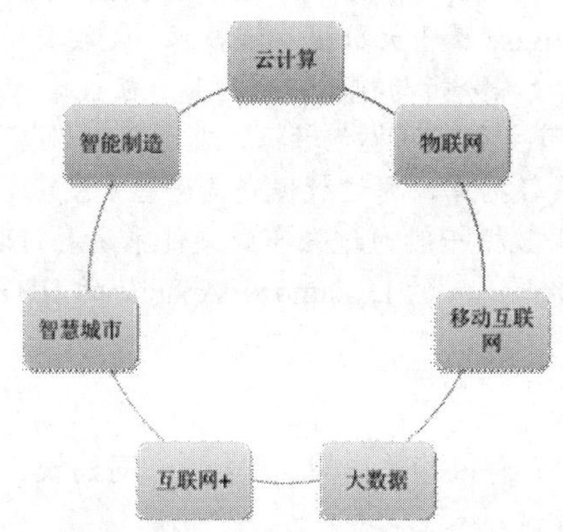

图14-7 新技术涉及的主要知识点

云计算知识点综述

云计算的概念：一种基于互联网的计算方式，通过这种方式，在网络上共享的软件资源、计算资源、存储资源和信息资源可以按需求提供给网上终端设备和终端用户。

云计算服务的类型：IaaS 基础设施即服务；PaaS 平台即服务；SaaS 软件即服务。

IaaS（基础设施即服务）向用户提供计算机能力、存储空间等基础设施方面的服务；PaaS（平台即服务）向用户提供虚拟的操作系统、数据库管理系统、Web应用等平台化的服务，PaaS服务的重点不在于直接的经济效益，而更注重构建和形成紧密的产业生态；SaaS（软件即服务）向用户提供应用软件（如CRM、办公软件等）、组件、工作流等虚拟化软件的服务，SaaS一般采用Web技术和SOA架构，通过Internet向用户提供多租户、可定制的应用能力，大大缩短了软件产业的渠道链条，减少了软件升级、定制和运行维护的复杂程度，并使软件提供商从软件产品的生产者转变为应用服务的运营者。

参考题型

- A公司是一家云服务提供商，向用户提供多租户、可定制的办公软件和客户关系管理软件，A公司所提供的此项云服务属于＿（29）＿服务类型。

（29）A．IaaS　　B．PaaS　　C．SaaS　　D．DaaS

■ **攻克要塞-试题分析** 该知识点属于近几年频繁考核的知识点。题干中“向用户提供多租户、可定制的办公软件和客户关系管理软件”，说明其类型是SaaS。

■ **参考答案** C

大数据知识点综述

本部分主要需掌握：大数据概念；大数据特点（5v特点）；大数据技术框架（参考教程P85 图1-21）；大数据关键技术；大数据存储管理技术；大数据并行分析技术；大数据分析技术。

参考题型

- 大数据所涉及的关键技术很多，主要包括采集、存储、管理、分析与挖掘相关的技术。其中HBase属于___（30）___技术。

  （30）A．数据采集　　B．数据存储　　C．数据管理　　D．数据分析与挖掘

■ **攻克要塞-试题分析** HBase属于大数据存储技术。大数据所涉及的技术很多，主要包括数据采集、数据存储、数据管理、数据分析与挖掘四个环节。在数据采集阶段主要使用的技术是数据抽取工具ETL；在数据存储环节主要有结构化数据、非结构化数据和半结构化数据的存储与访问同，结构化数据一般存放在关系数据库，通过数据查询语言（SQL）来访问，非结构化（如图片、视频、doc文件等）和半结构化数据一般通过分布式文件系统的NoSQL进行存储，比较典型的NoSQL有Google的Bigtable、Amazon的Dynamo和Apache的HBase。

■ **参考答案** B

智慧城市知识点综述

智慧城市建设参考模型包括：有依赖关系的5层结构；对建设有约束关系的3个支撑体系，如图14-8所示。

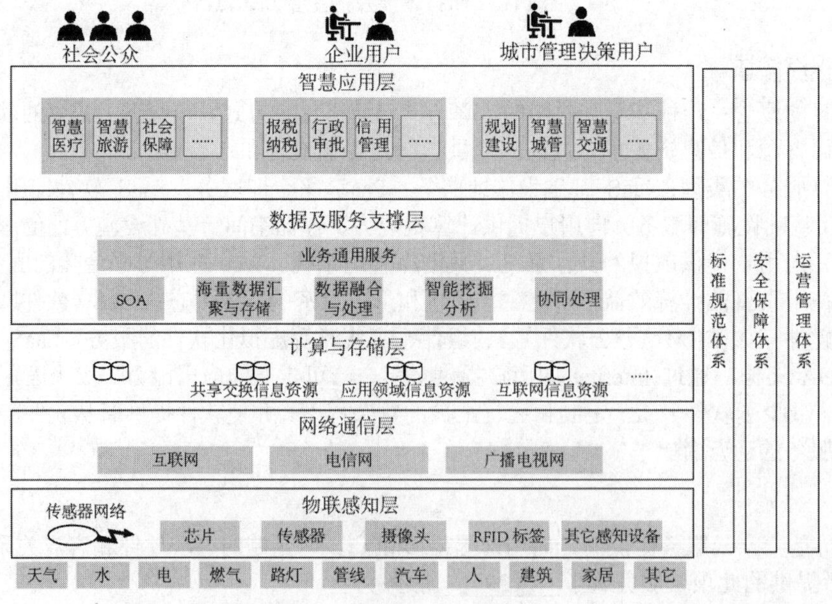

图14-8　智慧城市参考模型

参考题型

- 智慧城市建设参考模型主要包括物联感知层、网络通信层、计算与存储层、数据及服务支撑层、智慧应用层。＿（31）＿不属于物联感知层。

（31）A．RFID 标签　　B．SOA　　C．摄像头　　D．传感器片

■ 攻克要塞-试题分析 【考点出处】官方教材 P100，2.智慧城市参考模型

智慧城市建设参考模型包括有依赖关系的 5 层和对建设有约束关系的 3 个支撑体系。

5 层结构：①物联感知层：提供对城市环境的智能感知能力。通过各种信息采集设备、各类传感器、监控摄像机、GPS 终端等实现对城市范围内的基础设施、大气环境、交通、公共安全等方面信息采集、识别和检测。②通信网络层：实现广泛互联。以互联网、电信网、广播电视网以及传输介质为光纤的城市专用网作为骨干传输网络，以覆盖全城的无线网络（如 WiFi）、移动 4G 为主要接入网，组成网络通信基础设施。③计算与存储层：包括软件资源、计算资源和存储资源，为智慧城市提供数据存储和计算。④数据及服务支撑层：利用 SOA（面向服务的体系架构）、云计算、大数据等技术，通过数据和服务的融合，支撑承载智慧应用层中的相关应用，提供应用所需的各种服务和共享资源。⑤智慧应用层：各种基于行业或领域的智慧应用及应用整合，如智慧交通、智慧家政、智慧政务、智慧旅游、智慧环保等，为社会公众、企业、城市管理者等提供整体的信息化应用和服务。

3 个支撑体系：①安全保障体系：为智慧城市建设构建统一的安全平台，实现统一入口、统一认证、统一授权、日志记录服务。②建设和运营管理体系：为智慧城市建设提供整体的运维管理机制，确保智慧城市的整体建设管理和可持续运行。③标准规范体系：标准规范体系用于指导和支撑各地城市信息化用户、各行业智慧应用信息系统的总体规划和工程建设，同时规范和引导我国智慧城市相关产业的发展，为智慧城市建设、管理和运维提供便于互联、共享、互操作和扩展的统一规范。

选项 B 属于数据及服务支撑层。

■ 参考答案 B

物联网知识点综述

物联网（The Internet of Things）是指通过信息传感设备，按约定的协议，将任何物品与互联网相连接，进行信息交换和通信，以实现智能化识别、定位、跟踪、监控和管理的一种网络。物联网主要解决物与物（Thing to Thing，T2T）、人与物（Human to Thing，H2T）、人与人（Human to Human，H2H）之间的互连。

物联网中考核的知识点包括物联网架构、物联网技术等。在物联网应用中有两项关键技术，分别是传感器技术和嵌入式技术。

参考题型

- 物联网应用中的两项关键技术是＿（32）＿。

（32）A．传感器技术与遥感技术　　B．传感器技术与嵌入式技术
　　C．虚拟计算技术与智能化技术　　D．虚拟计算技术与嵌入式技术

■ 攻克要塞-试题分析 在物联网应用中有两项关键技术，分别是传感器技术和嵌入式技术。

■ 参考答案 B

[辅导专家提示]延伸知识点：

物联网架构可分为三层，分别是**感知层、网络层和应用层**。感知层由各种传感器构成，包括温湿度传感器、二维码标签、RFID 标签和读写器、摄像头、GPS 等感知终端。感知层是物联网识别物体、采集信息的来源；网络层由各种网络，包括互联网、广电网、网络管理系统和云计算平台等组成，是整个物联网的中枢，负责传递和处理感知层获取的信息：应用层是物联网和用户的接口，它与行业需求结合，实现物联网的智能应用。

其他知识点综述

其他知识点包括区块链、互联网+、相关法规等。区块链是一种按照时间顺序将数据区块以顺序相连的方式组合成的一种链式数据结构，并以密码学方式保证的不可篡改和不可伪造的分布式账本，主要解决交易的信任和安全问题，最初是作为比特币的底层技术而出现的。

考试所涉及的政策法规包括《关于积极推进“互联网+”行动的指导意见》、《新一代人工智能发展规划》、中国制造 2025 等。

参考题型

- 以下关于“互联网+”的理解，正确的是__（33）__。

（33）A. “互联网+”行动可以助推传统产业的转型升级
B. “互联网+”是指互联网与物联网的融合
C. “互联网+”是电子商务在移动互联网上的创新发展
D. IPv6 的应用推广，催生互联网转型升级到“互联网+”

■ 参考答案 A

课堂练习

- 国家信息化建设的信息化政策法规体系包括信息技术发展政策、__（1）__、电子政务发展政策、信息化法规建设四个方面。

（1）A. 信息产品制造业政策　B. 通信产业政策
C. 信息产业发展政策　D. 移动通信业发展政策

- 以下叙述正确的是__（2）__。

（2）A. ERP 软件强调事后核算，而财务软件强调及时调整
B. 财务软件强调事后核算，而 ERP 软件强调事前计划和及时调整
C. ERP 软件强调事后核算，而进销存软件比较关心每种产品的成本构成
D. 进销存软件强调事后核算，而财务软件强调及时调整

- 数据仓库的系统结构通常包括四个层次，分别是数据源、__（3）__、前端工具。

（3）A. 数据集市、联机分析处理服务器　B. 数据建模、数据挖掘
C. 数据净化、数据挖掘　D. 数据的存储与管理、联机分析处理服务器

- 供应链管理是把正确数量的商品在正确的时间配送到正确的地点的一套管理方法。它控制和管理的各种“流”不包括__（4）__。

（4）A. 物流　B. 资金流　C. 信息流　D. 控制流

- 我国 O2O 的常见应用不包括__（5）__。

（5）A. 电子政务政府集采　B. 餐饮服务网上团购

C．APP 手机的约车服务　　　　　　　　D．旅游服务网上团购

- 在信息系统的生命周期中，“对企业信息系统的需求进行深入调研和分析，形成《需求规格说明书》”是在__（6）__阶段进行的。

（6）A．立项　　　　B．可行性分析　　C．运维阶段　　D．消亡

- 到 2020 年，新一代信息技术与节能环保、生物、高端装备制造产业等将成为国民经济的支柱产业，新一代信息技术中的__（7）__可以广泛应用于机器视觉、视网膜识别、自动规划、专家系统。

（7）A．人工智能　　B．自动控制　　C．地理信息　　D．移动计算

- 某电商平台根据用户消费记录分析用户消费偏好，预测未来消费倾向，这是__（8）__技术的典型应用。

（8）A．物联网　　B．区块链　　C．云计算　　D．大数据

- 信息技术发展的总趋势是从典型的技术驱动发展模式向应用驱动与技术驱动相结合的模式转变，__（9）__不属于信息技术发展趋势和新技术的应用。

（9）A．集成化、平台化与智能化　　　　B．遥感与传感技术
　　C．数据仓库与软交换通信技术　　　D．虚拟计算与信息安全

15

信息系统服务管理

知识点图谱与考点分析

图 15-1 所示为信息系统服务管理知识点图谱。该考点包含几个知识点，一个 ITSS（信息技术服务标准），属于教程改变后新增的内容，一个是信息系统审计（IT 审计），另一个知识点是 IT 服务管理。该知识点是近年来考核的热点，且在下午卷案例分析中已经出现过多次，值得考生关注。

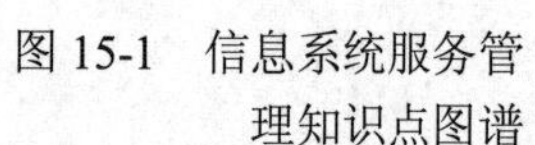
图 15-1　信息系统服务管理知识点图谱

知识点：ITSS

知识点综述

ITSS 是 Information Technology Service Standards 的缩写，中文意思是信息技术服务标准，是在工业和信息化部、国家标准化委的领导和支持下，由 ITSS 工作组研制的一套 IT 服务领域的标准库和一套提供 IT 服务的方法论。

本知识点是教程改版后考核的一个高频领域，核心考点有 ITSS 生命周期的五个阶段、ITSS 的核心要素，如图 15-2 所示。

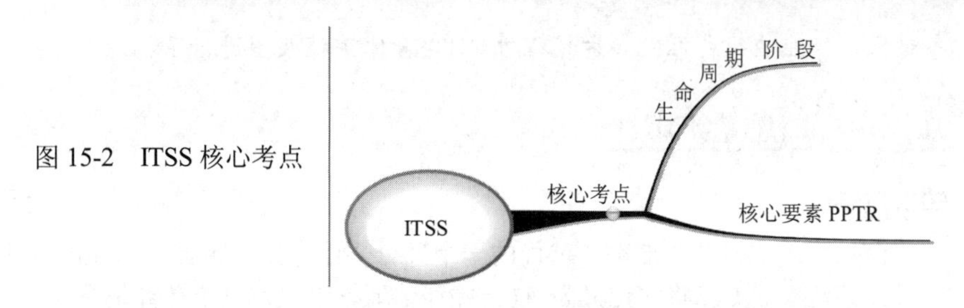

图 15-2 ITSS 核心考点

参考题型

【考核方式 1】考核 ITSS 生命周期的阶段。

- ITSS 规定了 IT 服务生命周期由 5 个阶段组成。“定期评审 IT 服务满足业务运营的情况，以及 IT 服务本身存在的缺陷”是在___（1）___阶段的工作内容。

（1）A. 部署实施　　B. 服务运营　　C. 持续改进　　D. 监督管理

■ 攻克要塞-试题分析 IT 服务生命周期由 5 个阶段组成：①规划设计：从客户业务战略出发，以需求为中心，参照 ITSS 对 IT 服务进行全面系统的战略规划和设计，为 IT 服务的部署实施做好准备，以确保提供满足客户需求的 IT 服务。②部署实施：在规划设计基础上，依据 ITSS 建立管理体系、部署专用工具及服务解决方案。③服务运营：根据服务部署情况，依据 ITSS，采用过程方法，全面管理基础设施、服务流程、人员和业务连续性，实现业务运营与 IT 服务运营融合。④持续改进：根据服务运营的实际情况，定期评审 IT 服务满足业务运营的情况，以及 IT 服务本身存在的缺陷，提出改进策略和方案，并对 IT 服务进行重新规划设计和部署实施，以提高 IT 服务质量。⑤监督管理：本阶段主要依据 ITSS 对 IT 服务质量进行评价，并对服务供方的服务过程、交付结果实施监督和绩效评估。

“定期评审 IT 服务满足业务运营的情况，以及 IT 服务本身存在的缺陷”属于“持续改进”阶段的工作内容。

■ 参考答案 C

【考核方式 2】考核 ITSS 核心要素。

- 信息技术服务标准（ITSS）所定义的 IT 服务四个核心要素是：人员、流程、资源和___（2）___。

（2）A. 技术　　B. 工具　　C. 合作伙伴　　D. 持续改进

■ 攻克要塞-试题分析 ITSS 组成要素。IT 服务由人员（People）、流程（Process）、技术（Technology）和资源（Resource）组成，简称 PPTR。

人员：指提供 IT 服务所需的人员及其知识、经验和技能要求。

流程：指提供 IT 服务时，合理利用必要的资源，将输入转化为输出的一组相互关联和结构化的活动。

技术：指交付满足质量要求的 IT 服务应使用的技术或应具备的技术能力。

资源：指提供 IT 服务所依存和产生的有形及无形资产。

■ 参考答案 A

[辅导专家提示] 本知识点是教程改版后新增的知识点，从改版后的考核情况来看，基本维持在每次考核 1-2 题的频率，除本书中所提及的考核方式外，还需关注 ITSS 体系框架，该框架中包括了一系列的标准：基础标准、服务管控标准、服务安全标准、服务外包标准、服务业务标准、服

务对象、行业应用标准。官方教程中对 ITSS 体系框架图进行了描述。

知识点：信息系统审计

知识点综述

信息系统审计是全部审计过程的一个部分，信息系统审计（IS audit）目前还没有固定通用的定义，某些权威专家将它定义为“收集并评估证据以决定一个计算机系统（信息系统）是否有效做到保护资产、维护数据完整、完成组织目标，同时最经济地使用资源”。

信息系统审计的目的是评估并提供反馈、保证及建议。其关注之处可被分为 3 类，可用性、保密性、完整性。

知本识点需要重点关注教程中的内容，主要考核的内容均来自教程的原文。

参考题型

【考核方式 1】考核信息系统审计的具体内容，包括审核的依据、原则等

● ___（3）___不属于信息系统审计的主要内容。

（3）A．信息化战略　　B．资产的保护
C．灾难恢复与业务持续计划　　D．信息系统的管理、规划与组织

■ 攻克要塞-试题分析 信息系统审计的主要组成部分包括以下 6 个方面：①信息系统的管理、规划与组织：评价信息系统的管理、计划与组织方面的策略、政策、标准、程序和相关实务。②信息系统技术基础设施与操作实务：评价组织在技术与操作基础设施的管理和实施方面的有效性及效率，以确保其充分支持组织的商业目标。③资产的保护：对逻辑、环境与信息技术基础设施的安全性进行评价，确保其能支持组织保护信息资产的需要，防止信息资产在未经授权的情况下被使用、披露、修改、损坏或丢失。④灾难恢复与业务持续计划：这些计划是在发生灾难时，能够使组织持续进行业务，对这种计划的建立和维护流程需要进行评价。⑤应用系统开发、获得、实施与维护：对应用系统的开发、获得、实施与维护方面所采用的方法和流程进行评价，以确保其满足组织的业务目标。⑥业务流程评价与风险管理：评估业务系统与处理流程，确保根据组织的业务目标对相应风险实施管理。

■ 参考答案 A

[辅导专家提示] 从目前考核情况来看，本知识点考核的具体内容均来自教程，请注意阅读教程相关内容。

知识点：IT 服务管理

知识点综述

IT 服务管理（ITSM）的核心思想是：不管 IT 组织是企业内部的还是外部的，都是 IT 服务提供者，其主要工作就是提供低成本、高质量的 IT 服务。不同于传统的 IT 管理，IT 服务是一种以服务为中心的 IT 管理，图 15-4 所示为 IT 服务管理知识点图谱。

本知识点在上午卷选择题中占分值最多可达 4 分（2016 年 5 月），此外，2011 年、2014 年、2015 年的案例题中均有考核。相关知识请阅读官方版的教材。

图 15-4 IT 服务管理

参考题型

【考核方式 1】考核 IT 服务管理的流程。

- 小张在流程梳理的前期调研时，发现某员工不能发送邮件。该问题的处置过程往往要经过：问题提出→服务台记录问题→工程师调查问题→解决问题→如果该现象经常出现则要调查原因→批准和更新设施或软件。

  按照 IT 服务管理规范，请选择恰当选项按照顺序填入空白处，构成 IT 服务管理流程。

  ①服务台；②______；③______；④变更管理；⑤______。

  （4）A．事件管理 B．能力管理 C．问题管理 D．服务报告 E．发布管理

  ■ 攻克要塞-试题分析 根据题目中所描述的，IT 服务管理流程应该是服务台→事件管理→问题管理→变更管理→发布管理。

  ■ 参考答案 A C E

【考核方式 2】考核对 IT 服务管理具体内容的理解。

- 某企业的邮件服务器经常宕机，按照 IT 服务管理要求，为彻底解决该问题，应启动__（5）__流程。

  （5）A．事件管理 B．问题管理 C．发布管理 D．变更管理

  ■ 攻克要塞-试题分析 本题的关键点在于区分问题管理和事件管理的区别。问题管理是找到问题产生的根本原因，而事件管理是尽可能地恢复系统。因此，本题选择 B。

  ■ 参考答案 B

课堂练习

- 下面关于监理资质的描述中，不正确的是__（1）__。

  （1）A．凡是国家投资的工程必须实行监理制度

  B．监理单位的资质级别要根据公司的监理业绩、有资质的监理工程师人数等条件来确定

  C．监理单位符合系统集成资质软硬件条件的，可以申报相应级别的系统集成资质

  D．监理单位必须从工程一开始就要介入

- 信息技术服务标准（ITSS）定义了 IT 服务的核心要素由人员、过程、技术和资源组成。__（2）__要素关注“正确做事”。

  （2）A．人员 B．过程 C．技术 D．资源

- 一般公认信息系统审计原则不包括__（3）__。

  （3）A．ISACA 公告 B．ISACA 公告职业准则

  C．ISACA 职业道德规范 D．COBIT 框架

- 某银行与某信息系统运维公司签订了机房的运维服务合同，其中规定一年中服务器的宕机时间不能超过 5 小时。该条款属于__（4）__中的内容。

（4）A．付款条件　　　　B．服务级别协议　C．合同备忘录　　D．服务管理规范

● 事件管理是信息系统运维中的一项重要内容，其主要职能是＿（5）＿。

（5）A．类似于系统日志，用于发现系统问题　B．发现并处理系统中存在的各种问题
C．管理信息系统中的事件反映　　　　　D．迅速恢复系统的正常功能

● 以下技术服务工作中，＿（6）＿不属于 IT 系统运行维护。

（6）A．某大型国企中，对于用户终端的软件及硬件管理和日常维护
B．对提供互联网服务的机房内各类服务器、网络设备、网络安全、网络性能等进行监控和故障恢复
C．对某省税务局的税务稽查系统的使用情况进行监测，对其数据库定期检查、优化、备份
D．某工业企业由于业务流程变化，对其使用的生产管理系统进行升级改造

16

软件专业技术知识

知识点图谱与考点分析

软件专业技术知识所涉及的内容最广泛，由于涉及面比较广，因此，出题的灵活度以及随机性非常高，从概念的记忆和理解到具体技术应用的考核，均有大量的题目。且 2016 年新版教材有一定更新，建议考生从两个方面着手：

（1）阅读官方版教材，大部分题目都来自官方教程中的内容。

（2）做题。通过做题来掌握具体知识点。

软件专业技术部分所占分值为 8 分左右，占比非常大，所涉及的知识点较多，主要涉及了信息系统建设、系统集成技术、软件工程以及面向对象等方面的知识点，如图 16-1 所示。

软件工程
信息系统建设
软件专业技术
面向对象
系统集成技术

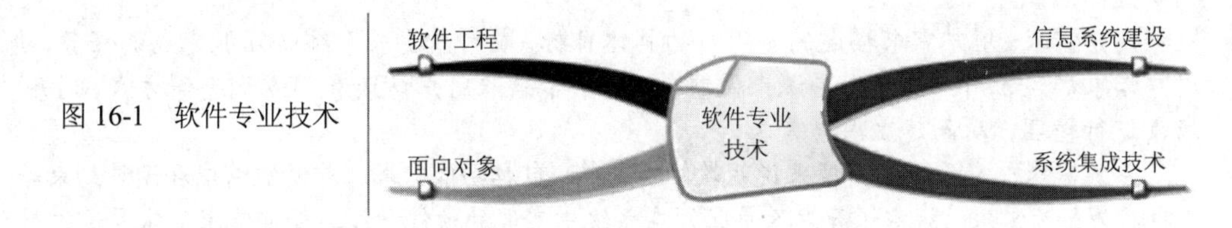

图 16-1　软件专业技术

软件工程方面的知识点在软件专业技术知识体系中属于“重头戏”部分，在官方教材中也有一定的介绍，但其内容并不能覆盖考试的范畴，对于该知识点，建议考生可以对照图 16-2 所示的知识点图谱来深入学习，也可以参考《软件设计师》教材中的介绍。

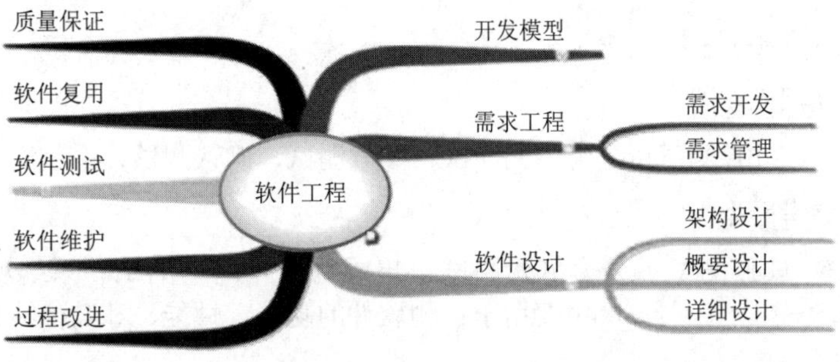

质量保证
开发模型
软件复用
需求工程
需求开发
需求管理
软件测试
软件工程
架构设计
软件维护
软件设计
概要设计
详细设计
过程改进

图 16-2　软件工程

知识点：软件需求

知识点综述

软件需求是指系统必须完成的事以及必须具备的品质。本知识点的考核内容包括了：

需求层次：业务需求、用户需求、系统需求。

需求获取的方法：用户访谈、问卷调查、采样、情节串联板、联合需求计划等。

需求分析方法：SA（结构化分析）方法、OOA（面向对象分析）方法等。

参考题型

● 软件需求是多层次的，包括业务需求、用户需求、系统需求，其中业务需求＿（1）＿。

（1）A．反映了企业或客户对系统层次的目标需求

B．描述了用户具体目标或者用户要求系统必须可以完成的任务

C．从系统角度来说明软件的需求，包括功能需求、非功能需求和设计约束

D．描述了用户任务系统应该具备的功能和性能

■ 攻克要塞-试题分析 【考点出处】1.4.1 需求分析

本题考核对于软件需求中的业务需求的理解，要求考生能够区分软件需求的分类。

业务需求：业务需求是指反映企业或客户对系统高层次的目标要求，通常来自项目投资人、购买产品的客户、客户单位的管理人员、市场营销部门或产品策划部门等。通过业务需求可以确定项目视图和范围，项目视图和范围文档把业务需求集中在一个简单、紧凑的文档中，该文档为以后的开发工作奠定了基础。

■ 参考答案 A

延伸知识点

用户需求：用户需求描述的是用户的具体目标，或用户要求系统必须能完成的任务。也就是说，用户需求描述了用户能使用系统来做些什么。通常采取用户访谈和问卷调查等方式，对用户使用的场景进行整理，从而建立用户需求。

系统需求：从系统的角度来说明软件的需求，包括功能需求、非功能需求和设计约束等。功能需求也称为行为需求，规定了开发人员必须在系统中实现的软件功能。功能需求通常是通过对系统特性的描述表现出来；非功能需求是指系统必须具备的属性或品质，又可细分为软件质量属性（如可维护性、可靠性、效率等）和其他非功能需求。设计约束也称为限制条件或补充规约，通常是对系统的一些约束进行说明，例如必须采用国有自主知识产权的数据库系统，必须运行在UNIX操作系统之下等。

知识点：软件测试

知识点综述

软件测试可分为单元测试、集成测试、确认测试、系统测试、配置项测试和回归测试等类别。

参考题型

● 软件测试可分为单元测试、集成测试、确认测试、系统测试、配置项测试、回归测试等类别。＿（2）＿主要用于检测软件的功能、性能、和其他特性是否与用户需求一致。

（2）A. 单元测试　　B. 集成测试　　C. 确认测试　　D. 系统测试

■ 攻克要塞-试题分析　本题考核对于测试类型的理解，要求考生理解不同测试的定义及特点。

单元测试：也称为模块测试。测试对象是可独立编译或汇编的程序模块、软件构件或类（也称为模块），目的是检查每个模块能否正确地实现设计说明中的功能、性能、接口和其他设计约束等条件，发现模块内可能存在的各种差错。单元测试的**依据是软件详细设计说明书**，着重从模块接口、局部数据结构、重要的执行通路、出错处理通路和边界条件等方面对模块进行测试。

集成测试：集成测试的目的是检查模块之间以及模块和已集成的软件之间的接口关系，并验证已集成的软件是否符合设计要求。集成测试的**依据是软件概要设计文档**。除应满足一般的测试准入条件外，集成测试前还应确认待测试的模块均已通过单元测试。

确认测试：确认测试主要用于验证软件的功能、性能和其他特性是否与用户需求一致。根据用户的参与程度，通常包括以下类型：**内部确认测试**；**Alpha测试和Beta测试**（对于通用产品型的软件开发而言，Alpha测试是指由用户在开发环境下进行测试，通过Alpha测试以后的产品通常称为Alpha版；Beta测试是指由用户在实际使用环境下进行测试，通过Beta测试的产品通常称为Beta版。一般在通过Beta测试后，才能把产品发布或交付给用户）;**验收测试**（在交付前以用户为主进行的测试，其对象为完整的、集成的计算机系统,其目的是在真实的用户工作环境下，检验软件系统是否满足开发技术合同或SRS，验收测试的结论是用户确定是否接收该软件的主要依据。除应满足一般测试的准入条件外，在进行验收测试之前，应确认被测软件系统已通过系统测试）。

系统测试：系统测试的对象是完整的、集成的计算机系统，系统测试的目的是在真实系统工作环境下，验证完整的软件配置项能否和系统正确连接，并满足系统设计文档和软件开发合同规定的要求。系统测试的**依据是用户需求或开发合同**。除应满足一般测试的准入条件外，在进行系统测试前，还应确认被测系统的所有配置项已通过测试，对需要固化运行的软件还应提供固件。一般来说，系统测试的主要内容包括**功能测试、健壮性测试、性能测试、用户界面测试、安全性测试、安装与反安装测试**等。

配置项测试：配置项测试的对象是软件配置项，配置项测试的目的是检验软件配置项与SRS的一致性。配置项测试的技术依据是SRS（含接口需求规格说明）。除应满足一般测试的准入条件外，在进行配置项测试之前，还应确认被测软件配置项已通过单元测试和集成测试。

回归测试：回归测试的目的是测试软件变更之后．变更部分的正确性和对变更需求的符合性，以及软件原有的、正确的功能、性能和其他规定的要求的不损害性。

■ 参考答案　C

知识点：软件设计

知识点综述

本知识点主要包括设计模式和软件架构。

设计模式是经验的总结，它使人们可以方便地复用成功的软件设计。当人们在特定的环境下遇到特定类型的问题，采用他人已使用过的一些成功的解决方案，一方面可以降低分析、设计和实现的难度，另一方面可以使系统具有更好的可复用性和灵活性。

设计模式包含模式名称、问题、目的、解决方案、效果、实例代码等基本要素。根据处理范围不同，设计模式可分为类模式和对象模式。类模式处理类和子类之间的关系，这些关系通过继承建立，在编译时刻就被确定下来，属于静态关系；对象模式处理对象之间的关系，这些关系在运行时刻变化，更具动态性。

软件架构也称为软件体系结构，是一系列相关的抽象模式，用于指导软件系统各个方面的设计。软件架构是一个系统的草图。软件架构描述的对象是直接构成系统的抽象组件。各个组件之间的连接则明确和相对细致地描述组件之间的通讯。在实现阶段，这些抽象组件被细化为实际的组件，比如具体某个类或者对象。

本知识点主要关注官方教程 P141 中典型架构模式。

参考题型

● 关于设计摸式的描述，不正确的是 ___（3）___ 。

（3）A. 设计模式包括模式名称、问题、目的、解决方案、效果、实例代码和相关设计模式等基本要素

B. 根据处理范围不同，设计模式分为类模式和对象模式

C. 根据目的和用途不同，设计模式分为创建型模式、结构型模式和行为型模式

D. 对象模式处理对象之间的关系，这些关系通过继承建立，在编译的时刻就被确定下来，属于静态关系

■ 攻克要塞-试题分析 概念性考核。要求理解“设计模式”的概念。

根据目的和用途不同，设计模式可分为创建型模式、结构型模式和行为型模式三种。创建型模式主要用于创建对象，包括工厂方法模式、抽象工厂模式、原型模式、单例模式和建造者模式等；结构型模式主要用于处理类或对象的组合，包括适配器模式、桥接模式、组合模式、装饰模式、外观模式、享元模式和代理模式等；行为型模式主要用于描述类或对象的交互以及职责的分配，包括职责链模式、命令模式、解释器模式、迭代器模式、中介者模式、备忘录模式、观察者模式、状态模式、策略模式、模板方法模式、访问者模式等。

D 中所述应为“类模式”，而非“对象模式”。

■ 参考答案 D

● 在典型的软件架构模式中， ___（4）___ 模式是基于资源不对等，为实现共享而提出的。

（4）A. 管道/过滤器　　B. 事件驱动　　C. 分层　　D. 客户/服务器

■ 攻克要塞-试题分析 【考点出处】教程 P141 “3.5.2 软件架构模式”。

客户/服务器模式（Client/Server，C/S）是基于资源不对等，为实现共享而提出的模式。C/S 模式将应用一分为二，服务器（后台）负责数据操作和事务处理，客户端（前台）完成与用户的交互任务。本考点近几年多次考核，建议考生了解其余架构模式。

■ 参考答案 D

[辅导专家提示] 常见的几种软件架构模式：管道、过滤器模式；面向对象模式；事件驱动模式；分层模式；知识库模式；客户机／服务器模式。

知识点：软件生命周期模型

知识点综述

典型的生命周期模型包括了瀑布模型、螺旋模型、原型化模型、迭代模型、RUP、V 模型、敏

捷开发等。

瀑布模型是一个经典的软件生命周期模型，一般将软件开发分为可行性分析（计划）、需求分析、软件设计（概要设计、详细设计）、编码（含单元测试）、测试、运行维护等几个阶段。

V模型非常明确地标明了测试过程中存在的不同阶段，并且清楚地描述了这些测试阶段和开发各阶段的对应关系。

原型化模型的第一步是建造一个快速原型，实现客户或未来的用户与系统的交互，经过和用户针对原型的讨论和交流，弄清需求以便真正把握用户需要的软件产品是什么样子，再在原型基础上开发出用户满意的产品。

螺旋模型是一个演化软件过程模型，将原型实现的迭代特征与顺序（瀑布）模型中的控制和系统化结合起来。在螺旋模型中，软件开发是一系列的增量发布。

喷泉模型体现认识事物的循环迭代性，强调开发活动之间的无间隙性，无明显的活动阶段划分，适用于面向对象的开发过程。

迭代模型中，每个阶段都执行一次传统的、完整的串行过程串，执行一次过程串就是一次迭代。

RUP软件统一过程是一种“过程方法”，它是迭代模型的一种。RUP中的软件生命周期在时间上被分解为4个顺序的阶段，分别是初始阶段（Inception）、细化阶段（Elaboration）、构建阶段（Construction）和交付阶段（Transition）。这4个阶段的顺序执行就形成了一个周期。

敏捷方法，也叫适应型生命周期、或者变更驱动方法。在软件项目的敏捷开发中，软件项目的构建被切分成多个子项目，各个子项目的成果都经过测试，具备集成和可运行的特征。简言之，就是把一个大项目分为多个相互联系，但也可独立运行的小项目，并分别完成，在此过程中软件一直处于可使用状态。敏捷方法的目的在于应对大量变更，并获取干系人的持续参与。敏捷方法里的迭代很快（通常2～4周迭代1次），而且所需时间和资源是固定的。虽然早期的迭代更多地聚焦于计划活动，但通常在每次迭代中都会执行多个过程。

[辅导专家提示] 生命周期模型属于高频考点，考核较多的为瀑布模型、V模型，此外，各种模型的图例要熟悉。

参考题型

- 在开发一个系统时，如果用户对系统的目标不是很清楚，难以定义需求，这时最好使用__（5）__。

（5）A．原型法　　B．瀑布模型　　C．演化模型　　D．螺旋模型

■ 攻克要塞-试题分析 本题考核生命周期模型，该考点的考核频率非常高。对于许多需求不够明确的项目，比较适合采用原型法，并且使用该方法的开发模型。它采用了一种动态定义需求的方法，通过快速地建立一个能够反映用户主要需求的软件原型，让用户在计算机上使用并了解其概要，再根据反馈的结果进行修改，因此能够充分体现用户的参与和决策。

瀑布模型：严格遵循软件生命周期各阶段的固定顺序，完成一个阶段再进入另一个阶段。它的优点是可以使过程比较规范化，有利于评审；缺点是过于理想，缺乏灵活性，容易产生需求偏差。

演化模型：将初始的模型逐渐演化为最终软件产品，是一种“渐进式”原型法。

螺旋模型：结合了瀑布模型和演化模型的优点，最主要的特点在于加入了风险分析。它是由制定计划、风险分析、实施工程、客户评估这一循环组成的，它最初从概念项目开始第一个螺旋。

有关项目生命周期的更多模型，读者可参考官方教材4.4节中的内容。

■ 参考答案 A

- 公司计划开发一个新的信息系统,该系统需求不明确,事先不能定义需求，需要经过多期开发完成,该系统的生命周期模型宜采用___(6)___。

(6) A. 瀑布模型　　B. V 模型　　C. 测试驱动方法　D. 迭代模型

■ **攻克要塞-试题分析** 本题考核生命周期模型，根据题干中“,该系统需求不明确,事先不能定义需求”第一判断是原型法,但选项中并没有原型法,第二个关键字为“需要经过多期开发完成”,符合迭代模型的特点，所以，选择 D。

■ **参考答案** D

- 常见的软件开发模型有瀑布模型、演化模型、螺旋模型、喷泉模型等。其中___(7)___模型适用于需求明确或很少变更的项目，___(8)___模型主要用来描述面向对象的软件开发过程。

(7) A. 瀑布　　B. 演化　　C. 螺旋　　D. 喷泉

(8) A. 瀑布　　B. 演化　　C. 螺旋　　D. 喷泉

■ **攻克要塞-试题分析** “需求明确或很少变更”描述的是瀑布模型的特点。

喷泉模型主要用于描述面向对象的开发过程，该模型中所有的开发活动没有明显的边界，允许各种开发活动交叉进行。

■ **参考答案** (7) A　(8) D

补充知识点：RUP 模型

RUP 中的软件生命周期在时间上被分解为 4 个顺序的阶段，分别是：初始阶段、细化阶段、构建阶段和交付阶段。这 4 个阶段的顺序执行就形成了一个周期。每个阶段结束于一个主要的里程碑，在每个阶段的结尾执行一次评估以确定这个阶段的目标是否已经满足。

知识点：面向对象与 UML

面向对象知识点综述

面向对象属于必考知识点，主要考核基本概念的理解，涉及到对象、类、抽象、继承、多态等，如图 16-5 所示。

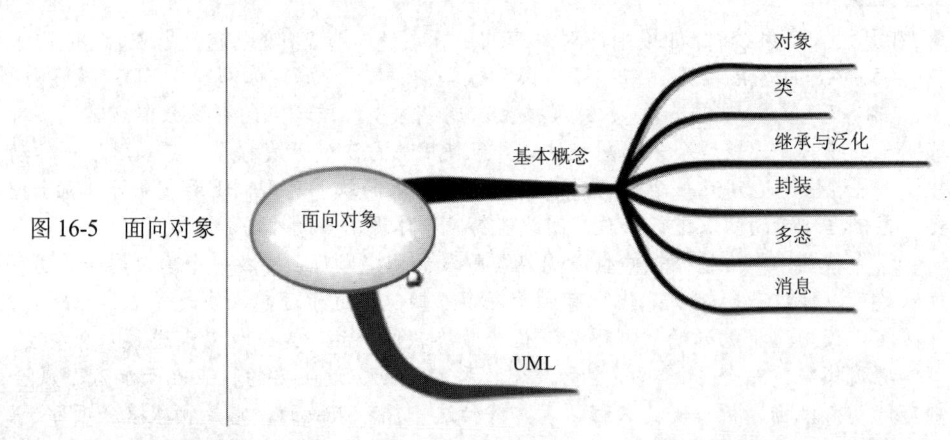

图 16-5　面向对象

参考题目

- 进行面向对象系统分析和设计时，将相关的概念组成一个单元模块，并通过一个名称来引用它，这种行为叫做＿（9）＿。

（9）A．继承　B．封装　C．抽象　D．复用

■ 攻克要塞-试题分析 【考点出处】教程 P138，3.4.1 面向对象的基本概念。

本题考核基本概念“封装”：将相关的概念组成一个单元模块，并通过一个名称来引用它。面向对象封装是将数据和基于数据的操作封装成一个整体对象，对数据的访问或修改只能通过对象对外提供的接口进行。

■ 参考答案 B

[辅导专家提示] 面向对象知识点，其基本概念几乎每次都有相关题目，考核过程中涉及到的主要基本概念如下：

抽象：提取事物的本质特性，抛弃不相关的或次要特性。对象是现实世界中某个实体的抽象，类是一组对象的抽象。

继承：表示类之间的层次关系（父类与子类），这种关系使得某类对象可以继承另外一类对象的特征，继承又可分为单继承和多继承。

多态：使得在多个类中可以定义同一个操作或属性名称，并在每个类中可以有不同的实现。多态使得某个属性或操作在不同的时期可以表示不同类的对象特性。

接口：描述对操作规范的说明，它规定了实现此接口的类的操作方法，把真正的实现细节交由实现该接口的类去完成。

消息：体现对象间的交互，通过它向目标对象发送操作请求。

组件：表示软件系统可替换的、物理的组成部分，封装了模块功能的实现。组件应当是内聚的，并具有相对稳定的公开接口。

复用：指将已有的软件及其有效成分用于构造新的软件或系统，是软件复用实现的关键。

模式：描述了一个不断重复发生的问题以及该问题的解决方案。其包括特定环境、问题和解决方案 3 个组成部分。

UML 知识点综述

UML 知识点考核涉及：UML 基本概念；UML 图（包括 UML 视图）；UML 关系。

该知识点考核频率较低。

参考题目

- UML2.0 中共包括 14 种图，其中＿（10）＿属于交互图。

（10）A．类图　B．定时图　C．状态图　D．对象图

■ 攻克要塞-试题分析 【考点出处】官方教程 P41，“UML 中的 14 种图”，定时图也是一种交互图，它强调消息跨越不同对象或参与者的实际时间，而不仅仅只是关心消息的相对顺序。

■ 参考答案 B

- UML 的＿（11）＿描述了一个特定对象的所有可能状态以及由于各种事件的发生而引起的状态之间的转移。

（11）A．控制图　B．状态图　C．协作图　D．序列图

■ 攻克要塞-试题分析 本题考核 UML 图中的“状态图”。

状态图（State Diagram）：由状态、转移、事件和活动组成。它给出了对象的动态视图，对于接口、类或协作的行为建模很重要；它强调事件导致的对象行为，这有助于对反应式系统的建模。

通信图（Communication Diagram）：通信图也是一种交互图，它强调收发消息的对象或参与者的结构组织。顺序图和通信图表达了类似的概念，顺序图强调的是时序，通信图强调的是对象之间的组织结构（关系）。

顺序图（Sequence Diagram，也称序列图）：顺序图是一种交互图（Interaction Diagram），由一组对象或参与者以及它们之间可能发送的消息构成。顺序图是强调消息的时间次序的交互图。

■ 参考答案 B

● UML的设计视图包含类、接口和协作。其中，设计视图的静态方面由＿（12）＿和＿（13）＿表现，动态方面由交互图和＿（14）＿表现。

（12）A．类图　B．状态图　C．活动图　D．用例图

（13）A．状态图　B．顺序图　C．对象图　D．活动图

（14）A．状态图和类图　B．类图和活动图　C．对象图和状态图　D．状态图和活动图

■ 攻克要塞-试题分析 UML的图可以分为表示系统静态结构的静态模型（包括对象图、类图、构件图、部署图），以及表示系统动态结构的动态模型（包括顺序图、协作图、状态图、活动图），其中顺序图和协作图统称为交互图。

在第（12）空的选项中，类图是明显的静态图；第（13）空的选项中，对象图是明显的静态图；对于第（14）空，将静态图（类图和对象图）排除，可以得到D选项。

■ 参考答案 （12）A （13）C （14）D

知识点：软件质量

知识点综述

本部分涉及软件质量特性的分类、软件质量管理过程以及质量与测试标准等知识点。此外，还涉及一些专业术语，如管理评审，技术评审等。

管理评审的目的是监控进展，决定计划和进度的状态，确认需求及其系统分配，或评价用于达到目标的管理方法的有效性。

技术评审的目的是评价软件产品，以确定其对使用意图的适合性，目标是识别规范说明和标准的差异，并为管理提供依据，以表明产品是否满足规范说明并遵从标准。

检查的目的是检测和识别软件产品异常。一次检查通常针对产品的一个相对较小的部分。

走查的目的是评价软件产品，也可以用于培训软件产品的开发者。其主要目标是：发现异常、改进软件产品、考虑其他实现、评价是否遵从标准和规范说明。走查类似于检查，但通常不那么正式。走查作为一种保障技术通常主要由同事评审其工作。

软件审计的目的是提供软件产品和过程对于规则、标准、指南、计划和流程的遵从性的独立评价。审计是正式组织的活动，识别违例情况，并产生一个报告，采取更正性行动。

知识点：系统集成技术

知识点综述

系统集成技术知识点仍属于软件专业技术知识体系中的重点部分，涉及的内容广。此类知识点的出题主要是考核教材中的内容，经常引用教材中的原文进行考核。

本知识点包括了中间件、企业应用集成EAI、数据与数据仓库等。

中间件是位于硬件、操作系统等平台和应用之间的通用服务，这些服务具有标准的程序接口和协议。不同的硬件及操作系统平台，可以有符合接口和协议规范的多种实现。中间件能够屏蔽操作系统和网络协议的差异，为应用程序提供多种通讯机制以满足不同领域应用的需要。

企业应用集成技术EAI可以消除信息孤岛，它将多个企业信息系统连接起来，实现无缝集成。

参考题型

● 中间件有多种类型，IBM的 MQSeries 属于___(15)___中间件。

(15) A．面向消息 B．分布式对象 C．数据库访问 D．事务

■ 攻克要塞-试题分析 面向消息中间件利用高效可靠的消息传递机制进行平台无关的数据交流，并可基于数据通信进行分布系统的集成。通过提供消息传递和消息排队模型，可在分布环境下扩展进程间的通信，并支持多种通讯协议、语言、应用程序、硬件和软件平台。典型的产品如IBM的MQSeries。

中间件分为数据库访问中间件、远程过程调用中间件、面向消息中间件、事务中间件、分布式对象中间件等几类。

■ 参考答案 A

● 关于企业应用集成（EAI）技术，描述不正确的是___(16)___。

(16) A．EAI可以实现表示集成、数据集成、控制集成、应用集成等

B．表示集成和数据集成是白盒集成，控制集成是黑盒集成

C．EAI技术适用于大多数实施电子商务的企业以及企业之间的应用集成

D．在做数据集成之前必须首先对数据进行标识并编成目录

■ 攻克要塞-试题分析 EAI所连接的应用包括各种电子商务系统、ERP、CRM、SCM、OA.数据库系统和数据仓库等。从单个企业的角度来说，EAI可以包括表示集成、数据集成、控制集成和业务流程集成等多个层次和方面。本题中，选项B错误，表示集成和控制集成是黑盒集成，数据集成是白盒集成。

■ 参考答案 B

课堂练习

● RUP（Rational Unified Process）分为4个阶段，每个阶段结束时都有重要的里程碑，其中生命周期架构是在___(1)___结束时的里程碑。

(1) A．初启阶段 B．精化阶段 C．构建阶段 D．移交阶段

● 以下关于原型化开发方法的叙述中，不正确的是___(2)___。

(2) A．原型化方法适应于需求不明确的软件开发

B．在开发过程中，可以废弃不用早期构造的软件原型

C．原型化方法可以直接开发出最终产品

D．原型化方法利于确认各项系统服务的可用性

● 内聚性和耦合性是度量软件模块独立性的重要准则，软件设计时应力求___(3)___。

(3) A．高内聚，高耦合 B．高内聚，低耦合 C．低内聚，高耦合 D．低内聚，低耦合

● 系统的可维护性可以用系统的可维护性评价指标来衡量。系统的可维护性评价指标不包括___(4)___。

（4）A．可理解性　　B．可修改性　C．准确性　　D．可测试性

● 系统方案设计包括总体设计与各部分的详细设计，＿（5）＿属于总体设计。

（5）A．数据库设计　　B．代码设计
C．网络系统的方案设计　　D．处理过程设计

● 软件能力成熟度模型（CMM）将软件能力成熟度自低到高依次划分为初始级、可重复级、定义级、管理级和优化级。其中＿（6）＿对软件过程和产品都有定量的理解与控制。

（6）A．可重复级和定义级　　B．定义级和管理级
C．管理级和优化级　　D．定义级、管理级和优化级

● Web 服务（Web Service）定义了一种松散的、粗粒度的分布式计算模式。Web 服务的提供者利用①描述 Web 服务，Web 服务的使用者通过②来发现服务，两者之间的通信采用③协议。以上①②③处依次应是＿（7）＿。

（7）A．①SOAP　②UDDI　③WSDL　　B．①UML　②UDDI　③SMTP
C．①WSDL　②UDDI　③SOAP　　D．①UML　②UDDI　③WSDL

● 关于面向对象概念的描述，正确的是＿（8）＿。

（8）A．对象包含两个基本要素，分别是对象状态和对象行为
B．如果把对象比作房屋设计图纸，那么类就是实际的房子
C．继承表示对象之间的层次关系
D．多态在多个类中可以定义同一个操作或属性名，并在每个类中可以有不同的实现

● 微信创造了移动互联网用户的增速记录，433 天之内完成用户数从零到一亿的增长，千万数量级的用户同时在线使用各种功能，其技术架构具有尽量利用后端处理而减少依赖客户端升级的特点，该设计方法的好处不包括＿（9）＿。

（9）A．极大地提高了系统响应速度　　B．减少了升级给客户带来的麻烦
C．实现新旧版本兼容　　D．降低后台系统开销

● ＿（10）＿又称为设计视图，它表示了设计模型中在架构方面具有重要意义的部分，即类、子系统、包和用例实现的子集。

（10）A．逻辑视图　　B．进程视图　　C．实现视图　　D．用例视图

17

网络与信息安全

知识点图谱与考点分析

网络专业技术知识点包括OSI模型、TCP/IP模型、计算机网络分类、网络存储技术、网络规划与设计、网络管理、网络接入技术、综合布线等，知识点图谱如图17-1所示。

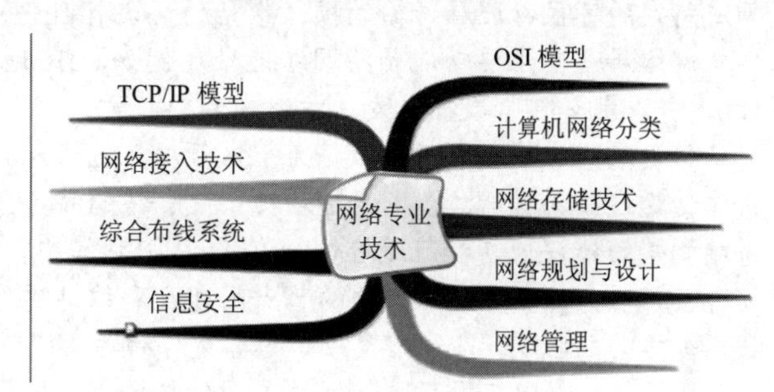

图17-1　网络专业技术

信息安全知识点图谱如图17-2所示。

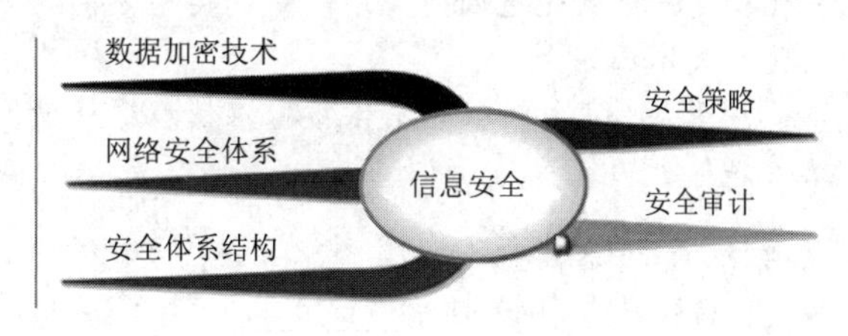

图17-2　信息安全

知识点：OSI与TCP/IP模型

知识点综述

OSI将整个通信功能划分为7个层次：物理层、数据链路层、网络层、传输层、会话层、表示层、应用层。

网络中各结点都有相同的层次；不同结点的同等层次具有相同的功能；同一结点内相邻层之间

通过接口通信；每一层使用下层提供的服务，并向其上层提供服务；不同结点的同等层次按照协议实现对等层间的通信。

本知识点属于高频率考核知识点，包括以下知识点：OSI 模型，了解各层次的特点；TCP/IP 四层模型，了解层次特点，重点关注 TCP、UDP 协议；应用层的主要协议。

参考题型

【考核方式 1】考核 OSI 模型中具体各层次对应的协议。

● 在 OSI 七层协议中，UDP 是___（1）___的协议。

（1）A．网络层　　B．传输层　　C．会话层　　D．应用层

■ 攻克要塞-试题分析 OSI 采用了分层的结构化技术，从下到上共分七层，TCP、UDP 属于传输层的协议。

■ 参考答案 B

[辅导专家提示] OSI 各层次特点是考核重点，要求考生能够根据考题中的功能描述来判断所属层次。

物理层：该层包括物理连网媒介，如电缆连线连接器。该层的协议产生并检测电压以便发送和接收携带数据的信号。具体标准有 RS232、V.35、RJ-45、FDDI。

数据链路层：它控制网络层与物理层之间的通信。它的主要功能是将从网络层接收到的数据分割成特定的可被物理层传输的帧。常见的协议有 IEEE 802.3/.2、HDLC.PPP、ATM。

网络层：其主要功能是将网络地址（例如，IP 地址）翻译成对应的物理地址（例如，网卡地址），并决定如何将数据从发送方路由到接收方。

传输层：主要负责确保数据可靠、顺序、无错地从 A 点传输到 B 点。比如，提供建立、维护、拆除传送连接的功能；选择网络层提供最合适的服务；在系统之间提供可靠的透明的数据传送；提供端到端的错误恢复和流量控制。在 TCP/IP 协议中，具体协议有 TCP、UDP、SPX。

会话层：负责在网络中的两节点间建立和维持通信，以及提供交互会话的管理功能。比如三种数据流方向的控制，即一路交互、两路交替和两路同时会话模式。常见的协议有 RPC. SQL、NFS。

表示层：如同应用程序和网络之间的翻译官，在表示层，数据将按照网络能理解的方案进行格式化；这种格式化也因所使用网络的类型不同而不同。表示层管理数据的解密加密、数据转换、格式化和文本压缩。

应用层：负责对软件提供接口以使程序能使用网络服务，如事务处理程序、文件传送协议和网络管理等。

【考核方式 2】考核 OSI 模型中具体各层次对应的功能。

● 在 OSI 七层协议中，___（2）___充当了翻译官的角色，确保一个数据对象能在网络中的计算机间以双方协商的格式进行准确的数据转换和加解密。

（2）A．应用层　　B．网络层　　C．表示层　　D．会话层

■ 攻克要塞-试题分析 本题考核对 OSI 各层次的理解。可以采用排除法，通过关键字“翻译官的角色”来判断“表示层”最适宜。

■ 参考答案 C

【考核方式 3】考核 OSI 模型中具体各层次对应的功能。

● TCP/IP 协议分为四层，分别为应用层、传输层、网际层和网络接口层。不属于应用层协议

的是___(3)___，属于互联网络层协议的是___(4)___。

(3) A. SNMP B. UDP C. Telnet D. FTP

(4) A. RPC B. UDP C. TCP D. IP

■ 攻克要塞-试题分析 本题考核的是考生对TCP/IP协议的熟悉程度，应清楚地知道各种协议属于哪一层。

■ 参考答案 (3) B (4) D

[辅导专家提示] 对于计算机网络来说，可以考核的知识点挺多。其中，OSI开放系统互联参考模型和TCP/IP模型是基础，必须掌握和熟悉。

下图给出了OSI模型和TCP/IP模型的对应关系及各层的主要协议。

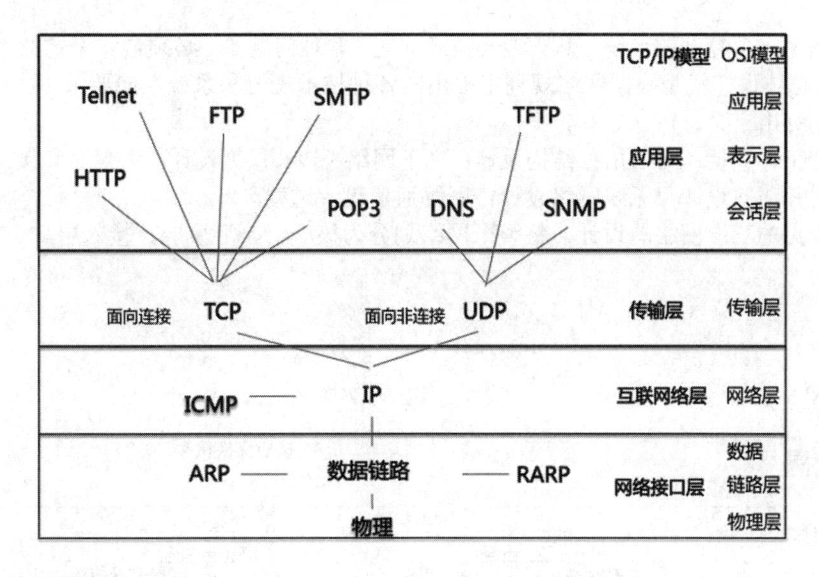

知识点：无线网络

知识点综述

本知识点考核的内容包括无线网络标准、设备、相关技术(4G、5G)等。

参考题型

● 在无线局域网中，AP的作用是___(5)___。

(5) A. 无线接入 B. 用户认证 C. 路由选择 D. 业务管理

■ 攻克要塞-试题分析 本题考核无线局域网中的接入设备AP。

AP(Access Point)的作用是无线接入，AP可以简便地安装在天花板或墙壁上，在开放空间最大覆盖范围可达3000米。一台装有无线网卡的客户端与网络桥接器AP间在传递数据前必须建立关系，只有其状态为授权并关联时，信息交换才有可能。

[辅导专家提示] IEEE802.11：无线局域网标准，定义了无线的媒体访问控制(MAC)子层和物理层规范。IEEE802.11主要有4个子标准，分别是IEEE802.11A、IEEE802.11B、IEEE802.11g和IEEE802.11n，具体如表16-1所示。

表16-1　IEEE802.11协议族

标准名称	标准描述
IEEE802.11b	带宽为11Mbps，工作频率为2.4GHz
IEEE802.11a	带宽为54Mbps，工作频率为5GHz
IEEE802.11g	兼容IEEE802.11a/b，同802.11b一样，也工作在2.4GHz频段
IEEE802.11n	传输速率由目前802.11a和802.11g提供的54Mbps提高到300Mbps，甚至高达600Mbps

知识点：网络规划与设计

知识点综述

网络工程是一项复杂的系统工程，涉及技术问题、管理问题等，必须遵守一定的系统分析和设计方法。网络总体设计就是根据网络规划中提出的各种技术规范和系统性能要求，以及网络需求分析的要求，制订出一个总体计划和方案。

网络设计工作包括：网络拓扑结构设计；主干网络（核心层）设计；汇聚层和接入层设计；广域网连接与远程访问设计；无线网络设计；网络通信设备选型。

下图是常见的三层网络的设计，将整个网络划分为核心层、汇聚层、接入层。

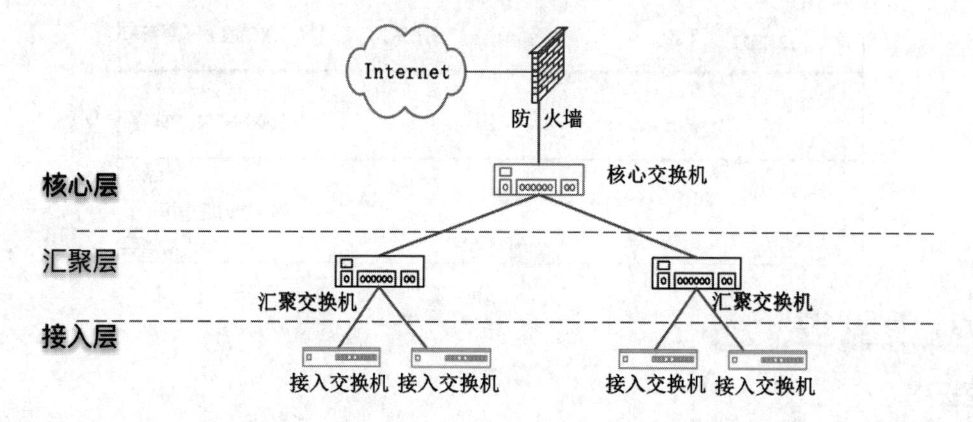

参考题型

【考核方式1】考核各层次的主要功能。

● 在计算机网络设计中，主要采用分层（分级）设计模型。其中＿（6）＿的主要目的是完成网络访问策略控制、数据包处理、过滤、寻址，以及其他数据处理的任务。

（6）A．接入层　　B．汇聚层　　C．主干层　　D．核心层

■ 攻克要塞-试题分析　汇聚层是核心层和接入层的分界，完成网络访问策略控制、数据包处理、过滤、寻址，以及其他数据处理的任务。网络主干部分为核心层，核心层的主要目的在于通过高速转发通信，提供优化、可靠的骨干传输结构。接入层的目的是允许终端用户连接到网络。

■ 参考答案　B

知识点：网络存储

知识点综述

三种存储技术：即DAS（直接附加存储）、SAN（存储区域网络）、NAS（网络附加存储）。

NAS：用户通过TCP/IP协议访问数据，采用业界标准文件共享协议如NFS、HTTP、CIFS实现共享。

SAN：通过专用光纤通道交换机访问数据，采用SCSI、FC-AL接口。

NAS和SAN最大的区别在于，NAS结构中文件管理系统在每一个应用服务器上，SAN有自己的文件管理系统，应用服务器通过网络共享协议使用同一个文件管理系统。

参考题型

【考核方式1】考核对三种存储方式的了解。

● 存储磁盘阵列按其连接方式的不同，可分为三类，即DAS、NAS和 (7) 。

（7）A．LAN　　B．WAN　　C．SAN　　D．RAID

■ 攻克要塞-试题分析 三种存储技术：即DAS（直接附加存储）、SAN（存储区域网络）、NAS（网络附加存储）。所以选择C。

■ 参考答案 C

● 在网络存储结构中， (8) 成本较高、技术较复杂，适用于数据量大、数据访问速度要求高的场合。

（8）A．直连式存储（DAS）　　B．网络连接存储（NAS）
C．存储区域网络（SAN）　　D．移动存储设备（MSD）

■ 攻克要塞-试题分析 SAN实际是一种专门为存储建立的独立于TCP/IP网络之外的专用网络。SAN网络独立于数据网络存在，因此存取速度很快。

SAN由于其基础是一个专用网络，因此扩展性很强，不管是在一个SAN系统中增加一定的存储空间还是增加几台使用存储空间的服务器都非常方便。通过SAN接口的磁带机，SAN系统可以方便高效的实现数据的集中备份。SAN作为一种新兴的存储方式，是未来存储技术的发展方向，但是，它也存在一些缺点：价格昂贵——不论是SAN阵列柜还是SAN必须的光纤通道交换机价格都是十分昂贵的，就连服务器上使用的光通道卡的价格也是不容易被小型商业企业所接受的;需要单独建立光纤网络，异地扩展比较困难。

■ 参考答案 C

知识点：综合布线

知识点综述

综合布线系统由工作区子系统、水平子系统、干线子系统、设备间子系统、管理子系统和建筑群子系统等6个部分组成。

建筑群子系统：将一个建筑物中的电缆、光缆、无线延伸到建筑群的另外一些建筑物中的通信设备和装置上，建筑群之间往往采用单模光纤进行连接。

设备间子系统：位置处于设备间，并且集中安装了许多设备（主要是服务器、核心交换机）的子系统。

管理子系统：该系统由交连、互连的配线架和信息插座式配线架以及相关跳线组成。

垂直干线子系统：是各水平子系统（各楼层）设备之间的互联系统。

水平子系统：是各个楼层配线间中的配线架到工作区信息插座之间所安装的线缆。其中，水平电缆最大长度为90米，配线架跳接至交换机、信息插座跳接至计算机总长度不超过10米，通信通道总长度不超过100米。

工作区子系统：由终端设备连接到信息插座的连线组成，包括连接线和适配器。工作区子系统中信息插座的安装位置距离地面的高度为30～50cm；如果信息插座到网卡之间使用无屏蔽双绞线，布线距离最大为10米。

参考题型

- 综合布线系统是楼宇和园区范围内，在统一的传输介质上建立的可以连接电话、计算机、会议电视和监视电视等设备的结构化信息传输系统。根据EIA/TIA-568A标准，__（9）__中列出的各项全部属于综合布线系统的子系统。

（9）A．建筑群子系统、独立建筑子系统、设备间子系统

B．设备间子系统、工作区子系统、管理子系统

C．垂直干线子系统、水平子系统、交叉布线子系统

D．建筑群子系统、设备间子系统、交叉布线子系统

■ **攻克要塞-试题分析** 综合布线系统由工作区子系统、水平子系统、干线子系统、设备间子系统、管理子系统和建筑群子系统等6个部分组成。

据此判断，选项B中的内容属于综合布线的子系统。

■ **参考答案** B

[辅导专家提示] 掌握综合布线子系统的关键其实在于一张图，下图经常在考试中出现，描述了六大子系统之间的关系，其中①是工作区子系统，②是设备间子系统，③是建筑群子系统。

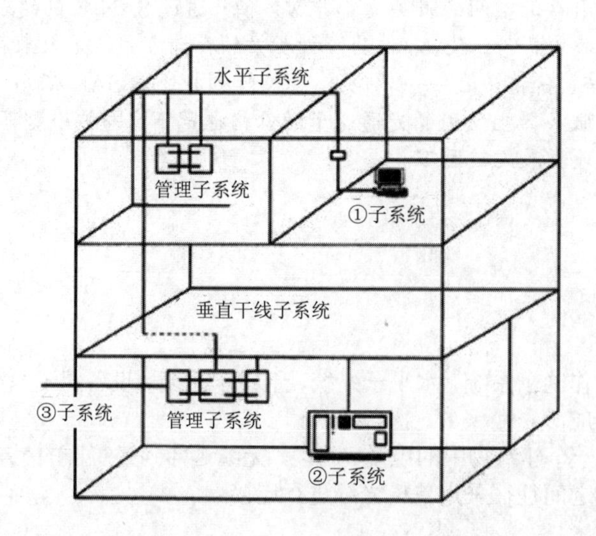

知识点：信息安全属性

知识点综述

保密性、完整性和可用性是信息安全最为关注的三个属性。

属性		常用技术
保密性	应用系统的信息不被泄露给非授权的用户、实体	①最小授权原则；②防暴露；③信息加密；④物理保密
完整性	信息未经授权不能进行改变	①协议；②纠错编码；③密码校验和方法；④数字签名；⑤公证
可用性	信息可被授权实体访问并按需求使用	①身份识别认证；②访问控制；③业务流控制；④路由选择控制；⑤审计跟踪

参考题型

- 只有得到允许的人才能修改数据，并且能够判别出数据是否已被篡改，这体现了信息安全的___(10)___。

  （10）A．机密性　　B．可用性　　C．完整性　　D．可控性

  ■ 攻克要塞-试题分析 【考点出处】教程P158 “3.7.12 网络信息安全”。

  本题考核信息安全属性，三个基本属性为：保密性（机密性）、完整性、可用性。本题考核“完整性”，就是确保接收到的数据就是发送的数据。数据不应该被改变。

  ■ 参考答案 C

- DDos拒绝服务攻击是以通过大量合法的请求占用大量网络资源，造成网络瘫痪。该网络攻击破坏了信息安全的___(11)___属性。

  （11）A．可控性　　B．可用性　　C．完整性　　D．保密性

  ■ 攻克要塞-试题分析

  本题考核信息安全属性中的“可用性”，可用性（Availability），是指“需要时，授权实体可以访问和使用的特性。”

  ■ 参考答案 B

知识点：信息安全体系

知识点综述

在GB/T 20271-2006《信息安全技术 信息系统 通用安全技术要求》中将信息系统安全技术体系分为**物理安全、运行安全、数据安全**。

本知识点主要基于该标准中的内容进行考核。

参考题型

- 在信息系统安全技术体系中，安全审计属于___(12)___。

  （12）A．物理安全　　B．网络安全　　C．数据安全　　D．运行安全

  ■ 攻克要塞-试题分析 【考点出处】官方教程P525，“3.技术体系”。

  “运行安全”包括：风险分析；信息系统安全性检测分析；信息系统安全监控；**安全审计**；

信息系统边界安全防护；备份与故障恢复；恶意代码防护；信息系统的应急处理；可信计算和可信连接技术。

■ 参考答案 D

知识点：应用系统安全

知识点综述

应用系统运行中涉及的安全和保密层次，按粒度从大到小的排序，依次包括**系统级安全、资源访问安全、功能性安全和数据域安全**。**程序资源访问控制安全**的粒度大小界于系统级安全和功能性安全两者之间，是最常见的应用系统安全问题，几乎所有的应用系统都会涉及这个安全问题。

需要掌握对各层次的具体含义。

参考题型

- 应用系统运行中涉及的安全和保密层次包括系统级安全、资源访问安全、功能性安全和数据域安全，其中粒度最小的层次是___（13）___。

（13）A．系统级安全　B．资源访问安全　C．功能性安全　D．数据域安全

■ 参考答案 D

- 应用系统运行中涉及的安全和保密层次包括系统级安全、资源访问安全、数据域安全等。以下描述不正确的是___（14）___。

（14）A．按粒度从大到小排序为系统级安全、资源访问安全、数据域安全
B．系统级安全是应用系统的第一道防线
C．功能性安全会对程序流程产生影响
D．数据域安全可以细分为文本级数据域安全和字段级数据域安全

■ 攻克要塞-试题分析 【考点出处】官方教程 P537“3.系统运行安全与保密的层次构成”。

本题一方面考核安全和保密层次，另一方面考核对各主要层次的理解。

数据域安全包括两个层次，一是**行级**数据域安全，即用户可以访问哪些业务记录，一般以用户所在单位为条件进行过滤；二是字段级数据域安全，即用户可以访问业务记录的哪些字段。

■ 参考答案 D

知识点：网络安全

参考题型

- 在网络产品中，___（15）___通常被比喻为网络安全的大门，用来鉴别什么样的数据包可以进出企业内部网。

（15）A．漏洞扫描工具　B．防火墙　C．防病毒软件　D．安全审计系统

■ 攻克要塞-试题分析 【考点出处】教程 3.7.12 网络安全。

考核对网络安全技术的了解。防火墙通常被比喻为网络安全的大门，用来鉴别什么样的数据包可以进出企业内部网。在应对黑客入侵方面，可以阻止基于 IP 包头的攻击和非信任地址的访问。但传统防火墙无法阻止和检测基于数据内容的黑客攻击和病毒入侵，同时也无法控制内部网络之间的违规行为。

■ 参考答案 B

● 按照行为方式，可以将针对操作系统的安全威胁划分为：切断、截取、篡改、伪造四种。其中 （16） 是对信息完整性的威胁。

（16）A．切断　　B．截取　　C．篡改　　D．伪造

■ 攻克要塞-试题分析 针对操作系统的安全威胁，按照行为方式通常分为四种。

切断：是对可用性的威胁。系统的资源被破坏或变得不可用或不能用，如破坏硬盘、切断通信线路或使文件管理失效。

截取：是对机密性的威胁。未经授权的用户、程序或计算机系统获得了对某资源的访问，如在网络中窃取数据及非法拷贝文件和程序。

篡改：是对完整性的攻击。未经授权的用户不仅获得了对某资源的访问，而且进行篡改，如修改数据文件中的值，修改网络中正在传送的消息内容。

伪造：这是对合法性的威胁。未经授权的用户将伪造的对象插入到系统中，如非法用户把伪造的消息加到网络中或向当前文件加入记录。

■ 参考答案 C

知识点：信息安全等级保护

知识点综述

本知识点在官方教程17.6有专门章节介绍，主要考核以下两个标准。

计算机信息系统安全保护等级划分准则（GB17859-1999）：用户自主保护级；系统审计保护级；安全标记保护级；结构化保护级；访问验证保护级。

《信息安全等级保护管理办法》：将信息系统的安全保护等级分为五级。

参考题型

● 根据《信息安全等级保护管理方法》规定，信息系统受到破坏后，会对社会秩序和公众利益造成严重损害，或者对国家安全造成损害，则该信息系统的安全保护等级为 （17） 。

（17）A．一级　　B．二级　　C．三级　　D．四级

■ 攻克要塞-试题分析 【考点出处】**教程** 17.6 信息安全等级保护。

《信息安全等级保护管理办法》将信息系统的安全保护等级分为以下五级，本题考核第三级。

第三级：信息系统受到破坏后，会对社会秩序和公共利益造成严重损害，或者对国家安全造成损害。第三级信息系统运营、使用单位应当依据国家有关管理规范和技术标准进行保护。国家信息安全监管部门对该级信息系统信息安全等级保护工作进行监督、检查。

■ 参考答案 C

● 《计算机信息系统安全保护等级划分准则》将计算机信息系统分为5个安全保护等级。其中 （18） 适用于中央级国家机关、广播电视部门、重要物资储备单位等部门。

（18）A．系统审计保护级　B．安全标记保护级　C．结构化保护级　D．访问验证保护级

■ 攻克要塞-试题分析 本题考核第四级"结构化保护级"。该级适用于中央级国家机关、广播电视部门、重要物资储备单位、社会应急服务部月、尖端科技企业集团、国家重点科研单位机构和国防建设等部门。

■ 参考答案 C

[辅导专家提示]　等级保护划分准则考核的关键点在了解不同等级所适用的环境。从目前考核情况来看，三级考核频率最高。

《计算机信息系统安全保护等级划分准则》（GB 17859-1999）是建立安全等级保护制度，实施安全等级管理的重要基础性标准，它将计算机信息系统分为以下5个安全保护等级。

第一级用户自主保护级：通过隔离用户与数据，使用户具备自主安全保护的能力。它为用户提供可行的手段，保护用户和用户信息，避免其他用户对数据的非法读写与破坏，该级适用于普通内联网用户。

第二级系统审计保护级：实施了粒度更细的自主访问控制，它通过登录规程、审计安全性相关事件和隔离资源，使用户对自己的行为负责。该级适用于通过内联网或国际网进行商务活动、需要保密的非重要单位。

第三级安全标记保护级：具有系统审计保护级的所有功能。该级适用于地方各级国家机关、金融单位机构、邮电通信、能源与水源供给部门、交通运输、大型工商与信息技术企业、重点工程建设等单位。

第四级结构化保护级：建立于一个明确定义的形式安全策略模型之上，要求将第三级系统中的自主和强制访问控制扩展到所有主体与客体。该级适用于中央级国家机关、广播电视部门、重要物资储备单位、社会应急服务部月、尖端科技企业集团、国家重点科研单位机构和国防建设等部门。

第五级访问验证保护级：满足访问监控器需求。访问监控器仲裁主体对客体的全部访问。访问监控器本身是抗篡改的；必须足够小，能够分析和测试。为了满足访问监控器需求，计算机信息系统可信计算基在其构造时，排除那些对实施安全策略来说并非必要的代码；在设计和现实时，从系统工程角度将其复杂性降低到最小程度。支持安全管理员职能；扩充审计机制，当发生与安全相关的事件时发出信号；提供系统恢复机制。

知识点：信息安全技术

知识点综述

信息安全技术包括：硬件系统安全技术、操作系统安全技术、数据库安全技术、软件安全技术、网络安全技术、密码技术、恶意软件防治技术、信息隐藏技术、信息设备可靠性技术等。

其中，硬件系统安全和操作系统安全是信息系统安全的基础，密码和网络安全等是关键技术。

网络安全技术主要包括防火墙、VPN、IDS、防病毒、身份认证、数据加密、安全审计、网络隔离等，密码技术。

参考题型

【考核方式1】考核对主要的安全技术的理解及其应用的环境。

● 在__（19）__中，①用于防止信息抵赖，②用于防止信息被窃取，③用于防止信息被篡改，④用于防止信息被假冒。

（19）A. ①加密技术　②数字签名　③完整性技术　④身份认证
B. ①完整性技术　②身份认证　③加密技术　④数字签名
C. ①数字签名　②完整性技术　③身份认证　④加密技术
D. ①数字签名　②加密技术　③完整性技术　④身份认证

■ 攻克要塞-试题分析　加密技术是利用数学或物理手段，对电子信息在传输过程中和存储体内进行保护，以防止泄漏（信息被窃取）的技术。通信过程中的加密主要是采用密码，在数字通信中可以利用计算机采用加密法，改变负载信息的数码结构。

数字签名是利用一套规则和一个参数集对数据计算所得的结果,用此结果能够确认签名者的身份和数据的完整性。简单地说,所谓数字签名,就是附加在数据单元上的一些数据,或是对数据单元所做的密码变换。这种数据或变换允许数据单元的接收者用以确认数据单元的来源和数据单元的完整性并保护数据,防止被人(如接收者)伪造。数字签名的主要功能是保证信息传输的完整性、发送者的身份认证、防止交易中的抵赖发生。

完整性技术指发送者对传送的信息报文,根据某种算法生成一个信息报文的摘要值,并将此摘要值与原始报文一起通过网络传送给接收者,接收者用此摘要值来检验信息报文在网络传送过程中有没有发生变化,以此来判断信息报文的真实与否。

身份认证是指采用各种认证技术确认信息的来源和身份,以防假冒。

■ **参考答案** D

【考核方式 2】结合具体的环境考核安全技术。

- 比较先进的电子政务网站提供基于__(20)__的用户认证机制,用于保障网上办公的信息安全和不可抵赖性。

  (20)A. 数字证书　B. 用户名和密码　C. 电子邮件地址　D. SSL

■ **攻克要塞-试题分析** 电子政务网站提供基于数字证书的用户认证机制,用于保障网上办公的信息安全和不可抵赖性。数字证书可以对用户进行认证,保证数据的机密性、完整性和抗抵赖性。

认证:是指对网络中信息传递的双方进行身份的确认。

机密性:是指保证信息不泄露给未经授权的用户或被其利用。

完整性:是指防止信息被未经授权的人篡改,保证真实的信息从真实的信源无失真地传到真实的信宿。

抗抵赖性:是指保证信息行为人不能够否认自己的行为。

SSL 是一个保证计算机通信安全的协议,对通信对话过程进行安全保护。

■ **参考答案** A

课堂练习

- RSA 是一种公开密钥算法,可用于信息的保密传输。所谓公开密钥,是指__(1)__。

  (1)A. 加密密钥是公开的　B. 解密密钥是公开的
  C. 加密密钥和解密密钥都是公开的　D. 加密密钥和解密密钥都是相同的

- 数字信封__(2)__。

  (2)A. 使用非对称密钥密码算法加密邮件正文　B. 使用 RSA 算法对邮件正文生成摘要
  C. 使用收件人的公钥加密会话密钥　D. 使用发件人的私钥加密会话密钥

- 在《计算机信息安全保护等级划分准则》中确定了 5 个安全保护等级,其中最高一级是__(3)__。

  (3)A. 用户自主保护级　B. 结构化保护级
  C. 访问验证保护级　D. 系统审计保护级

- 下列关于信息系统机房的说法,不正确的是__(4)__。

  (4)A. 变形缝不应穿过主机房
  B. 设有技术夹层和技术夹道的电子信息系统机房,其建筑设计应满足各种设备和管线的安装和维护要求,当管线需穿越楼层时,宜设置技术竖井

C．电子信息系统机房可设置门厅、休息室、值班室和更衣间

D．主机房净高应根据机柜高度及通风要求确定，且不宜小于2.9m

● 计算机网络安全是指利用管理和技术措施，保证在一个网络环境里，信息的__（5）__受到保护。

（5）A．完整性、可靠性及可用性　　B．机密性、完整性及可用性

C．可用性、完整性及兼容性　　D．可用性、完整性及冗余性

● SSL主要利用数据加密技术，以确保数据在网络传输过程中不会被截取及窃听。该协议运行在网络的__（6）__。

（6）A．数据链路层　B．传输层与应用层之间　C．传输层　D．应用层与会话层之间

● 堡垒主机是一台完全暴露给外网的主机，在维护内网安全方面发挥着非常大的作用。以下关于堡垒主机的叙述中，不正确的是__（7）__。

（7）A．堡垒主机具有输入输出审计功能　　B．需要设置防火墙以保护堡垒主机

C．堡垒主机能配置网关服务　　D．堡垒主机一般配置两块网卡

● 信息安全的级别划分为不同的维度，在下列划分中，正确的是__（8）__。

（8）A．系统运行安全和保密有5个层次，包括设备级安全、系统级安全、资源访问安全、功能性安全和数据安全

B．分为A级、B级、C级、D级4个级别

C．根据系统处理数据的重要性，系统可靠性分为A级和B级

D．根据系统处理数据的保密性，系统保密等级分为绝密、机密和秘密

● 电子邮件应用程序利用POP3协议__（9）__。

（9）A．创建邮件　B．加密邮件　C．发送邮件　D．接收邮件

● 关于TCP和UDP的说法，__（10）__是错误的。

（10）A．TCP和UDP都是传输层的协议　　B．TCP是面向连接的传输协议

C．UDP是可靠的传输协议　　D．TCP和UDP都是以IP协议为基础的

● 在OSI参考模型中，数据链路层处理的数据单位是__（11）__。

（11）A．比特　B．帧　C．分组　D．报文

● IP地址是在OSI模型的__（12）__定义。

（12）A．物理层　B．数据链路层　C．网络层　D．传输层

● 关于网络存储技术的描述，正确的是__（13）__。

（13）A．DAS是一种易于扩展的存储技术

B．NAS系统与DAS系统相同，都没有自己的文件系统

C．NAS可以使用TCP/IP 作为其网络传输协议

D．SAN采用了文件共享存取方式

● 应用系统运行中涉及的安全和保密层次包括系统级安全、资源访问安全、功能性安全和数据域安全。针对应用系统安全管理，首先要考虑__（14）__。

（14）A．系统级安全　B．资源访问安全　C．功能性安全　D．数据域安全

● 《中华人民共和国网络安全法》于2017年6月1日起开始施行，__（15）__负责统筹协调网络安全工作和相关监督管理工作。

（15）A．国务院电信主管部门　　B．工业和信息化部主管部门

C．公安部门　　D．国家网信部门

18 专业英语

知识点图谱与考点分析

系统集成项目管理工程师的考试中，英语题目的分值是唯一固定的，一直以来都是 5 分，对应的考题编号是 71～75。在这 5 分的分值中，包括计算机软件、网络、信息安全的专业英语以及项目管理专业英语，常规考核的 5 道题目中均是由这几方面的知识点混搭而成。

对于常见的项目管理的专业词汇均要求有一定的理解和掌握。除此之外，也经常考核专业技术方面的英语题。常见考核的形式有：考核项目管理的过程，包括项目管理过程的具体输入、输出和工具方法；考核新技术知识英语（近年趋势）；考核专业技术知识（软件、网络）英语。

参考题型

【考核方式 1】考核项目管理的过程，要求考生掌握各知识领域的过程的英文名称。

- The （1） process ascertains which risks have the potential of affecting the project and documenting the risks' characteristics.

（1）A．Risk Identification　　B．Quantitative Risk Analysis
C．Qualitative Risk Analysis　　D．Risk Monitoring and Control

■ 攻克要塞-试题分析 本题考核项目管理的风险管理过程。

其中，风险识别过程是确定哪些风险可能会对项目产生影响，并将这些风险的特征形成文档。A 是风险识别，B 是定量风险分析，C 是定性风险分析，D 是风险监控。

■ 参考答案 A

【考核方式 2】考核项目管理过程的工具，要求考生掌握九大知识领域中主要过程的主要工具。

- The strategies for handling risk comprise of two main types：negative risks and positive risks. The goal of the plan is to minimize threats and maximize opportunities. When dealing with negative risks, there are three main response strategies－ （2） , transfer, mitigate.

（2）A．challenge　　B．exploit　　C．avoid　　D．enhance

■ **攻克要塞-试题分析** 本题考核风险管理中的风险应对过程。原文翻译如下：风险应对策略包括两种主要类型：负面风险的应对策略和正面风险的应对策略。风险应对计划的目标是最小化威胁且最大化机会。处理负面风险有三种典型的战略：回避、转移和减轻。

A 选项是挑战，B 选项是开发，C 选项是回避，D 选项是提高。

■ **参考答案** C

【考核方式 3】考核专业技术知识。

- ____(3)____is a property of object-oriented software by which an abstract operation may be performed in different ways in different classes.

  (3) A. Method B. Polymorphism C. Inheritance D. Encapsulation

■ **攻克要塞-试题分析** 本题考核面向对象的技术。原文翻译如下：多态是面向对象的特征之一，它提供了一个抽象操作，在不同的类中能够执行不同的方法。

A 选项是方法，B 选项是多态，C 选项是继承，D 选项是封装。

■ **参考答案** B

【考核方式 3】考核新技术知识。

- Cloud storage is a model of computer of computer data storage in which the digital data is stored in logical pools. The physical storage spans multiple servers (sometimes in multiple locations), and the physical environment is typically owned and managed by a hosting company. As for the cloud concept, the cloud storage service is one kind of____(4)____。

  (4) A. IaaS B. PaaS C. SaaS D. DaaS

■ **攻克要塞-试题分析** 云存储是将数字数据存储在逻辑池中的计算机数据存储模型。物理存储跨越多个服务器（有时在多个位置），并且物理环境通常由托管公司拥有和管理。云存储服务是 IaaS 的一种。

■ **参考答案** A

[辅导专家提示] 英语考核中往往把软件、网络相关专业英语与项目管理英语混合考核，英语题涉及到新技术的，尤其以云存储服务模式的考核频率最高。此外，对于专业英语这一部分知识点，容易被考生忽视，建议在考前做做历年的英语题目，临时冲刺，非常重要。

课堂练习

- WLAN is increasingly popular because it enables cost-effective____(1)____among people and applications that were not possible in the past.

  (1) A. line B. circuit C. connection D. interface

- ____(2)____is not included in the main contents of the operation and maintenance of the information system.

  (2) A. Daily operation and maintenance B. System change
  C. Security management D. Business change

- In project time management, activity definition is the process of identifying and documenting the specific action to be performed to produce the project deliverables. ____(3)____are not output of activity definition.

（3）A．Activity lists　　B．Work breakdown structures
C．Activity attributes　　D．Milestone lists

- The customer asks your project to be completed 6 months earlier than planned. You think this target can be reached by-overlapping project activities. This approach is known as ___（4）___.

（4）A．balance engineering　　B．fast-tracking
C．leveling　　D．crashing

- The auditing function that provides feedback about the quality of output is referred to as___（5）___.

（5）A．quality control　　B．quality planning
C．quality assurance　　D．quality improvement

第三篇
案例分析篇

19

案例分析综述

按照命题的习惯，一般中级系统集成项目管理工程师考试的下午卷案例分析部分会有 5 道大题，每题 15 分，全部以计算题和问答题的形式出现，满分为 75 分。但自 2012 年下半年开始案例题数量变成 4 道，满分仍然是 75 分，这也就意味着单道题目的分值变高。

根据考试大纲的规定，系统集成项目管理工程师考试的案例分析（下午卷），即系统集成项目管理应用技术部分，试题范围相对比较窄，局限在项目管理的范畴之内。

具体的考核内容包括：可行性研究、项目立项、合同管理、项目启动、项目管理计划、项目实施、项目监督与控制、项目收尾、信息系统的运营、信息（文档）与配置管理、信息系统安全管理。

在考试大纲中，对下午卷案例分析的具体考核内容给出了描述，实际上，考生在复习中很难完全涵盖这些内容。对于考生来说，不仅面临知识上的问题，更面临方法上的问题。

考核内容属于知识层面的问题，考生可以借助于官方教材来解决，但是，当熟读教材后，碰到具体的案例分析题目时应如何解答呢？如何应用教材中的理论知识呢？解答过程中应该注意哪些事项？这就属于方法层面的问题。

本章将重点解决以上问题，其章节结构如图 19-1 所示。

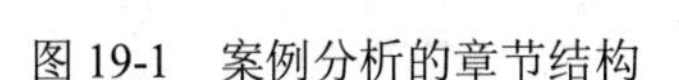
图 19-1　案例分析的章节结构

解题步骤

良好的解题思路是案例分析的基础，解题步骤包括三个环节：审题、析题和答题，如图 19-2 所示。

图 19-2 解题步骤

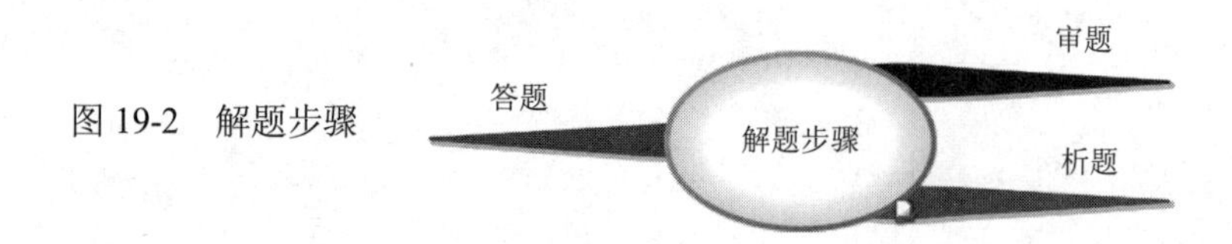

（1）审题。带着问题来筛选案例中相关的素材，明确以下问题。

1）考核的是哪个方面的知识点？确定范围。

2）有哪些关键词句？关键词决定答案。

3）标出试题中要回答的问题要点，问题要点作为主要线索用于分析思考案例。

（2）先析题，后动笔。

1）对照问题要点仔细阅读正文，一般都是若干个小问题，每个问题之间或层层递进，或属于大杂烩。

2）画出关键的字句。

3）结合已经知道的知识列出答题的要点（针对关键字句来列举，或者根据该领域的常见关键点来列举）。

（3）答题。

1）结论。针对问题直接作答，简洁明了。

2）列出原理。当然对原理和条款的回答不需要一字不差列出原文，只要答出基本意思即可。

3）以最简练的语言写出答案。

案例知识点

如表 19-1 和表 19-2 所示给出了历年考核的主要知识点以及分布情况。

表 19-1 历年考核的主要知识点

考试时间	试题 1	试题 2	试题 3	试题 4	试题 5
2009.5	时间管理	时间管理	质量管理	整体管理	整体管理
2009.11	合同管理	范围管理	时间管理	成本管理	质量管理
2010.5	合同管理	成本管理	质量管理	整体管理	配置管理
2010.11	时间管理	成本管理	风险管理	范围管理	配置管理
2011.5	范围管理	成本管理	质量管理	整体管理	IT 服务管理
2011.11	立项管理	时间管理	质量管理	合同管理	整体管理
2012.5	合同管理	成本管理	质量管理	整体/范围	配置管理
2012.11	整体/时间	整体/合同	成本管理	质量/沟通	/
2013.5	质量管理	时间管理	整体管理	配置管理	/
2013.11	立项管理	合同管理	整体管理	成本管理	/
2014.5	配置管理	合同管理	时间管理	成本管理	/
2014.11	时间/成本	立项管理	配置管理	范围/IT 服务	/
2015.5	时间/成本	整体/时间	合同管理	人力资源/IT 服务	/
2015.11	合同管理	范围管理	整体管理	时间/成本	/
2016.5	时间管理	合同管理	整体管理	合同/成本/时间	/
2017.5	立项管理	时间管理	风险管理	招投标	/

续表

考试时间	试题 1	试题 2	试题 3	试题 4	试题 5
2017.11	整体管理	时间管理	项目收尾	沟通/干系人	/
2018.5	合同管理	资源平衡	人力资源管理	风险管理	/
2018.11	整体管理	招投标/合同	挣值分析	质量管理	/
2019.05	质量管理	时间/成本	采购管理	风险管理	/

备注：整体管理的知识点中包括项目收尾和项目变更的内容。

一些主要考核的知识点及具体考核情况如表 19-2 所示：

表 19-2 考核知识点及具体考核情况

考核的知识点	考核的侧重点
1．立项管理	可行性研究；立项管理的内容和过程；建设方、承建方立项
2．项目整体管理	项目启动（项目章程）；项目管理计划的编制及内容；项目变更（变更的流程等）；项目收尾（项目不能结项或收尾的原因、项目总结）
3．项目范围管理	范围定义（范围说明书的内容）；WBS；范围控制（范围失控的因素、范围控制的方法、范围变更等）
4．项目时间管理	关键路径的计算（网络图、总时差、自由时差等） 进度计划（进度计划的种类、进度计划的工具） 进度控制（进度控制的工具、进度失控的原因及解决措施等）
5．成本管理	成本估算方法；挣值分析、完工预测；成本控制的内容
6．质量管理	质量管理计划的内容；质量保证（质量评审、质量保证的内容等）；质量控制的步骤；质量控制的方法和工具；质量管理常见的问题，质量失控的原因
7．合同管理	合同的内容；合同管理（合同变更、合同管理中存在的问题等）；合同履约与索赔
8．风险管理	风险分析；风险应对的措施；风险监控
9．配置管理	配置管理的基本概念；配置管理的活动
10．IT 服务管理	IT 服务管理流程；服务级别协议；运维服务管理
11．人力资源	人力资源计划内容；团队管理；团队建设阶段；激励理论
12．沟通管理	沟通管理计划；

[辅导专家提示] 在复习案例分析的过程中，建议考生定期地看看上述两张表，这两张表实际上已经给各位考生的复习指明了方向。从表 19-1 中可以看到，考核的重点相对比较集中，有些知识域如时间、成本、质量、合同、配置、范围的考核频率都非常高。另外，可以看到部分题的考核趋势越来越综合，在一道题目中考核的知识点可能涉及多个知识域，如计算题就将关键路径和挣值分析结合在一起进行考核。

从表 19-2 中可以看到具体考核的形式，考生在案例准备的过程中，完全可以依据表 19-2 来展开复习，熟悉表 19-2 中所提到的侧重点，这样可以做到事半功倍。最新的案例内容在公众号 ruankao580 中发布。

案例题型

根据对历年试题的研究，全部题型可以分为原因题、方法题、知识题和计算题这四大题型。这些题型是根据多年培训经验总结出来的。到目前为止，基本上全部考过的题目都属于这四大题型的范畴。同时，根据这 4 种题型，分别总结出 5 种解题的方法和技巧，可以大大提高考生的答题效率，尤其是对于缺乏项目经验的考生。

原因题

[题型特点] 对于原因题，其特点是根据案例的描述，从案例中找出存在的问题，其标志性语句是“为什么？”“问题的原因是什么？”。

例如：

分析导致软件子项目失控的可能原因。

针对说明中所描述的现象，分析公司在项目管理方面存在的问题。

请简要分析造成该项目售后存在问题的主要原因。

[辅导专家提示] 对于原因题，要求考生具备一定的项目管理经验，能够从上下文的描述中找到蛛丝马迹。对于复习应试来说，要能够从曾经做过的题目中找到可以“复用的答案”。考生在做题的基础上其实可以发现，原因题中有部分的题目的答案具有通用性，只要你在做题过程中注意总结。

方法题

[题型特点] 方法题是全部题型中最简单的题型，因为项目管理中的很多方法都是相同的。同时，方法题的得分往往和原因题密切相关，一般来说，第 1 小题是原因题，第 2 小题就是方法题。在原因题中要求考生找出问题所在，在方法题中要求考生找出解决问题 1 中所存在问题的方法，因此，这两道题目是环环相扣的。找到了原因，则找到了方法。

例如：

【问题 1】请用 150 字以内的文字，分析导致软件子项目失控的可能原因。

【问题 2】请用 200 字以内的文字，说明你认为 M 事先应该怎么做才能让小张作为子项目的项目经理，并避免软件子项目失控？

【问题 1】要求考生分析项目失控的可能原因，而【问题 2】要求找到解决项目失控的方法。

[辅导专家提示] 解答此类题型，最常用的解题方法之一是根据前述原因题所找到的问题逐个推导，一个问题对应一个解题方法。此外，大部分方法题的答案都和项目管理过程中的工具技术密切相关，所以对应表 19-1 和表 19-2 中所提及的过程的工具和技术需要有所了解。

知识题

[题型特点] 所谓的知识题，包含两个部分：记忆性知识（考核考生的识记能力，要求背诵相关知识点）和经验性知识（考核经验，考生具备相关经验即可），如图 19-3 所示。

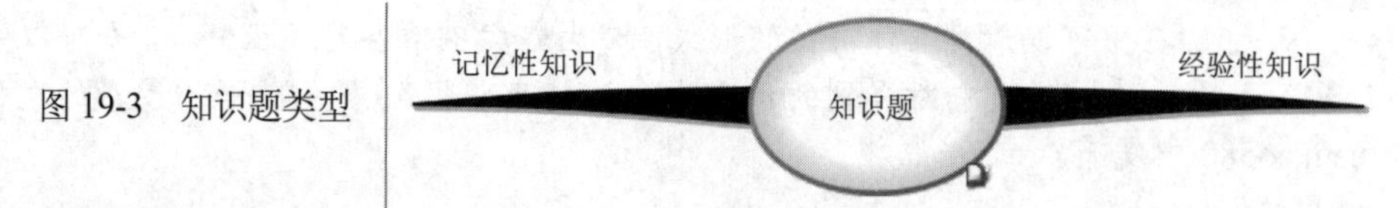

图 19-3 知识题类型

[记忆性知识] 考核考生的记忆力，对一些常见的知识要能背诵。

例如：请简述项目质量控制过程的基本步骤。

[经验性知识] 要求考生具备相关的工作经验。

例如：概述典型的系统集成项目团队的角色构成。

这两类题目恰好成两级趋势，一般记忆性知识回答得比较好的学员，却往往是工作不久、缺乏经验，而经验丰富的考生往往在这些涉及具体记忆性内容的题目上较难拿到高分。

根据对历年考试的总结，针对知识题中的记忆性知识，在此列举了可能涉及的内容，请考生完善表 19-3。

表 19-3 知识题总结

内容	所属知识领域	具体内容
可行性分析		
项目建议书		
项目章程		
项目计划		
质量控制的工具		
范围说明书		
配置管理计划		
风险管理计划		
风险应对计划		
质量管理计划		
合同的内容		

备注：考生自行翻书总结。

[辅导专家提示] 知识题的难点就在于“记忆”，但是真心不容易记住，所以在复习此类题型的过程中不能机械地背，只能采用联想记忆法，将枯燥的内容和某个场景结合起来。例如，可行性研究包含哪些内容？这个时候，采用“换位思考”，你作为一个项目的决策者要在城市修一座化工厂，在可行性研究中你要考虑什么？由此来“猜”答案。

另一个方法采用“关键字”助记。例如上表中提到的“质量控制的工具”，如果你记得关键字“流控只因怕见伞”（参见本书质量管理章节），就可以完整写出每个工具。

计算题

[题型特点] 侧重于计算，属于考试的重难点。包括关键路径法、完工概率、挣值分析、剩余完工成本、净现值和投资回收期等知识点，如图 19-4 所示。其中，挣值分析是近年来的难点，侧重于考核对 PV、EV、AC 的理解。

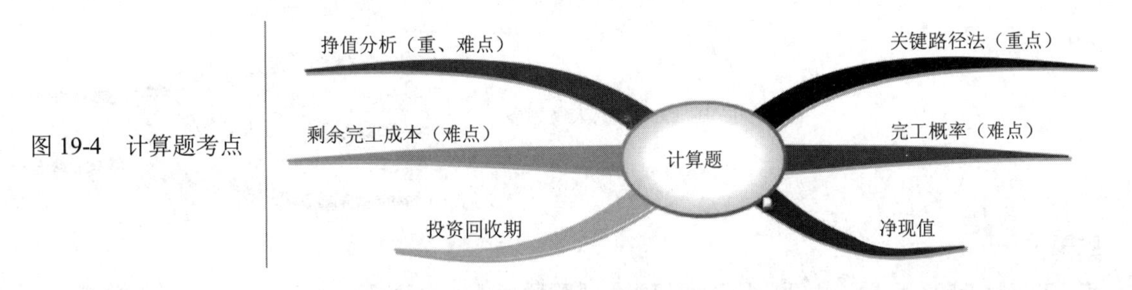

图 19-4 计算题考点

计算题在考试中扮演一个很重要的角色，如果考生能够掌握计算题的方法，则属于送分性质的题目；如果没有掌握计算题的解题方法，则属于拖后腿的题目。

对于系统集成资质的考试来说，涉及的计算题有三个部分：

（1）时间管理：关键路径法（重点）、完工概率（难点）。

关键路径法：上下午考试都可能考核，涉及 4 个参数（ES、EF、LS、LF）的计算，关键路径计算，总时差、自由时差的计算。

完工概率：考核的基础是三点估算法和标准差，在此基础上进行延伸，考核活动完成的概率，要求掌握标准差的公式以及对应的概率。应对的关键方法是面积法，通过面积法解百题。

（2）成本管理：挣值分析、完工预测。

挣值分析：早期只需要记住三个参数、四个指标以及公式即可，三个参数主要是 PV、EV 和 AC，四个指标主要指 CV、SV、CPI、SPI。但目前考核存在难度加深的趋势，深入考核对 PV、EV 和 AC 的理解，从一段文字描述中计算出 PV、EV 和 AC，对于没有掌握基本概念的考生，很难拿到全部分数。

完工预测：难点。关键在于掌握典型偏差和非典型偏差，早期记公式，能够判断典型或非典型偏差即可解题。现在考核对公式的理解，因此要求能够推导出典型偏差的公式，并能够充分理解。

（3）NPV、投资回收期。

NPV 和投资回收期属于立项管理中的知识点，某些教材可能放在成本管理的计算题中，该知识点在旧版的官方教材中有相关的例题，但下午卷的案例题一直没有考核过，如果考，一定是一个难点。

该知识点涉及的概念比较多，计算公式也比较多，如现值、NPV、投资回收期、投资回收率、投资回报率和内含报酬率等。考核方式非常灵活，从目前的考核趋势来看，出题的概率很低，此处简单提及。

[辅导专家提示] 计算题说它如何重要都不为过，几乎成为了必考题，基本上，考生搞定了计算题，就可以稳拿 15~25 分的分值。在实际的考核过程中，计算题集中在关键路径和挣值分析，而且最近几年来的考核特点往往是将挣值分析和关键路径法结合在一起进行考核。

五大解题法

针对案例题的题型，我们总结出几种解题的方法，分别为正推法、反推法、脱题法、想象法和 AB 法，如图 19-5 所示。每种方法具有各自的特点，但解某一道题时，往往要将几种方法结合起来运用。

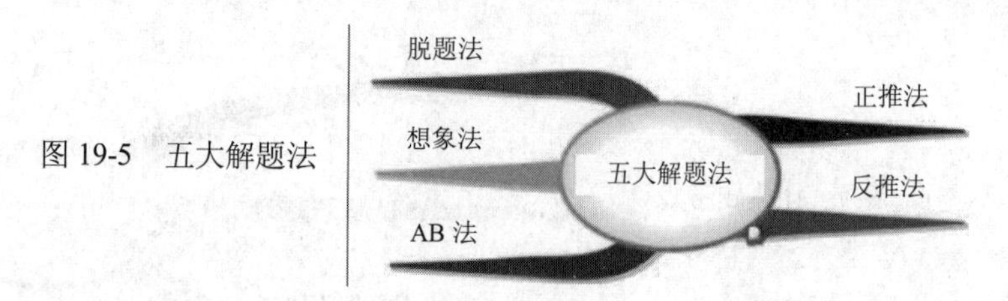

图 19-5　五大解题法

脱题法

[方法特点] 脱题法主要应用于知识题，采用脱题法看到题目即可作答，无需阅读案例全文。

例如：概述典型的系统集成项目团队的角色构成。

请简要叙述合同的索赔流程。

这类解题方法主要针对知识题，这类题型一般和案例本身没有太多关联，直接凭经验或者凭记忆即可作答。

正推法

[方法特点] 正推法是解答案例题时最常用的一种方法，该解题法的特点在于答案的推导有依据，每一个答案对应案例中的一个关键信息点，通过案例中的信息点逐条推导出答案。

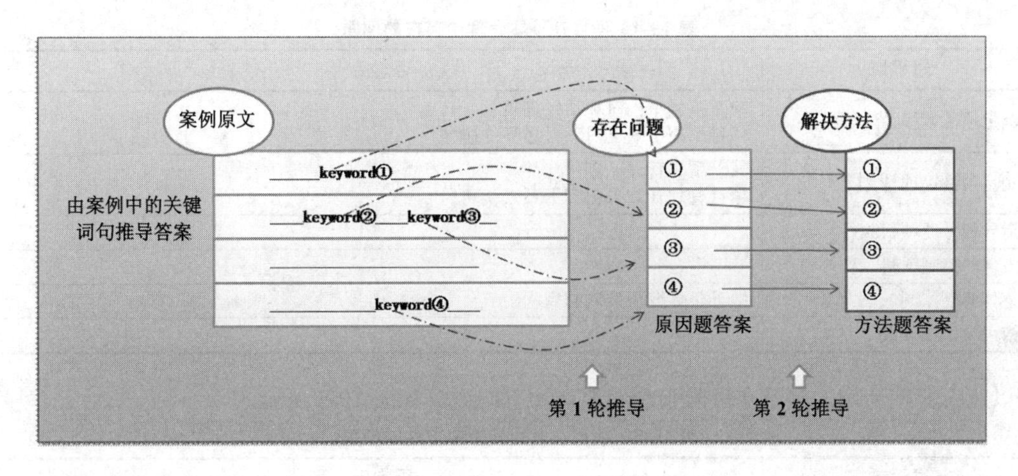

由案例原文推导答案，关键点在于把握案例中的关键句（keyword），每个关键句对应一个问题，全部问题构成案例的答案。

例如，以下案例：

王工按照 4 个月的工期重新制定了项目计划，向公司申请尽量多增派开发人员，并要求所有的开发人员加班加点工作以便向前赶进度。由于公司有多个项目并行实施，给王工增派的开发人员都是刚招进公司的新人。为节省时间，王工还决定项目组取消每日例会，改为每周例会。同时，王工还允许需求调研和方案设计部分重叠进行，允许需求未经确认即可进行方案设计。

那么，按照正推法，这段文字的描述中给出了很多有效的信息，标注如下：

王工按照 4 个月的工期重新制定了项目计划，①向公司申请尽量多增派开发人员，并要求所有的开发人员加班加点工作以便向前赶进度。由于公司有多个项目并行实施，给王工②增派的开发人员都是刚招进公司的新人。为节省时间，王工还决定项目组③取消每日例会，改为每周例会。同时，王工还允许需求调研和方案设计部分重叠进行，④允许需求未经确认即可进行方案设计。

根据①推导：简单地增加人力资源不一定能如期缩短工期，而且人员的增加意味着更多的沟通成本和管理成本，使得项目赶工的难度增大。

根据②推导：增派的人员各方面经验不足。

根据③推导：项目组的沟通存在问题，每周例会不能使问题及时暴露和解决，可能会导致更严重的问题出现。

根据④推导：需求未经确认即开始方案设计，一旦客户需求变化，将导致项目返工。

[辅导专家提示] 正推法主要用于原因题的解答。

反推法

[方法特点] 反推法是一种非常高效的方法，其应用原理非常简单。其原则是“凡是正确的，均予以否定”，否定的结果就是最终所需要的答案。

对于该方法的典型应用，请参考第 20 章“典型案例分析”试题 1“项目变更管理”。

一般来说，一些主要的知识领域均适合使用反推法来推导答案，如整体管理、范围管理、质量管理、风险管理等。以整体管理为例，项目在整体管理中存在如下问题，如表 19-4 所示。

表 19-4 项目在整体管理中存在的问题

过程域	否定后
制定项目章程	缺乏项目章程对项目经理授权 项目章程中缺乏对项目边界的确定
制定项目管理计划	缺乏项目管理计划 项目管理计划未得到干系人认可
指导和管理项目执行	
监督和控制项目工作	
整体变更控制	缺乏整体变更控制的规程
结束项目或阶段	

以风险管理为例，项目在风险管理中存在如下问题，如表 19-5 所示。

表 19-5 项目在风险管理中存在的问题

过程域	否定后
风险识别	没有充分识别风险 风险识别工具运营不恰当等
制定风险管理计划	没有制定风险管理计划等
风险定性分析	没有风险定性分析
风险定量分析	风险定性分析不够，缺乏定量分析
制定风险应对措施	没有制定风险应对措施
风险监控	没有及时监控到风险的变化

在这些应用过程中，需要提醒考生的是，反推的本质是“否定”。但考生在答题的过程中，不要去机械地否定，否定的内容可以是过程本身，但更多的时候可能是某个过程中所蕴含的具体内容。

例如，对制定项目章程的否定，简单的否定是“没有制定项目章程”，但考生在解答过程中需要结合上下文来判断这种否定是否正确，由于项目章程涉及对项目经理的任命和授权、对项目边界的确定等，因此，另一种否定的方式是对制定项目章程中所蕴含内容的否定。这样，答案有可能就是：缺乏项目章程对项目经理授权，项目章程中缺乏对项目边界的确定。

想象法

[方法特点] 想象法又称延伸法，之所以称为想象或延伸，主要在于此方法一般用于辅助答案的推导。一般来说，采用其他的方法可能存在局限性，不可能发现全部的答案，这时候可能需要运用想象法来找一些答案作为主要答案的一种补充。尤其是对案例提供信息比较少的题目，需要充分发挥考生的想象力。

对于文字少、信息量少的题目，如果采用直接推导的方式，很难发现题目中所蕴含的答案。一般来说，较好的应对方式除了前面所介绍的反推法之外，还有一种方法就是想象法，这种方法要求充分借鉴自己已有的经验，发挥自己的想象力来构造答案。

使用想象法的一个默认前提是：凡是不能证明其明显错误，又能解释得通的，均可作为参考答案。

为了避免想象法的漫无边际，因此，在实际的使用中提出几条原则性的内容来引导学生思考，避免天马行空式的想象。

AB 法

所谓 AB 法，就是回答问题的一种组合方式。对于主观题目来说，作为阅卷者，首先要找到考生的关键知识点，然后要看考生对关键知识点的理解，这里的关键知识点是得分之处。因此，与其让阅卷者在万千的文字中找到得分的关键知识点，还不如将关键知识点主动呈现在其眼前。在 AB 法中，A 代表知识点部分，B 代表对知识点进一步的阐述。

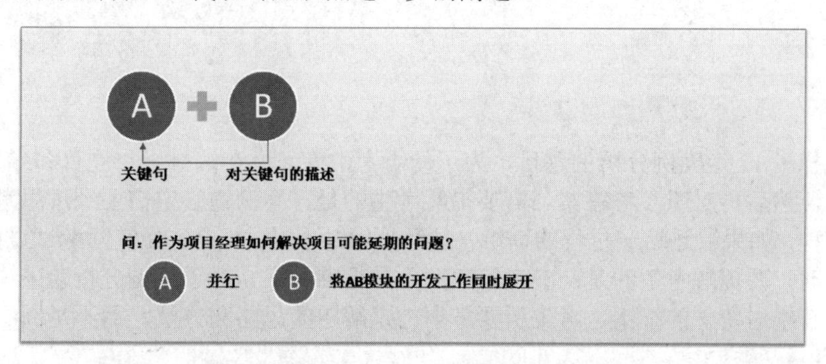

AB 法适用于试卷作答，是答案陈述的方法，A+B 组成了一条答案，便于阅卷者快速找到答题者的主旨。

例如：请问项目经理如何处理延期的问题？

一般性的回答是直接根据案例中的描述提出自己的解决方法。

（1）与客户沟通，在不影响项目主要功能的前提下，适当缩减项目范围（或分期交付，或适当降低项目性能指标）；

（2）投入更多的资源以加速活动进程，或申请指派经验更丰富的人去完成（或帮助完成）项目工作；

（3）让两项工作同时开始。

按照 A+B 模式，可以改造成：

（1）（A）缩减范围，（B）与客户沟通，在不影响项目主要功能的前提下缩减项目范围。

（2）（A）分期交付，（B）先交付关键功能模块。

（3）（A）赶工，（B）投入更多的资源以加速活动进程。

（4）（A）并行，（B）让工作 A 和工作 B 同时开始。

通过这样的改造，阅卷者可以清晰地看到答题者的逻辑以及答案中的关键得分点。

[辅导专家提示] 以上方法的总结是大量培训后总结的成果之一，对于方法，关键在于用，用的过程中理解，否则，你也就只是记住方法而已。同时，各种方法的应用并非唯一，有时候解一道题目需要多种方法综合应用。

20 典型案例分析

本章共选择了 12 道案例分析的题目，为了便于考生练习，在编排上将题目和参考答案分开，考生可先做题，然后再对照参考答案。需要提醒考生的是，案例题必定需要经过思考、组织语句、动笔答题的过程，如果缺乏这一过程的训练，且经验相对不足，那么，在实际考试过程中则会感到无话可说。同时，要提醒考生的是：参考答案并不是标准答案，对于案例分析题来说，仁者见仁、智者见智，没有绝对统一的答案，考生所要掌握的是解题的思路和方法，而不是囿于答案。

典型题型分布及说明

题号	所属学科/范围	考核知识点	题型概述
试题 1	整体管理	变更管理、变更流程	变更管理在案例中的出现频率较高
试题 2	时间管理	关键路径法	重点，单独的题型并没有过多的难点，注意其与挣值分析结合在一起考核，此外，注意时标网络图
试题 3	成本管理	挣值分析、完工预测	重难点，与关键路径法结合在一起进行考核
试题 4	质量管理	质量控制的工具、质量保证的内容、质量控制流程	重点，考核频率高
试题 5	范围管理	WBS 的制定	范围管理的案例题，WBS 是关键，此外，还有范围控制
试题 6	合同管理	索赔流程	考核概率高
试题 7	时间管理	进度失控原因、解决办法	除计算题外的另外一种考核方式，注重原因分析，要求熟悉进度控制的工具
试题 8	配置管理	配置管理基本概念、版本管理	常考
试题 9	立项管理	可行性分析	
试题 10	整体管理	项目收尾和验收	
试题 11	综合计算	挣值分析与关键路径	重点
试题 12	综合计算	挣值分析与关键路径	重点

典型题型的建议

考生没有大量的时间去覆盖所有与案例分析相关的知识点，因此，如何提高复习效率就是我们要认真思考的问题。本节中给出了 12 道典型题目以及参考答案，建议考生在学习本章节的过程中按照以下步骤展开学习：

（1）做：做题。独立做题，做题过程中不看参考答案，自己分析和思考。

（2）比：比较答案。将自己的答案和参考答案进行比较分析，发现问题，在分析异同的过程中进行思考。

（3）调：调整答案。根据与参考答案对比的结果调整自己的答案。

（4）总：总结。对题目特点进行总结。

在总结过程中要注意，除了正在做的题目外，往年考试中类似的题目也要拿出来进行比较，发现相似处，提炼出可以复用的答案。

典型题

试题 1　项目变更管理

【说明】在一个正在实施的系统集成项目中出现了以下情况：一个系统的用户向他所认识的一个项目开发人员抱怨系统软件中的一项功能问题，并且表示希望能够进行修改。于是，该开发人员就直接对系统软件进行了修改，解决了该项功能问题。针对这样一种情况，请分析如下问题：

【问题 1】请用 150 字以内的文字，说明上述情况中存在哪些问题？

【问题 2】请用 300 字以内的文字，说明上述情况可能会导致什么样的后果？

【问题 3】请用 300 字以内的文字，说明项目管理中完整的变更处置流程。

试题 2　关键路径法

【说明】某系统集成项目的建设方要求必须按合同规定的期限交付系统，承建方项目经理李某决定严格执行项目进度管理，以保证项目按期完成。他决定使用关键路径法来编制项目进度网络图。在对工作分解结构进行认真分析后，李某得到一张包含活动先后关系和每项活动初步历时估计的工作列表，如下所示：

活动代号	前序活动	活动历时（天）
A	-	5
B	A	3
C	A	6
D	A	4

活动代号	前序活动	活动历时（天）
E	B、C	8
F	C、D	5
G	D	6
H	E、F、G	9

【问题 1】（5 分）

（1）请计算活动 B、C、F 的自由浮动时间；

（2）请计算活动 D．G 的最迟开始时间。

【问题 2】（4 分）如果活动 B 拖延了 4 天，则该项目的工期会拖延几天？请说明理由。

【问题 3】（6 分）按照题干所述，李某实际完成了项目进度管理的什么过程？如果要进行有效的项目进度管理，还要完成哪些过程？

试题 3　挣值分析

【说明】某信息系统开发项目由弘道公司承建，工期 1 年，项目总预算 20 万元。目前项目实施已进行到第 8 个月末。在项目例会上，项目经理就当前的项目进展情况进行分析和汇报，截止到第 8 个月末的项目执行情况分析表如下所示。

序号	活动	计划成本值（元）	实际成本值（元）	完成百分比
1	项目活动	2000	2100	100%
2	可行性研究	5000	4500	100%
3	需求调研	10000	12000	100%
4	设计选型	75000	86000	90%
5	集成实施	65000	60000	70%
6	测试	20000	15000	35%

【问题 1】（8 分）请计算截止到第 8 个月末该项目的成本偏差（CV）、进度偏差（SV）、成本执行指数（CPI）和进度执行指数（SPI），判断项目当前在成本和进度方面的执行情况。

【问题 2】（7 分）请简要叙述成本控制的主要工作内容。

试题 4 质量管理

【说明】M 公司是一个仅有二十几名技术人员的小型信息系统集成公司，运营三年来承担过不同规模的二十多个系统集成项目，积累了一定的项目经验。由于公司尚处于成长期，有些工作尚未规范，某些项目存在质量问题。

公司管理层决定采取措施，加强质量管理工作。这些措施包括：提高公司的技术和管理人员的素质；专门招聘几名有经验的项目管理人员；成立了专门的质量管理部门，委派新招聘的陈工担任质量管理部门的经理，全面负责公司的质量管理。

【问题 1】(6 分)

项目经理就项目质量保证活动的基本内容向陈工请教，请问陈工应如何回答？

【问题 2】(3 分)

陈工对质量管理的方法、技术和工具进行了整理，主要包括：传统的检查、测试、___(A)___和 6σ。另外，业界在开展全面质量管理的过程中，通常将___(B)___、流程图、直方图、检查表、散点图、___(C)___和控制图称为“老七种工具”，而将相互关系图、亲和图、___(D)___、矩阵图、___(E)___、过程决策程序图和___(F)___称为“新七种工具”。

请将上面的叙述补充完整（将空白处应填写的恰当内容写在答题卡的对应栏内）。

【问题 3】(6 分)

公司任命张工为某项目的项目经理，针对项目质量控制过程的基本步骤，陈工可对张工提出怎样的指导性建议？

____

____

____

____

____

试题 5 WBS

【说明】

M 公司承担了某大学图书馆存储及管理系统的开发任务，项目周期 4 个月。

小陈是 M 公司的员工，半年前入职。在校期间，小陈跟随导师做过两年的软件开发，具有很好的软件开发基础。领导对小陈很信任，本次任命小陈担任该项目的项目经理。项目立项前，小陈参与了用户前期沟通会议，并承担了需求分析工作。

会议后，相关部门按照要求整理会议所形成的决议和共识，并发给客户等待确认。为了节约时间，小陈根据自己在沟通会议上记录的结果，当晚组织相关人员撰写了软件需求规格说明书。次日便要求设计人员开始进行系统设计，并指出项目组成员必须严格按照进度计划执行，以不辜负领导的期望与嘱托。

项目进行了 2 个月后，校方主管此业务的新领导到任，并提出了新的信息化管理要求。小陈进行变更代价分析，认为成本超支严重，于是小陈准备不进行范围变更，并将结果通知客户，引起客户不满。

项目进入测试阶段后，M 公司开展内部管理审查活动，此项目作为在建项目接受了抽查，项目审查员对该项目提出了多个问题，范围管理方面的问题尤为突出。

【问题 1】（5 分）结合本案例，分析小陈在此项目中的项目范围管理方面可能存在的不足。

【问题 2】（6 分）小陈组织人员撰写的项目 WBS 如下：

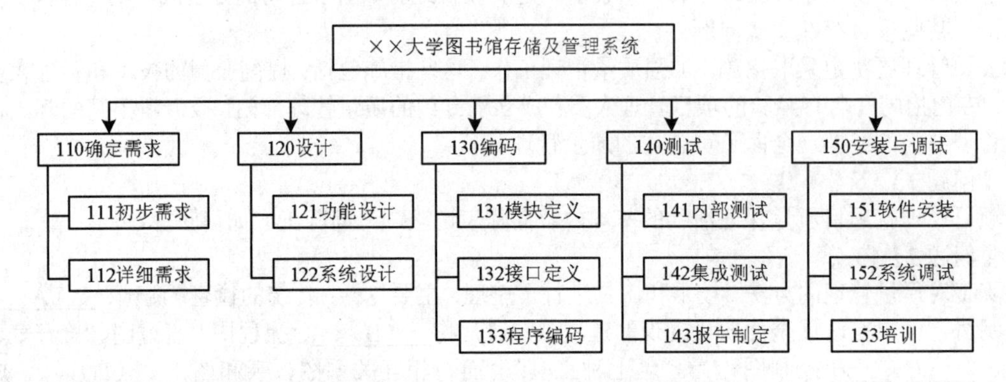

（1）请说明，上述 WBS 结构是将____________作为第一层进行分解的。除了上述方法，还可以采用____________方式进行分解。

（2）从上图来看，完整的 WBS 中除了实现最终产品或服务所必须进行的技术工作，还需要包括__________。

（3）创建 WBS 时要遵循哪些原则？供选择答案（将正确选项的字母填入答题卡的对应栏内）如下：

A．在各层次上保持项目的完整性，避免遗漏必要的组成部分

B．一个工作单元可从属于某些上层单元

C．相同层次的工作单元可以具有不同性质

D．工作单元应能分开不同责任者和不同工作内容

E．便于项目管理进行计划、控制的管理需要

F．最低层工作应该具有可比性，是可管理的、可定量检查的

G．分解到一定粒度的工作包

H．WBS 不包括分包出去的工作

【问题 3】（4 分）

（1）请指出案例中引起范围变更的原因。

（2）一般情况下，造成项目范围变更还有哪些主要原因？

试题 6　合同索赔

【说明】在某市的政府采购中，弘道系统集成公司甲中标了市政府部门乙的信息化项目。经过

合同谈判，双方签订了建设合同，合同总金额为 1150 万元，建设内容包括搭建政府办公网络平台、改造中心机房和采购所需的软硬件设备。

甲公司为了更好地履行合同要求，将中心机房的电力改造工程分包给专业施工单位丙，并与其签订分包合同。

在项目实施了 2 个星期后，由于政府部门乙提出了新的业务需求，决定将一个机房分拆为两个，因此需要增加部分网络交换设备。乙参照原合同，委托甲采购相同型号的网络交换设备，金额为 127 万元，双方签订了补充协议。

在机房电力改造施工过程中，由于施工单位丙工作人员的失误，造成部分电力设备损毁，导致政府部门乙两天无法正常办公，严重损害了政府部门乙的社会形象，因此政府部门乙就此施工事故向公司甲提出索赔。

【问题 1】（2 分）案例中，政府部门乙向公司甲提出索赔。索赔是合同管理的重要环节，按照我国建设部、财政部下达的通用条款，以下哪项不属于索赔事件处理的原则？（从候选答案中选择一个正确选项，将该选项的字母填入答题卡的对应栏内）

候选答案：

A．索赔必须以合同为依据　　B．索赔必须以双方协商为基础

C．及时、合理地处理索赔　　D．加强索赔的前瞻性

【问题 2】（8 分）请指出公司甲与政府部门乙签订的补充协议是否有不妥之处？如有，请指出并说明依据。

【问题 3】（5 分）请简要叙述合同索赔的流程。

【问题 4】（5 分）案例中，公司甲将中心机房的电力改造分包给专业施工单位丙，并与其签证分包台同，请问公司甲与公司丙签订的分包合同是否合理？为什么？

____

____

____

____

____

试题 7　进度控制

【说明】弘道公司成功中标 S 市的电子政务工程。弘道公司的项目经理王工组织相关人员对该项目的工作进行了分解，并参考以前曾经成功实施的 W 市电子政务工程项目，估算该项目的工作量为 120 人月，计划工期为 6 个月。项目开始不久，为便于应对突发事件，经业主与弘道公司协商，同意该电子政务工程必须在当年年底之前完成，而且还要保质保量。这意味着项目工期要缩短为 4 个月，而项目工作量不变。

王工按照 4 个月的工期重新制定了项目计划，向公司申请尽量多增派开发人员，并要求所有的开发人员加班加点工作以便向前赶进度。由于公司有多个项目并行实施，给王工增派的开发人员都是刚招进公司的新人。为节省时间，王工还决定项目组取消每日例会，改为每周例会。同时，王工还允许需求调研和方案设计部分重叠进行，允许需求未经确认即可进行方案设计。

最后，该项目不但没能 4 个月完成，反而一再延期，迟迟不能交付。最终导致 S 市政府严重

不满，项目组人员也多有抱怨。

【问题1】（6分）请简要分析该项目一再延期的主要原因。

【问题2】（6分）请简要说明项目进度控制可以采用的技术和工具。

【问题3】（3分）请简要说明王工可以提出哪些措施以有效缩短项目工期。

____

____

____

____

____

试题8　配置管理

【说明】某信息系统开发公司承担了某企业的ERP系统开发项目，由项目经理老杨带领着一支6人的技术团队负责开发。由于工期短、任务重，老杨向公司申请增加人员，公司招聘了2名应届大学毕业生小陈和小王补充到该团队中。老杨安排编程能力强的小陈与技术骨干老张共同开发某些程序模块，而安排编程技术弱的小王负责版本控制工作。在项目开发初期，小陈由于不熟悉企业的业务需求，需要经常更改他和老张共同编写的源代码文件，但是他不知道哪个是最新版本，也不知道老张最近改动了哪些地方。一次由于小王的计算机中了病毒，造成部分程序和文档丢失，项目组不得不连续一周加班进行重新返工。此后，老杨吸取教训，要求小王每天下班前把所有最新版本的程序和文档备份到2台不同的服务器上。一段时间后，项目组在模块联调时发现一个基础功能模块存在重大bug，需要调取之前的备份进行重新开发。可是小王发现，这样一来，这个备份版本之后的所有备份版本要么失去意义，要么就必须全部进行相应的修改。项目工期过半，团队中的小李突然离职，老杨在他走后发现找不到小李所负责模块的最新版本的源代码了，只好安排其他人员对该模块进行重新开发。

整个项目在经历了重重困难，进度延误了2个月后终于勉强上线试运行。可是很快用户就反映系统无法正常工作。老杨带领所有团队成员在现场花费了1天时间终于找出问题所在，原来是2台备份服务器上的版本号出现混乱，将测试版本中的程序打包到了发布版本中。

【问题1】（5分）

在（1）～（5）中填写恰当的内容。

为了控制变更，软件配置管理中引入了__（1）__这一概念。根据这个定义，在软件的开发流程中把所有需加以控制的配置项分为两类，其中，__（2）__配置项包括项目的各类计划和报告等。配置项应该按照一定的目录结构保存到__（3）__中。所有配置项的操作权限由__（4）__进行严格管理，其中__（5）__配置项向软件开发人员开放读取的权限。

（1）～（5）供选择的答案：

A．版本　　B．基线　　C．配置项　　D．非基线　　E．受控库

F．静态库　　G．配置库　　H．CMO　　I．PM　　J．CCB

【问题2】（4分）结合案例，请分析为什么要进行配置项的版本控制？

【问题3】（5分）简述配置项的版本控制流程。

【问题4】（8分）针对该项目在配置管理方面存在的问题，结合你的项目管理经验，为老杨提出一些改进措施。

试题9 可行性分析

【说明】

去年底，某大型企业集团的财务处经过分析发现，员工手机通话量的80%是在企业内部员工之间进行的，而90%的企业内部通话者之间的距离不到1000米。如果能引入一项新技术降低或者免掉内部员工的通话费，这对集团来说将能节省很大一笔费用，对集团的发展意义相当大。财务处将这个分析报告给了集团的总经理，总经理又把这个报告转给了集团信息中心主任李某，责成他拿出一个方案来实现财务处的建议。

李某找到了集团局域网的原集成商A公司并反映了集团的需求。A公司管理层开会研究后命令项目经理章某积极跟进，与李某密切联系。章某经过调研，选中了一种基于无线局域网IEEE802.11n改进的新技术——“无线通”手机通信系统，也了解到有一家山寨机厂家在生产这种新技术手机。这种手机能自动识别“无线通”、移动和联通，其中“无线通”为优先接入。经过初步试验，发现通话效果很好，因为是构建在集团现有的局域网之上，除去购买专用无线路由器和这种廉价手机之外，内部通话不用缴费。而附近其他单位听说后，也纷纷要求接入“无线通”，于是章某准备放号，并准备收取这些单位适当的话费。

但等到“无线通”在集团内部推广时，发现信号覆盖有空白、噪声太大、高峰时段很难打进打出，更麻烦的是当地政府的主管部门要他们暂停并要对他们罚款。此时章某骑虎难下，欲罢不能。

【问题1】（4分）造成这样局面的可能原因是什么？章某在实施“无线通”时可能遇到的风险有哪些？

【问题2】（5分）针对本案例，章某应该在前期进行可行性分析，请问可行性分析的基本内容有哪些？

【问题3】（6分）请用200字以内的文字，简要叙述章某为走出这样的局面可能采取的措施。

试题10 项目收尾

【说明】弘道公司是一家专门从事ERP系统研发和实施的IT企业，目前该公司正在进行的一个项目是为某大型生产单位（甲方）研发ERP系统。

弘道公司与甲方的关系比较密切，但也正因如此，合同签得较为简单，项目执行较为随意。同时，甲方组织架构较为复杂，项目需求来源多样且经常发生变化，项目范围和进度经常要进行临时调整。

经过项目组的艰苦努力，系统总算能够进入试运行阶段，但是由于各种因素，甲方并不太愿意进行正式验收，至今项目也未能结项。

【问题 1】（6 分）请从项目管理的角度，简要分析该项目未能结项的可能原因。

【问题 2】（5 分）针对该项目的现状，简要说明为了促使该项目进行验收，可采取哪些措施？

【问题 3】（4 分）为了避免以后出现类似情况，请简要叙述弘道公司应采取哪些有效的管理手段？

试题 11 综合计算

【说明】已知某信息工程由 A、B、C、D、E、F、G、H 八个活动构成，项目的活动历时、活动所需人数、费用及活动逻辑关系如下表所示。

活动	历时（天）	所需人数	费用（元/人天）	紧前活动
A	3	3	100	-
B	2	1	200	A
C	8	4	400	A
D	4	3	100	B
E	10	2	200	C
F	7	1	200	C
G	8	3	300	D
H	5	4	200	E、F、G

【问题 1】请给出该项目的关键路径和工期

【问题 2】第 14 天晚的监控数据显示活动 E、G 均完成一半，F 尚未开始，项目实际成本支出 12000 元。

（1）请计算此时项目的计划值 PV 和挣值 EV

（2）请判断此时项目的成本偏差 CV 和进度偏差 SV，以及成本和进度执行情况

【问题 3】若后续不做调整，项目的工期是否有影响？为什么？

【问题 4】

（1）请给出总预算 BAC．完工尚需估算 ETC 和完工估算 EAC 的值。

（2）请预测是否会超过总预算？完工偏差 VAC 是多少？

试题 12 综合计算

【说明】

项目经理老刘把编号为 1401 的工作包分配给张工负责实施，要求他必须 25 天内完成。任务开始时间是 3 月 1 日早 8 点，每天工作时间为 8 小时。

张工对该工作包进行了活动分解和活动历时估算，并绘制了如下的活动网络图。

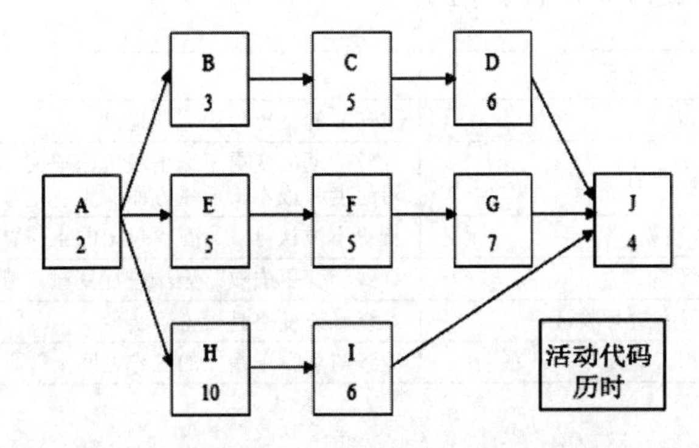

1401 工作包的直接成本由人力成本（每人每天的成本是 1000 元）构成，每个活动需要 2 人完成。

【问题 1】（9 分）请将下面（1）～（6）处的答案填写在答题卡的对应栏内。

张工按照 1401 工作包的活动网络图制定了工作计划，预计总工期为___（1）___天。按此计划，预留的时间储备是___（2）___天。该网络图的关键路径是___（3）___。按照 1401 工作包的活动网络图所示，计算活动 C 的总时差是___（4）___天，自由时差是___（5）___天。正常情况下，张工下达给活动 C 的开工时间是 3 月___（6）___日。

【问题 2】（6 分）假如活动 C 和活动 G 都需要张工主持施工（张工不能同时对活动 C 和活动 G 进行施工），请进行如下分析：

（1）由于各种原因，活动 C 在 3 月 9 日才开工，按照张工下达的进度计划，该工作包的进度是否会延迟？并说明理由。

（2）基于（1）所讲的情况，在不影响整体项目工期的前提下，请分析张工宜采取哪些措施。

【问题 3】（10 分）张工按照 1401 工作包的活动网络图编制了进度计划和工作包预算，经批准后发布。在第 12 天的工作结束后，活动 C、F、H 都刚刚完成，实际花费为 7 万元。请做如下计算和分析：

（1）当前时点的 SPI 和 CPI。

（2）在此情况下，张工制订的进度计划是否会受到影响？并说明理由。

参考答案

试题 1　项目变更管理

[辅导专家提示]　本题是反推法的典型题型，主要帮助考生通过此题熟悉反推法。解题步骤可以先解答问题 3，得到变更管理的基本流程，然后对基本流程进行否定，得到存在的问题（问题 1），根据存在的问题，正推导致的后果（问题 2）。

标准流程	否定后	后果
变更申请	缺乏变更申请	对产品的变更历史无法追溯
变更评估	未对变更进行评估	导致后期的变更工作出现工作缺失、与其他工作不一致等问题，对进度、成本、质量方面产生一定影响
变更决策	未经过 CCB 决策	变更不被认可，为变更付出的工作量也无法得到承认
变更实施	未进行版本管理	导致当变更失败时无法进行复原，造成成本损耗和进度拖延
变更验证	变更完成后没有进行验证	难以确认变更是否正确实现
沟通存档	没有沟通存档，通知项目干系人	导致与项目干系人的工作之间出现不一致之处

■ 参考答案

【问题 1】存在的主要问题有：

（1）对用户的要求未进行记录；

（2）对变更请求未进行足够的分析，也没有获得批准；

（3）在修改过程中没有注意进行版本管理；

（4）修改完成后未进行验证；

（5）修改的内容未与项目干系人进行沟通。

【问题 2】可能导致如下后果：

（1）缺乏对变更请求的记录，可能会导致对产品的变更历史无法追溯，并会导致对工作产物的整体变化情况失去把握。

（2）缺乏对变更请求的分析，可能会导致后期的变更工作出现工作缺失、与其他工作不一致等问题，对项目的进度、成本、质量方面也会产生一定影响。

（3）在修改过程中不注意版本管理，一方面可能会导致当变更失败时无法进行复原，造成成本损耗和进度拖延；另一方面，对于组织财富和经验的积累也是不利的。

（4）修改完成后不进行验证，则难以确认变更是否正确实现，为变更付出的工作量也无法得到承认。

（5）未与项目干系人进行沟通，可能会导致与项目干系人的工作之间出现不一致之处，进而影响项目的整体质量。

【问题 3】变更管理的基本流程如下：

（1）变更申请。应记录变更的提出人、日期、申请变更的内容等信息。

（2）变更评估。对变更的影响范围、严重程度、经济和技术可行性进行系统分析。

（3）变更决策。由具有相应权限的人员或机构决定是否实施变更。

（4）变更实施。由管理者指定的工作人员在受控状态下实施变更。

（5）变更验证。由配置管理人员或受到变更影响的人对变更结果进行评价，确定变更结果与预期是否相符、相关内容是否进行了更新、工作产物是否符合版本管理的要求。

（6）沟通存档。将变更后的内容通知可能会受到影响的人员，并将变更记录汇总归档。如提出的变更在决策时被否决，其初始记录也应予以保存。

试题 2 关键路径法

[辅导专家提示] 关键路径的题目并没有所谓的超难题型，一般来说，关键路径的题目出错，多半是自己不熟练或粗心大意所致。对于关键路径的解题方法来说，强烈推荐各位考生在草稿纸上画大图，基于图形仔细推导。

本题在阅读参考答案的过程中注意给分分值的分布，在具体答题的过程中注意答题的步骤，对于计算题建议有过程，而不能直接地写答案。

■ 攻克要塞-试题分析 活动节点图例，如图所示：

ES	工期	EF
工作编号		
LS	总时差	LF

解答关键路径的题目，所涉及的常用公式如下：

公式 1：ES（最早开始时间）= MAX{所有前序活动的 EF}

公式 2：EF（最早完成时间）= ES+D，其中 D 为当前活动历时

公式 3：LF（最晚完成时间）= MIN{后继活动的 LS}

公式 4：LS（最晚开始时间）= LF−D，其中 D 为当前活动历时

公式 5：TF（总时差）= LS−ES

公式 6：FF（自由活动时间）= MIN{后继活动的 ES}−EF

对于关键路径上的活动来说，ES（最早开始）= LS（最迟开始），EF（最早完成）= LF（最迟完成），因为关键路径上的活动是不允许延迟的，否则就会影响总工期。据此，TF 和 FF 必为 0。

根据题意求出活动网络图，如下：

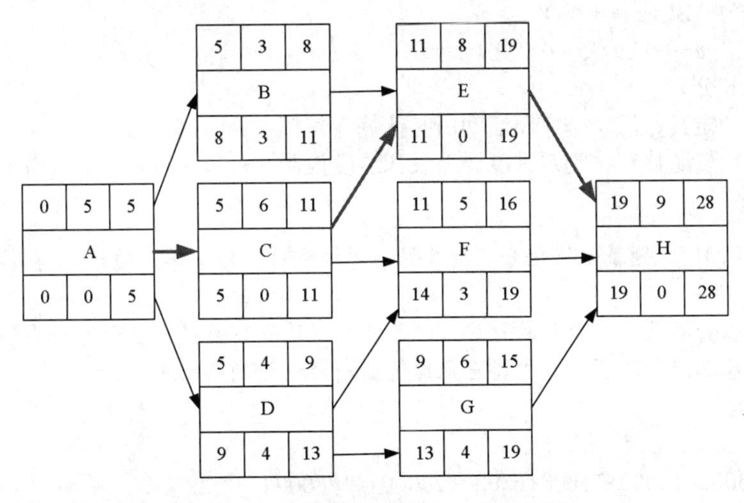

由图可以知道，路径 ACEH 最长，即为关键路径，工期 28 天。

而活动 B 延期 4 天，B 历时变为 7 天后，进度网络图如下图所示。

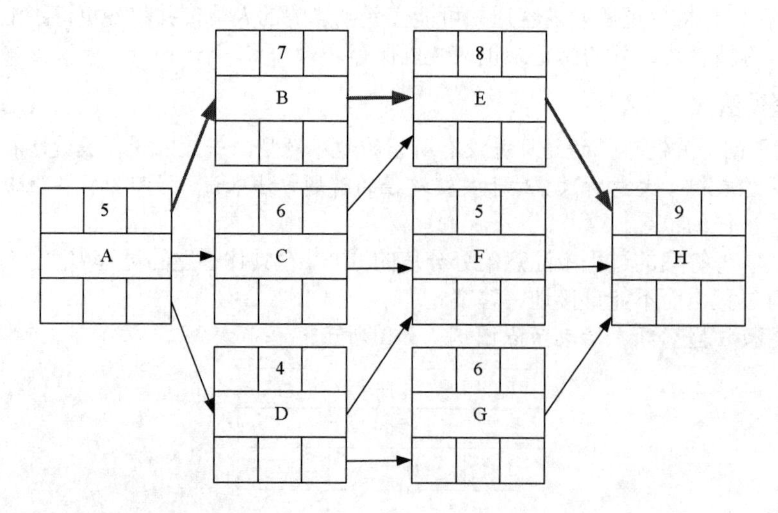

关键路径变为 ABEH，工期 29 天，延长了 1 天。

■ 参考答案

【问题 1】（5 分）（每个计算结果 1 分，满分 5 分）

（1）B 的自由浮动时间为 3 天；C 的自由浮动时间为 0 天；F 的自由浮动时间为 3 天。

（2）D 的最迟开始时间为 9 天；G 的最迟开始时间为 13 天。

【问题 2】（4 分）

结果拖延了 1 天。（1 分）

理由：

原关键路径为 ACEH。（1 分）

原工期 = 5+6+8+9 = 28 天（0.5 分）

新关键路径为 ABEH。（1 分）

新工期 = 5+7+8+9 = 29 天（0.5 分）

【问题 3】（6 分）

已完成：活动定义、活动排序和活动历时估算（每项 1 分，满分 3 分）

待完成：活动资源估算、制定进度计划表和进度控制（每项 1 分，满分 3 分）

试题 3　挣值分析

[辅导专家提示]　本题属于挣值分析计算题，考核相对比较简单。通过此题帮助考生熟悉挣值分析的基本概念。

挣值分析往往会涉及一些很难的题目，但题目解题的一个关键点在于时刻要想到 PV 和 EV 的基本概念，只有基本概念理顺了，才能避免掉进出题者设计的陷阱中。

■ 参考答案

【问题 1】

PV = 2000+5000+10000+75000+65000+20000 = 177000

AC = 2100+4500+12000+86000+60000+15000 = 179600

$EV = 2000\times100\%+5000\times100\%+10000\times100\%+75000\times90\%+65000\times70\%+20000\times35\% = 137000$

$CV = EV-AC = 137000-179600 = -42600$

$SV = EV-PV = 137000-177000 = -40000$

$CPI = EV/AC = 137000/179600 = 0.76$

$SPI = EV/PV = 137000/177000 = 0.77$

项目当前执行情况：成本超支，进度滞后。

【问题 2】成本控制的主要工作内容如下：

（1）对造成成本基准变更的因素施加影响；

（2）确保变更请求获得同意；

（3）当变更发生时，管理这些实际的变更；

（4）保证潜在的成本超支不超过授权的项目阶段资金和总体资金；

（5）监督成本绩效，找出与成本基准的偏差；

（6）准确记录所有与成本基准的偏差；

（7）防止错误的、不恰当的或未批准的变更被纳入成本或资源使用报告中；

（8）就审定的变更通知项目干系人；

（9）采取措施，将预期的成本超支控制在可接受的范围内。

试题 4 质量管理

[辅导专家提示] 质量保证是用于有计划、系统的质量活动，确保项目中的所有过程满足项目干系人的期望。质量保证是贯穿整个项目全生命周期的、有计划的、系统的活动。它经常性地针对整个项目质量计划的执行情况进行评估、审计与改进工作。

本题的特点在于解题过程中熟悉和运用“关键字法”，比如问题 2 中所提到的工具，正好对应关键字“流控只因怕见伞”（全部的工具和对应的关键字请参考对应章节）。

■ 参考答案

【问题 1】（6 分）（每项 1.5 分，满分 6 分）

（1）制订质量标准；（2）制订质量控制流程；（3）提出质量保证所采用的方法和技术；（4）建立质量保证体系。

【问题 2】（3 分）（填对一空给 0.5 分，满分 3 分，其中 B 和 C 的答案可以互换，D. E、F 的答案可以互换）

（A）统计抽样　　（B）因果图　　（C）排列图

（D）树状图　　（E）优先矩阵图　　（F）活动网络图

【问题 3】（6 分）（每条 1 分，满分 6 分）

（1）选择控制对象；（2）为控制对象确定标准或目标；（3）制定实施计划，确定保证措施；（4）按计划执行；（5）对项目实施情况进行跟踪监督、检查，并将监测的结果与计划或标准相比较；（6）发现并分析偏差；（7）根据偏差采取相应对策。

试题 5 WBS

[辅导专家提示] 范围管理中有几个重要过程：范围定义、制定 WBS 和范围确认。本题考核制定 WBS，WBS 的题型出现时一般都有 WBS 的图形，考核分解方式、特点、分解原则等。

■ 参考答案

【问题1】

①没有制定项目范围计划；②没有进行范围定义（或没有形成范围说明书）；③没有进行范围确认（或未与项目干系人统一意见就开始设计）；④变更应遵循整体变更流程；⑤范围管理中与干系人的沟通存在问题（或范围变更未与干系人取得统一意见）；⑥SRS未评审就付诸行动。

【问题2】

①项目的生命周期。把项目可交付物作为分解中的第一层，把子项目安排在第二层；②项目管理工作；③供选择答案（将正确选项的字母填入答题卡的对应栏内）：

A．在各层次上保持项目的完整性，避免遗漏必要的组成部分

D．工作单元应能分开不同的责任者和不同的工作内容

E．便于项目管理进行计划、控制的管理需要

F．最低层工作应该具有可比性，是可管理的、可定量检查的

【问题3】（4分）

①客户对项目、项目产品或服务的要求发生变化；②项目环境发生变化（如政府政策发生变化）；③范围计划编制有错误或遗漏；④市场出现了新技术、新手段或新方案；⑤项目实施组织发生了变化。

试题6　合同索赔

[辅导专家提示]　本题除了关注所考核的知识点之外，还要注意答题的方式，在问题2和问题4的解答中，我们标示出了分值是如何分布的。以问题2的解答为例，答案中《政府采购法》在具体评分标准中占有1~2分。涉及法律法规的解答，考生最容易忽视要写上法律法规的名称。

■ 参考答案

【问题1】①索赔必须以合同为依据；②必须注意资料的积累；③及时、合理地处理索赔；④加强索赔的前瞻性，有效地避免过多索赔事件的发生。

【问题2】不妥之处为补充协议的合同金额超过了原合同总金额的10%。（2分）

根据《中华人民共和国政府采购法》的规定，政府采购合同履行中，采购人需要追加与合同标的相同的货物、工程或服务，在不改变合同其他条款的前提下，可以与供应商协商签订补充合同，但所有补充合同的采购金额不得超过原合同采购金额的10%。（4分）

【问题3】①提出索赔要求；②报送索赔资料；③索赔答复；④索赔认可（索赔存在分歧时，进入仲裁或诉讼）；⑤提交索赔报告。

【问题4】

合理。（2分）

因为中心机房电力改造不属于主体业务，可以分包。同时分包给专业施工单位，可以提高效率，节约成本，提高质量。（3分）

试题7　进度控制

[辅导专家提示]　时间管理知识域在案例的考核上，可以考核计算题（关键路径法），也可以考核分析题。本题即为分析题，给出一段场景，分析原因。本题的关键点在于总结“导致进度失控的原因以及解决进度失控的方法”，考生请注意，这些原因和方法带有共性，在今后类似的题目中均可以“复用”。

■ 参考答案

【问题1】①原来估计的120人月的工作量可能不准确；②简单地增加人力资源不一定能如期

缩短工期，而且人员的增加意味着更多的沟通成本和管理成本，使得项目赶工的难度增大；③增派的人员各方面经验不足；④项目组的沟通存在问题，每周例会不能使问题及时暴露和解决，可能会导致更严重的问题出现；⑤需求未经确认即开始方案设计，一旦客户需求变化，将导致项目返工；⑥连续的加班工作使开发人员心理压力增大，工作效率降低，可能导致开发过程出现的问题较多。

【问题2】①进度报告；②绩效衡量；③项目管理软件；④偏差分析；⑤进度比较横道图；⑥进度压缩。

【问题3】①与客户沟通，在不影响项目主要功能的前提下，适当缩减项目范围（或分期交付，或适当降低项目性能指标）；②投入更多的资源以加速活动进程，或申请指派经验更丰富的人去完成（或帮助完成）项目工作；③通过改进方法或技术提高生产效率。

试题8 配置管理

[辅导专家提示] 配置管理在中级案例分析中考核的概率较高。考核主要围绕着配置管理的几个活动进行，如配置项识别、版本控制、配置状态报告等，此外，还涉及一些配置管理的具体应用，比如配置库的权限等。

■ 参考答案

【问题1】依次为：B．D．G、H、B

【问题2】进行版本控制：①有利于版本的统一管理，避免发生版本丢失或混淆，减少返工；②有利于历史版本的追溯，能够快速准确地查找到配置项的任何版本；③有利于开发工作的协同化；④使配置项处于受控状态，能更好地进行变更管理；⑤有利于管理版本冲突，在多个版本冲突的情况下，有效地进行版本合并。

【问题3】配置项的版本控制流程：①识别配置项，并为配置项建立唯一标识；②建立配置管理系统；③创建或发行基线；④跟踪变更；⑤控制变更。

【问题4】改进措施：①从项目整体出发，做好配置管理规划；②定义合理的配置管理流程，规定项目中出现变更的处理办法；③与各方干系人达成共识，组建配置管理委员会；④识别配置项，并为配置项建立唯一标识，保证其可追溯；⑤建立配置基线，使重要配置项处于受控状态；⑥定期提效配置状态报告，改进配置管理方法。

试题9 可行性分析

[辅导专家提示] 本题在历史上曾经考核了两次，且案例背景部分的内容都相同，仅仅改了项目各干系人的名称。对此类题目，考核内容相对比较集中，如可行性研究的内容、可行性研究的步骤、根据题目分析存在的问题和项目中面临的风险等。

■ 参考答案

【问题1】

可能的原因如下：①没有进行系统的可行性分析；②调研不充分，不了解改进技术是否成熟；③对国家政策是否允许没有进行调研。

李某在实施“无线通”时可能遇到的风险如下：①技术风险：李某采用的这种新技术目前还没有成为行业标准；②政策风险：李某涉嫌无照运营，这是目前政策所不允许的；③市场风险：系统运行也有风险，因设备供应商是山寨的，可能倒闭。

【问题2】信息系统可行性研究的内容一般可以归纳如下：

①技术可行性分析。通过调研，确定项目的总体和详细目标、范围、总体的结构和组成，确定

技术方案、核心技术和关键问题，确定产品的功能与性能。②经济可行性分析。③运行环境可行性分析。④其他方面的可行性分析。如法律可行性分析、社会可行性分析等。

【问题 3】①停止放号；②咨询是否有政策方面的限制；③改进技术方案或寻找可替代的技术方案。

试题 10　项目收尾

■ 参考答案

【问题 1】①对项目的风险认识不足；②合同中可能未对工期、质量和项目目标等关键问题进行约束；③未能进行有效的需求调研或需求分析不全面；④未能进行有效的项目（整体）变更控制；⑤项目执行过程中未能进行及时有效的沟通（或建立有效的沟通机制）。

【问题 2】①请求公司的管理层出面去与甲方协调；②重新确认需求并获得各方认可；③与甲方明确合同及双方确认的补充协议（包括修改后的范围、进度和质量方面的文件等）作为验收标准；④准备好相应的项目结项文档，向甲方提交。

【问题 3】①要在合同评审阶段参与评审，在合同中明确相应的项目目标、进度、验收标准、方法和步骤等；②需求调查和需求变更要有清楚的文档和会议纪要；③及时与甲方进行沟通，必要时请求公司管理层的支援；④阶段验收前，文档要齐全，阶段目标要保证实现，后期目标调整要有承诺；⑤引入监理机制；⑥做好有效的变更控制。

试题 11　综合计算

[辅导专家提示]　计算题属于案例分析题中的常规题型，也是下午案例的必考题型。在考核上一般有几种考核形式：①把关键路径和挣值分析结合起来考核。②单独考核挣值分析。③单独考核关键路径法。而第一种考核方式是近年的考核趋势之一，即把关键路径和挣值分析结合起来进行考核。

（1）对于关键路径的题目，主要在推导，题型的变化程度相对单一，计算过程中推理不出问题，一般不会有大问题。

（2）挣值分析的题型的变化性极多，ETC 的计算等是挣值分析考核中相对简单的部分，一旦回归到基本概念的时候，难度可能陡增。

（3）挣值分析和关键路径结合起来后，看上去感觉复杂程度很高，其实拉低了整道题目难度水平，难度处于中等水平了。

■ 参考答案

【问题 1】关键路径 ACEH，工期 26 天。

【问题 2】

（1）PV=A+B+C+D+3/10E+3/7F+5/8G=900+400+12800+1200+3*2*200+3*1*200+5*3*300=21600

EV=A+B+C+D+1/2E+1/2G=900+400+12800+1200+2000+3600=20900

（2）SV=EV-PV=20900-21600=-700<0 进度落后。

CV=EV-AC=20900-12000=8900>0 成本节约。

【问题 3】

会对工期产生影响。因为，截止到目前 SPI=EV/PV=20900/21600=0.97<0，并且 F 工作尚未开始，如果不做调整，会改变关键路径，造成工期延长。

【问题4】

（1）BAC=A+B+C+D+E+F+G+H=3*3*100+2*1*200+8*4*400+4*3*100
+10*2*200+7*1*200+8*3*300+5*4*200=31900

因为不对后续工作进行调整，所以是典型偏差，

ETC=（BAC-EV）/CPI=（31900-20900）/1.74= 6321.84

EAC=ETC+AC=18321.84

（2）不会超出总预算 VAC= BAC-EAC=13578.16

试题12 综合计算

■ 参考答案

【问题1】

①总工期23天；②时间储备2天；③关键路径为AEFGJ；④C的总时差3天；⑤C的自由时差0天；⑥C的开工时间为3月6日。

【问题2】

（1）工作包进度不会延迟。因为C活动9日开始，13日末才能结束。而关键路径上的G活动，开始时间是13日上午8点。题目要求张工不能同时对C和G进行施工，所以会导致关键活动G延期1天，总工期延迟1天，但工作包有2天的储备时间，所以进度延期1天，但工作包整体进度还会在25天的要求内完成。

（2）在不影响整体项目工期的前提下，建议张工可采取如下措施：①提高活动G、J的工作效率；②增加资源，加快活动G、J的进度，进行赶工；③指派经验更丰富的人去完成工作等。

【问题3】

（1）依题意可得：

AC = 7（万）

EV = (EVA+EVB+EVE+EVH+EVC+EVF) = (2+3+5+5+5+10)×2×1000 = 6万

PV = (PVA+PVB+PVE+PVH+PVC+PVF+PVD前2天) = (2+3+5+5+5+10+2)×2×1000 = 6.4万

所以，SPI = EV/PV = 0.94，CPI = EV/AC = 0.86。

（2）由（1）可知会受到影响，因为目前情况下，进度落后。

总结

[辅导专家提示] 对于没有经验的考生来说，下午卷中的案例分析题往往是其头痛的地方，由于经验的缺乏，导致其答题时总不知道如何下手、如何才能切中答题的要点。

本书作者通过多年的教学经验，总结了一套“模式化”的答题方法。当然，这种方法并不能完全代替项目经验，只是从应试的角度来总结一两招，考生若想真正解决问题，建议在解题方法的基础上思考和总结。

本次再版中的案例分析题根据近几年的出题情况做了非常大的调整，替换了60%以上的案例，而且案例分析的考核重点也在不断转移中，建议考生关注我们的公众号ruankao580获取最新的信息。

第四篇 模拟试题

全真模拟卷

上午卷

- 人通过获得、识别不同信息来区别不同事物，得以认识和改造世界。以下关于信息的叙述中，不正确的是___(1)___。

  (1) A．信息的载体是数据
  B．信息是事物的运动状态和状态变化方式的自我表述
  C．信息是按照特定方式组织在一起的数据的集合
  D．信息通过载体进行传播

- 作为两化融合的升级版，___(2)___将互联网与工业、商业、金融业等行业全面融合。

  (2) A．互联网+　　B．工业信息化　　C．大数据　　D．物联网

- 下列要素中，不属于DFD的是___(3)___。当使用DFD对一个工资系统进行建模时，___(4)___可以被认定为外部实体。

  (3) A．加工　　B．数据流　　C．数据存储　　D．联系
  (4) A．接收工资单的银行　　B．工资系统源代码程序
  C．工资单　　D．工资数据库的维护

- 耦合度描述了___(5)___。

  (5) A．模块内各种元素结合的程度　　B．模块内多个功能之间的接口
  C．模块之间公共数据的数量　　D．模块之间相互关联的程度

- 在面向对象软件开发过程中，采用设计模式___(6)___。

  (6) A．允许在非面向对象程序设计语言中使用面向对象的概念
  B．以复用成功的设计和体系结构
  C．以减少设计过程创建的类的个数
  D．以保证程序的运行速度达到最优值

- 在MVC（模型/视图/控制器）模式中，视图部分描述的是___(7)___。

  (7) A．将应用问题域中包含的抽象领域知识呈现给用户的方式
  B．应用问题域中包含的抽象类
  C．用户界面对用户输入的响应方式
  D．应用问题域中包含的抽象领域知识

- 典型的信息系统项目开发的过程中，___(8)___阶段拟定了系统的目标、范围和要求，而系统各模块的算法一般在___(9)___阶段制定。

  (8) A．概要设计　　B．需求分析　　C．详细设计　　D．程序设计
  (9) A．概要设计　　B．需求分析　　C．详细设计　　D．架构设计

- 某银行与某信息系统运维公司签订了机房的运维服务合同，其中规定一年中服务器的宕机时间

不能超过 5 小时。该条款属于 （10） 中的内容。

（10）A．付款条件　B．服务级别协议　C．合同备忘录　D．服务管理规范

- 数据仓库研究和解决从数据库中获取信息和知识的问题。数据仓库的特征主要体现在 （11） 等方面。

（11）A．面向主题、集成性、稳定性和实时性　B．面向主题、单一性、灵活性和时变性
C．面向对象、集成性、稳定性和实时性　D．面向主题、集成性、稳定性和时变性

- 软件开发“螺旋模型”是经常使用的一种模型，它是 （12） 的结合，强调软件开发过程中的风险分析，特别适合于大型复杂的系统。螺旋模型沿着螺线进行若干次迭代，每次迭代中的活动依次为 （13） 。

（12）A．瀑布模型和快速原型模型　B．瀑布模型和增量模型
C．迭代模型和快速原型模型　D．敏捷模型和原型模型

（13）A．需求分析、风险分析、实施工程和客户评估
B．需求收集、制定计划、风险分析和实施工程
C．制定计划、风险分析、实施工程和软件运维
D．制定计划、风险分析、实施工程和客户评估

- 在进行金融业务系统的网络设计时，应该优先考虑 （14） 原则；在进行企业网络的需求分析时，应该首先进行 （15） 。

（14）A．先进性　B．开放性　C．经济性　D．高可用性

（15）A．企业应用分析　B．网络流量分析
C．外部通信环境调研　D．数据流向图分析

- 电子邮件应用程序利用 POP3 协议 （16） 。

（16）A．创建邮件　B．加密邮件　C．发送邮件　D．接收邮件

- 以下关于网络存储的描述正确的是 （17） 。

（17）A．SAN 系统是将存储设备连接到现有的网络上，其扩展能力有限
B．SAN 系统是将存储设备连接到现有的网络上，其扩展能力很强
C．SAN 系统使用专用网络，其扩展能力有限
D．SAN 系统使用专用网络，其扩展能力很强

- 某软件公司项目 A 的利润分析如下表所示。设贴现率为 10%，第二年的利润净现值是 （18） 元。

利润分析	第 0 年	第 1 年	第 2 年	第 3 年
利润值		889000	1139000	1514000

（18）A．1378190　B．949167　C．941322　D．922590

- 快速以太网和传统以太网在 （19） 上的标准不同。

（19）A．逻辑链路控制子层　B．网络层
C．介质访问控制子层　D．物理层

- 浏览器与 Web 服务器通过建立 （20） 连接来传送网页。

（20）A．UDP　B．TCP　C．IP　D．RIP

- 在 TCP 协议中，采用 （21） 来区分不同的应用进程。

（21）A．端口号　　B．IP 地址　　C．协议类型　　D．MAC 地址

● 通过收集和分析计算机系统或网络的关键节点信息，以发现网络或系统中是否有违反安全策略的行为和被攻击的迹象的技术被为＿（22）＿。

（22）A．系统检测　　B．系统分析　　C．系统审计　　D．入侵检测

● 某楼层共有 60 个信息点，其中信息点的最远距离为 65 米，最近距离为 35 米，则该布线工程大约需要＿（23）＿米的线缆。（布线到线缆的计划长度为实际使用量的 1.1 倍）

（23）A．4200　　B．2310　　C．3300　　D．6600

● TCP/IP 参考模型分为四层：＿（24）＿、网络层、传输层、应用层。

（24）A．物理层　　B．流量控制层　　C．会话层　　D．网络接口层

● IEEE 802.11 属于＿（25）＿。

（25）A．网络安全标准　　B．令牌环局域网标准
C．宽带局域网标准　　D．无线局域网标准

● 在 TCP/IP 协议中，＿（26）＿协议运行在网络层。

（26）A．DOS　　B．UDP　　C．TCP　　D．IP

● 以下关于以太网的叙述中，不正确的是＿（27）＿。

（27）A．采用了载波侦听技术　　B．具有冲突检测功能
C．支持半双工和全双工模式　　D．以太网的帧长度固定

● 以下技术服务工作中，＿（28）＿不属于 IT 系统运行维护。

（28）A．某大型国企中，对于用户终端的软件及硬件管理和日常维护
B．对提供互联网服务的机房内各类服务器、网络设备、网络安全、网络性能等进行监控和故障恢复
C．对某省税务局的税务稽查系统的使用情况进行监测，对其数据库定期检查、优化、备份
D．某工业企业由于业务流程变化，对其使用的生产管理系统进行升级改造

● 根据《中华人民共和国招投标法》和《中华人民共和国招投标法实施细则》，国有资金占控股或主导地位的依法必须进行招标的项目，当＿（29）＿时，可以不进行招标。

（29）A．项目涉及企业信息安全及保密
B．需要采用不可替代的专利或者专有技术
C．招标代理依法能够自行建设、生成或者提供
D．为了便于管理，必须向原分包商采购工程、货物或者服务

● 项目论证通过对实施方案的工艺技术、产品、原料、未来的市场需求与供应情况以及项目的投资与收益情况的分析，从而得出各种方案的优劣以及在实施技术上是否可行，经济上是否合算等信息供决策参考。项目论证的作用不包括＿（30）＿。

（30）A．确定项目是否实施的依据
B．编制计划设计、采购、施工、机构设置、资源配置的依据
C．有效避免风险的发生，保证项目的效率
D．筹措资金和向银行贷款的依据

● 项目章程应在项目计划之前公布。以下关于项目章程的叙述中，不正确的是＿（31）＿。通常项目章程由＿（32）＿发布。

（31）A．项目章程不是正式批准的项目文档

B．项目章程包含产品需求和产品的商业需求

C．项目章程将项目与执行组织的日常运营联系起来

D．项目章程为项目经理使用组织资源进行项目活动提供授权

（32）A．项目经理　　B．项目调研小组　C．项目发起人　　D．项目监理

● 南讯公司正在为某省公安部门开发一套边防出入境管理系统，该系统包括 15 个业务模块，计划开发周期为 9 个月，即在今年 10 月底之前交付。开发团队一共有 20 名工程师。今年 7 月份，中央政府决定开放某省个人到香港旅游，并在 8 月 15 日开始实施。为此客户要求南讯公司在新系统中实现新的业务功能，实现该功能预计有 5 个模块，并在 8 月 15 日前交付实施。但南讯公司无法立刻为项目组提供新的人力资源。面对客户的变更需求，____(33)____变更处理方法最合适。

（33）A．拒绝客户的变更需求，要求签订一个新合同，通过一个新项目来完成

B．接受客户的变更需求并争取如期交付，建立公司的声誉

C．采用多次发布的策略，将 20 个模块重新排定优先次序，并在 8 月 15 日之前发布一个包含到香港旅游业务功能的版本，其余的在 12 月底前交付

D．在客户同意增加项目预算的条件下，接受客户的变更需求并如期交付项目成果

● 你已经被任命为你的组织的一项新项目的项目经理，必须准备项目规划。为帮助制定项目的框架，你决定准备 WBS 以描述工作的规模和复杂程度，但没有现成的 WBS 模板可供利用。为了准备工作分解包，你首先必须____(34)____。

（34）A．估计每个项目可交付成果的成本和使用寿命　B．确定项目的主要可交付成果

C．确定项目的每个可交付成果的组成成分　　D．明确主要任务

● 下列关于工作分解结构（WBS）的描述中，____(35)____是错误的。

（35）A．WBS 是采用结构化的方式，从而得到如何去实现项目目标的总体概念

B．WBS 是管理项目进度、成本、变更的基础

C．没有包含在 WBS 中的工作是不应该做的

D．由项目经理负责 WBS 的创建和审查

● 项目的工作分解结构是管理项目范围的基础，描述了项目需要完成的工作，____(36)____是实施工作分解结构的依据。

（36）A．项目活动估算　　B．组织过程资产

C．详细的项目范围说明书　　D．更新的项目管理计划

● 利用下图所示数字计算，活动 D 的最迟开始时间是____(37)____周，最迟完成时间是____(37)____周。

（37）A．2，10　　B．4，12　　C．6，14　　D．7，15

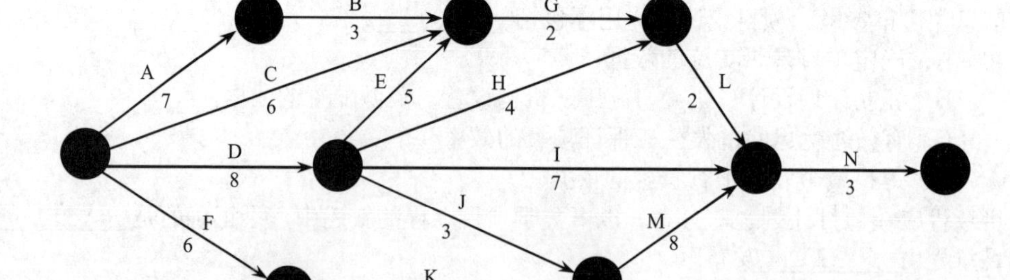

- 利用上图所示数字计算的关键路径时长是___(38)___周。

（38）A．21　　B．22　　C．23　　D．24

- 工作A悲观估计需要36天完成，很有可能21天完成，乐观估计只用6天完成，那么工作A从16天到26天之间完成的可能性是___(39)___。

（39）A．55.7%　　B．68.26%　　C．95.46%　　D．99.73%

- 项目进度执行指数小于1的意思是___(40)___。

（40）A．项目实现的货币价值小于计划完成工作的货币价值
B．项目实际完成的有形物品的价值100%按计划完成
C．项目实际永久损失了时间
D．项目可能不会按时完成，但项目经理也不必为此过于担心

- 某项目当前的PV = 150、AC = 120、EV = 140，则项目的绩效情况是___(41)___。

（41）A．进度超前，成本节约　　B．进度滞后，成本超支
C．进度超前，成本超支　　D．进度滞后，成本节约

- 项目进行到某阶段时，项目经理进行绩效分析，计算出CPI值为1.09，这表示___(42)___。

（42）A．每花费109元人民币，只创造相当于100元的价值
B．每花费100元人民币，可创造相当于109元的价值
C．项目进展到计划进度的109%
D．项目超额支出9%的成本

- 下图所示的项目费用控制图中，表示在第5个月项目处于___(43)___状态。

（43）A．项目进度提前，实际执行费用小于预算
B．项目进度提前，实际执行费用超过预算
C．项目进度延迟，实际执行费用小于预算
D．项目进度延迟，实际执行费用超过预算

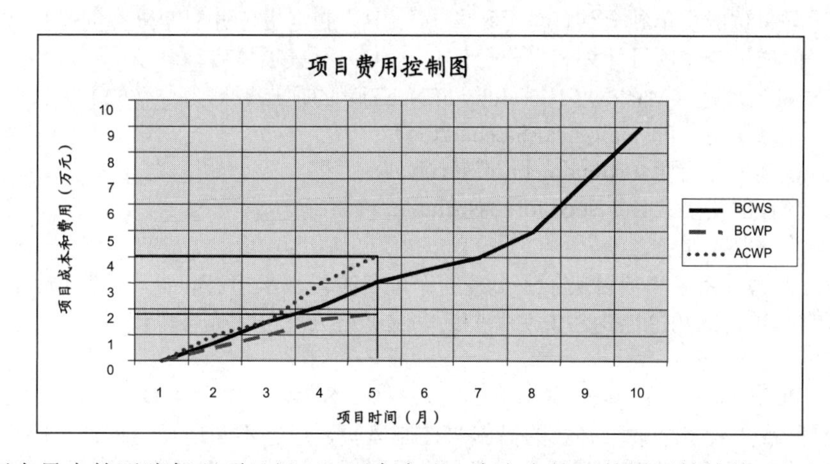

- 你在地区内最大的医院任职项目经理。研究表明，病人在就医前需要等待的时间很长。事实上，在过去的几个月里，几位病人在等待就医的过程中不幸去世，这些事件成了医院在公共关系上的一场噩梦。你领导一个小组探查问题出在什么地方，提出并执行解决方案。为帮助识别造成问题的因素，你和你的小组将应用___(44)___技术。

（44）A. 因果分析图表　B. 帕累托分析　C. 散点图　D. 控制图表

● 产品发布后，修改客户发现的缺陷所引起的成本属于___（45）___。

（45）A. 内部缺陷成本（Internal Failure Cost）
B. 评估成本（Appraisal Cost）
C. 外部缺陷成本（External Failure Cost）
D. 客户满意成本（Customer Satisfaction Cost）

● 在质量保证中，___（46）___用来确定项目活动是否遵循了组织和项目的政策、过程与程序。

（46）A. 实验设计　B. 基准分析　C. 过程分析　D. 质量审计

● 质量控制的方法、技术和工具有很多，其中___（47）___可以用来分析过程是否稳定，是否发生了异常情况。___（48）___直观地反映了项目中可能出现的问题与各种潜在原因之间的关系。

（47）A. 因果图　B. 控制图　C. 散点图　D. 帕累托图
（48）A. 散点图　B. 帕累托图　C. 控制图　D. 鱼骨图

● 虽然项目具有独特性，但考虑到当前进行的项目和去年已完工的一个项目类似，为了加快人力资源计划的编制，项目经理小王采用了这个类似项目的任务或职责定义、汇报关系、组织架构图和职位描述。小王在人力资源计划的编制过程中采用了___（49）___方法。

（49）A. 组织结构图和职位描述　B. 人力资源模板
C. 非正式的人际网络　D. 活动资源估算

● 经理在创建高效项目团队时，经常会碰到障碍。由于项目角色和责任的安排，为了避免矛盾冲突，项目经理应该___（50）___。

（50）A. 设计一个项目团队责任分配矩阵　B. 在职能小组之间避免分享详细的工作情况
C. 严密监控团队活动　D. 亲自指导团队的工作活动

● 你为新项目组建的小组包括三名全职工作人员和五名兼职辅助人员，所有成员相互认识并曾一起工作过。为了保证项目启动成功，你的第一步将是___（51）___。

（51）A. 与每位成员单独会谈任务分配　B. 制定责任分配矩阵并向每位成员分配任务
C. 向成员分派项目计划和工作分解包　D. 召集项目启动会议

● 马斯洛需求层次理论（Maslow's Hierarchy of Needs）的顶点被称为___（52）___。

（52）A. 生理满足（Physiological Satisfaction）
B. 达到生存需要（Attainment of Survival）
C. 交往的需要（The Need for Association）
D. 上述都不是

● 项目经理、利害关系者和项目班子成员在整个项目阶段都承担着职责。作为项目经理，你可以将项目范围与项目的角色挂钩，说明哪些活动由哪些人参与，你可以用以下___（53）___方式来描述这些信息。

（53）A. PDM　B. RAM　C. SOW　D. ADM

● 某项目经理说："我将会采取必要的措施去控制风险，通过不断地反复评估风险，制定应变计划或重做。如果风险事件确实发生了，我将会采取适当的行动。"该经理是在运用___（54）___方式去减少风险。

（54）A. 转移　B. 回避　C. 降低　D. 接受

● 德尔菲法（Delphi Technique）的主要特点是___（55）___。

（55）A．从历史数据进行推断　　B．专家主观意见
C．层次分析过程　　D．猜测

● 下列＿（56）＿不是合同管理的一个职能。

（56）A．变更管理　　B．规格说明　　C．合同违约的界定　D．项目经理的选择

● ＿（57）＿不是通常用来表示从潜在的卖主那里获得报价的采用文件。

（57）A．邀请出价　　B．信息请求　　C．报价请求　　D．谈判邀请

● 配置项目版本控制的步骤是＿（58）＿。

①技术评审或领导审批　②正式发布　③修改处于“草稿”状态的配置项　④创建配置项

（58）A．①④③②　　B．③②①④　　C．④③①②　　D．④③②①

● 基线是项目配置管理的基础，＿（59）＿不属于基线定义中的内容。

（59）A．建立基线的条件　B．基线识别　　C．受控制项　　D．批准基线变更的权限

● 某软件项目的《需求规格说明书》第一次正式发布时，版本号为 V1.0，此后，由于发现了几处错误，对该《需求规格说明书》进行了两次小的升级，此时版本号为＿（60）＿。

（60）A．V1.11　　B．V1.2　　C．V2.0　　D．V1.1

● 某 Web 网站向 CA 申请了数字证书。用户登录该网站时，通过验证＿（61）＿，可以确认该数字证书的有效性，从而＿（62）＿。

（61）A．CA 的签名　　B．网站的签名　　C．会话密钥　　D．DES 密码

（62）A．向网站确认自己的身份　　B．获取访问网站的权限
C．和网站进行双向认证　　D．验证该网站的真伪

● 加强合同管理对于提高合同执行水平、减少合同纠纷，进而加强和改善建设单位和承建单位的经营管理、提高经济效益，都具有十分重要的意义。该过程主要包括＿（63）＿内容。

（63）A．合同签订管理、合同履行管理、合同变更管理以及合同档案管理
B．合同签订管理、合同索赔管理、合同变更管理以及合同绩效管理
C．合同谈判管理、合同履行管理、合同纠纷管理以及合同档案管理
D．合同谈判管理、合同风险管理、合同变更管理以及合同档案管理

● 合同内容是当事人订立合同时的各项合同条款。合同的主要内容包括＿（64）＿。

①当事人各自的权利、义务　②项目费用及工程款的支付方式　③项目变更约定　④违约责任　⑤保密约定

（64）A．①②④　　B．①②③④⑤　　C．①②③⑤　　D．②③④

● ISO/IEC 9126 软件质量模型中，第一层定义了六个质量特性，并为各质量特性定义了相应的质量子特性。子特性的＿（65）＿属于可靠性质量特性。

（65）A．准确性　　B．易理解性　　C．成熟性　　D．易学性

● 李某在《电脑知识与技术》杂志上看到张某发表的一组程序，颇为欣赏，就复印了一百份作为程序设计辅导材料发给了学生。李某又将这组程序逐段加以评析，写成评论文章后投到网站上发表。李某的行为＿（66）＿。

（66）A．侵犯了张某的著作权，因为其未经许可，擅自复印张某的程序
B．侵犯了张某的著作权，因为在评论文章中全文引用了发表的程序
C．不侵犯张某的著作权，其行为属于合理使用
D．侵犯了张某的著作权，因为其擅自复印，又在其发表的文章中全文引用了张某的程序

- 以 GJB 冠名的标准属于＿（67）＿。PSD．PAD 等程序构造的图形表示属于＿（68）＿。

  （67）A．国际标准　B．国家标准　C．行业标准　D．企业规范

  （68）A．基础标准　B．开发标准　C．文档标准　D．管理标准

- 当采用 S 曲线比较法时，如果实际进度点位于计划 S 曲线的右侧，则该点与计划 S 曲线的垂直距离表示实际进度比计划进度＿（69）＿。

  （69）A．超前的时间　B．拖后的时间　C．超额完成的任务量　D．拖欠的任务量

- WLAN is increasingly popular because it enables cost-effective ＿（70）＿ among people and applications that were not possible in the past.

  （70）A．line　B．circuit　C．connection　D．interface

- ＿（71）＿is not included in the main contents of the operation and maintenance of the information system.

  （71）A．Daily operation and maintenance　B．System change
  C．Security management　D．Business change

- In project time management, activity definition is the process of identifying and documenting the specific action to be performed to produce the project deliverables. ＿（72）＿are not output of activity definition.

  （72）A．Activity lists　B．Work breakdown structures　C．Activity attributes　D．Milestone lists

- The customer asks your project to be completed 6 months earlier than planned. You think this target can be reached by-overlapping project activities. This approach is known as ＿（73）＿.

  （73）A．balance engineering　B．fast-tracking　C．leveling　D．crashing

- The auditing function that provides feedback about the quality of output is referred to as＿（74）＿.

  （74）A．quality control　B．quality planning　C．quality assurance　D．quality improvement

下午卷

试题一（15 分）

阅读下列说明，回答问题 1 至问题 3，将答案填入答题卡的对应栏内。

【说明】某国家机关拟定制开发一套适用于行政管理的业务应用系统，先以本级单位为试点，如应用效果良好，则在本系统内地方单位进行统一安装部署。计划通过公开招投标的方式选择开发单位。

[事件 1]　监理在审核招标文件的过程中发现，拟签订合同条款中未针对本业务应用系统的知识产权进行规定，于是建议业主单位对该部分进行补充。

[事件 2]　在评标过程中，评标委员会要求所有投标的 4 家单位对原招标文件未规定的售后服务方案进行补充提交。

【问题 1】（5 分）

本项目招标文件中是否有必要对软件知识产权归属问题进行规定，如有请说明原因并指出对本项目验收后的使用产生的影响。

【问题 2】（4 分）

对于事件 2，评标委员会的做法是否存在不妥？请说明依据和原因。

【问题 3】（6 分）

按照招投标法中关于招标文件构成的规定，请简述监理在审核招标文件时应重点关注的内容。

____

____

____

____

试题二（15 分）

阅读下列说明，回答问题 1 至问题 3，将答案填入答题卡的对应栏内。

【说明】某单位承担了某机房、网络和软件开发项目。

【问题 1】（6 分）

该工程合同工期为 22 个月，承建单位制定的初始项目实施网络计划如下图所示（时间单位：月）。

（1）请指出网络计划中的关键路径，说明该网络计划是否可行并简述理由。

（2）请计算 C 的总时差和自由时差。

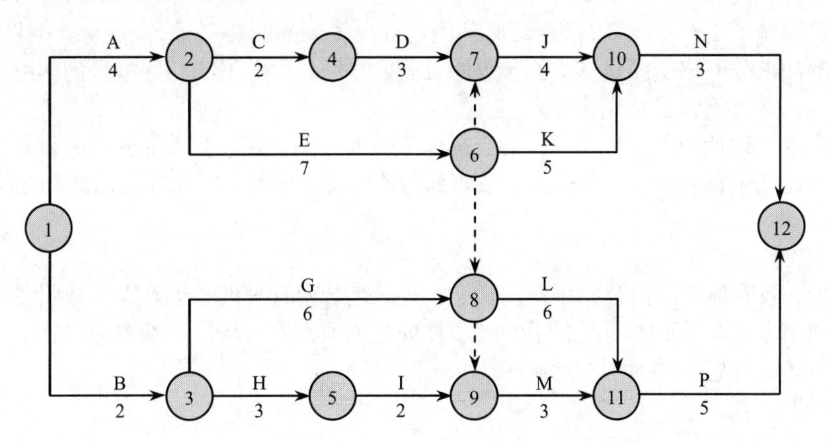

【问题 2】（5 分）

（1）请指出在软件开发中软件总体结构、运行环境、出错处理设计应分别在哪个文档中阐述（选择候选答案的标号即可）。

候选答案：

①可行性研究报告　　②项目开发计划　　③软件需求规格说明

④数据要求规格说明　　⑤概要设计规格说明　　⑥详细设计规格说明

⑦测试计划　　⑧测试报告　　⑨用户手册

（2）请指出初步的用户手册和确认测试计划的两个文档应分别在哪个阶段中完成（选择候选答案的标号即可）。

候选答案：

①可行性研究与计划　　②需求分析　　③概要设计

④详细设计　　⑤测试　　⑥维护

【问题 3】（4 分）

在机房建设中，计算机设备宜采用分区布置。请指出机房可分为哪几个区？

试题三（15 分）

阅读下列说明，回答问题 1 至问题 4，将答案填入答题卡的对应栏内。

【说明】

在某市的政府采购中，弘道系统集成公司甲中标了市政府部门乙的信息化项目。经过合同谈判，双方签订了建设合同，合同总金额为 1150 万元，建设内容包括：搭建政府办公网络平台、改造中心机房和采购所需的软硬件设备。

公司甲为了更好地履行合同要求，将中心机房的电力改造工程分包给专业施工单位公司丙，并与其签订分包合同。

在项目实施了 2 个星期后，由于政府部门乙提出了新的业务需求，决定将一个机房分拆为两个，因此需要增加部分网络交换设备。乙参照原合同，委托公司甲采购相同型号的网络交换设备，金额为 127 万元，双方签订了补充协议。

在机房电力改造施工过程中，由于公司丙工作人员的失误，造成部分电力设备损毁，导致政府部门乙两天无法正常办公，严重损害了政府部门乙的社会形象，因此部门乙就此施工事故向公司甲提出索赔。

【问题 1】（2 分）

案例中，政府部门乙向公司甲提出索赔。索赔是合同管理的重要环节，按照我国建设部、财政部下达的通用条款，以下哪项不属于索赔事件处理的原则？（从候选答案中选择一个正确选项，将该选项编号填入答题卡的对应栏内）

候选答案：

A．索赔必须以合同为依据

B．索赔必须以双方协商为基础

C．及时、合理地处理索赔

D．加强索赔的前瞻性

【问题 2】（8 分）

请指出公司甲与政府部门乙签订的补充协议是否有不妥之处？如有，请指出并说明依据。

【问题 3】（5 分）

请简要叙述合同索赔流程。

【问题 4】（5 分）

案例中，公司甲将中心机房的电力改造分包给专业施工单位公司丙，并与其签订分包合同，请问公司甲与公司丙签订分包合同是否合理？为什么？

试题四（25 分）

阅读下述关于项目成本管理的说明，回答问题 1 至问题 3，将答案填入答题卡的对应栏内。

【说明】

某小型软件外包项目的各项工作费用预算如下表所示。项目经过一段时间实施之后，现在进入第 5 周。在第 5 周初，项目经理小王对前 4 周的实施情况进行了总结，有关项目各项工作在前 4 周的执行情况也汇总在下表中。

各项工作费用预算及前 4 周计划与执行情况统计表

工作代号	预算费用（元）	实际完成的百分比	实际消耗费用 AC（元）	挣值 EV（元）
A	250	100%	280	
B	300	100%	300	
C	150	100%	140	
D	300	100%	340	
E	150	100%	180	
F	350	0%	0	
G	900	100%	920	
H	250	100%	250	
I	700	50%	400	
J	550	100%	550	
K	350	100%	340	
L	400	20%	100	
M	200	0%	0	
N	450	0%	0	
总费用	5300			

【问题 1】（8 分）

计算前 4 周各项工作的挣值，并计算出项目在第 4 周末的挣值（EV），填入表中。

【问题 2】（8 分）

前 4 周计划完成项目总工作量的 65%，请计算项目第 4 周结束时的计划成本（PV）和实际成本（AC），分析项目的进度执行情况。

【问题 3】（9 分）

（1）假设项目目前的执行情况可以反映项目未来的变化，请估计项目完成时的总成本（EAC）。（5 分）

（2）由于项目出现了超支，小王对项目的费用支出情况进行了分析，发现工作 I 仅执行了一半，但是该工作的固定费用 300 元已经全部支付；另外一项工作 M 还未开始，但已经事先支付了一笔 50 元的测试工具费用。请根据这一情况重新分析项目的执行情况。（4 分）

上午卷答题卡

姓名		准考证号							
说明：正式考试时准考证号是要填涂的									
试题号	选项				试题号	选项			
[1]	[A]	[B]	[C]	[D]	[38]	[A]	[B]	[C]	[D]
[2]	[A]	[B]	[C]	[D]	[39]	[A]	[B]	[C]	[D]
[3]	[A]	[B]	[C]	[D]	[40]	[A]	[B]	[C]	[D]
[4]	[A]	[B]	[C]	[D]	[41]	[A]	[B]	[C]	[D]
[5]	[A]	[B]	[C]	[D]	[42]	[A]	[B]	[C]	[D]
[6]	[A]	[B]	[C]	[D]	[43]	[A]	[B]	[C]	[D]
[7]	[A]	[B]	[C]	[D]	[44]	[A]	[B]	[C]	[D]
[8]	[A]	[B]	[C]	[D]	[45]	[A]	[B]	[C]	[D]
[9]	[A]	[B]	[C]	[D]	[46]	[A]	[B]	[C]	[D]
[10]	[A]	[B]	[C]	[D]	[47]	[A]	[B]	[C]	[D]
[11]	[A]	[B]	[C]	[D]	[48]	[A]	[B]	[C]	[D]
[12]	[A]	[B]	[C]	[D]	[49]	[A]	[B]	[C]	[D]
[13]	[A]	[B]	[C]	[D]	[50]	[A]	[B]	[C]	[D]
[14]	[A]	[B]	[C]	[D]	[51]	[A]	[B]	[C]	[D]
[15]	[A]	[B]	[C]	[D]	[52]	[A]	[B]	[C]	[D]
[16]	[A]	[B]	[C]	[D]	[53]	[A]	[B]	[C]	[D]
[17]	[A]	[B]	[C]	[D]	[54]	[A]	[B]	[C]	[D]
[18]	[A]	[B]	[C]	[D]	[55]	[A]	[B]	[C]	[D]
[19]	[A]	[B]	[C]	[D]	[56]	[A]	[B]	[C]	[D]
[20]	[A]	[B]	[C]	[D]	[57]	[A]	[B]	[C]	[D]
[21]	[A]	[B]	[C]	[D]	[58]	[A]	[B]	[C]	[D]
[22]	[A]	[B]	[C]	[D]	[59]	[A]	[B]	[C]	[D]
[23]	[A]	[B]	[C]	[D]	[60]	[A]	[B]	[C]	[D]
[24]	[A]	[B]	[C]	[D]	[61]	[A]	[B]	[C]	[D]
[25]	[A]	[B]	[C]	[D]	[62]	[A]	[B]	[C]	[D]
[26]	[A]	[B]	[C]	[D]	[63]	[A]	[B]	[C]	[D]
[27]	[A]	[B]	[C]	[D]	[64]	[A]	[B]	[C]	[D]
[28]	[A]	[B]	[C]	[D]	[65]	[A]	[B]	[C]	[D]
[29]	[A]	[B]	[C]	[D]	[66]	[A]	[B]	[C]	[D]
[30]	[A]	[B]	[C]	[D]	[67]	[A]	[B]	[C]	[D]

[31]	[A]	[B]	[C]	[D]	[68]	[A]	[B]	[C]	[D]
[32]	[A]	[B]	[C]	[D]	[69]	[A]	[B]	[C]	[D]
[33]	[A]	[B]	[C]	[D]	[70]	[A]	[B]	[C]	[D]
[34]	[A]	[B]	[C]	[D]	[71]	[A]	[B]	[C]	[D]
[35]	[A]	[B]	[C]	[D]	[72]	[A]	[B]	[C]	[D]
[36]	[A]	[B]	[C]	[D]	[73]	[A]	[B]	[C]	[D]
[37]	[A]	[B]	[C]	[D]	[74]	[A]	[B]	[C]	[D]

上午卷参考答案

题号	1	2	3	4	5	6	7	8	9	10
答案	A	A	D	A	D	B	A	B	C	B
题号	11	12	13	14	15	16	17	18	19	20
答案	D	A	D	D	A	D	D	C	D	B
题号	21	22	23	24	25	26	27	28	29	30
答案	A	D	C	D	D	D	D	D	B	C
题号	31	32	33	34	35	36	37	38	39	40
答案	A	C	C	B	D	C	A	D	B	A
题号	41	42	43	44	45	46	47	48	49	50
答案	D	B	D	A	C	D	B	D	B	A
题号	51	52	53	54	55	56	57	58	59	60
答案	D	D	B	C	B	D	B	C	B	B
题号	61	62	63	64	65	66	67	68	69	70
答案	A	D	A	B	C	C	B	A	D	C
题号	71	72	73	74						
答案	D	B	B	C						

下午卷参考答案

试题一

【问题 1】有必要。两方面原因，一是涉及后续升级和再次开发利用，二是如果未约定好，本项目如果验收通过，使用效果好，需要在本系统内地方单位进行统一安装部署时可能会遇到由于没有软件知识产权而需要向开发单位二次付费的问题。

【问题 2】不妥，一是有可能侵害了其他未参与招标的潜在投标人的利益，对他们有失公平；二是根据招投标法，若对招标要求有实质性的变更，应重新组织招标，即使是澄清，也需要在重新公告法定要求时间以上，再重新组织开标。

【问题 3】

（1）包括源代码在内的软件知识约定；

（2）项目的交付物和过程的伴随服务；

（3）主要的进度里程碑要求；
（4）项目的验收标准和流程；
（5）付款流程和计价方式；
（6）售后服务约定；
（7）争议的解决途径；
（8）不可抗拒力的约定及免责条款；
（9）其他的合同主要条款；
（10）投标书的制作要求；
（11）评标流程和打分标准；
（12）招标响应过程要求；
（13）技术标的要求；
（14）商务标的报价构成要求。

试题二

【问题 1】

（1）关键路径为 AELP，该网络计划可行，关键路径的工期为 22 个月，满足合同工期要求。

（2）总时差=LS-ES，C 的总时差= 6，自由时差= min（紧后活动 ES）-EF，C 的自由时差= 0。

【问题 2】

（1）按照顺序分别是⑤、③、⑤

软件的总体结构应当在概要设计规格说明书中正确定义并给出准确描述。软件的运行环境最初在软件需求规格说明中定义。出错处理设计应在概要设计规格说明中阐明。

（2）按照顺序分别是②、②

初步的用户手册在**需求分析阶段**开始编写，确认测试计划**也应在需求分析阶段**开始编写。确认测试有两方面的任务：其一是做有效性测试，确认需求说明书中规定的所有需求是否已正确实现；其二是对所要求的软件配置进行审查，特别是对合同中规定应交付的文档进行审查。因为在需求分析阶段已经明确软件的各种功能、性能和其他的质量需求，初步的用户手册也有了，可以针对这些需求和用户手册中的内容编制如何逐项检查的确认测试计划，这种测试计划只是初步的，测试实施的细节还需在体系结构、用户界面、数据库、出错处理和运行组合等设计完成后才能定下来。

【问题 3】

机房一般可以分为主机区、存储器区、数据输入区、数据输出区、通信区和监控调度区。

试题三

【问题 1】B

【问题 2】补充协议有不妥之处。

补充协议里采购相同型号的网络交换设备金额超过了原合同总金额的 10%，不符合《中华人民共和国政府采购法》的相关要求。根据政府采购法第三十一条，符合下列情形之一的货物或者服务，可以依照本法采用单一来源的方式采购：

（1）只能从唯一供应商处采购的；

（2）发生了不可预见的紧急情况不能从其他供应商处采购的；

（3）必须保证原有采购项目一致性或者服务配套的要求，需要继续从原供应商处添购，且添购资金总额不超过原合同采购金额10%的。

【问题3】

（1）索赔事件发生后，在合同规定的期限内向工程师发出索赔意向通知；

（2）发生索赔意向通知后，在合同规定的期限内向工程师提出补偿经济损失和（或）延工期的索赔报告及有关资料；

（3）工程师在收到承包商送交的索赔报告和有关资料后，在合同规定的期限内给予答复或要求承包商进一步补充索赔理由和证据；

（4）工程师在收到承包商送交的索赔报告和有关资料后，在合同规定的期限内未予答复，未对承包商进一步要求，视为该项索赔已经被认可；

（5）当索赔事件持续进行时，承包商应阶段性向工程师发出索赔意向，索赔事件终了后，在合同规定的期限内，向工程师送交索赔的有关资料和最终的索赔报告，索赔答复程序同以上所述。

【问题4】合理。因为招投标法规定，可以按照合同约定或者经招标人同意，将中标项目的部分非主体、非关键性工作分包给他人完成。电力改造属于强电，不属于项目的主体和关键性工作，但应该经过部门乙的同意，并且需要审核分包单位是否具有相应的资质。

试题四

【问题3】

（1）由于将项目目前的偏差视为将来偏差的典型形式，则有：

$CPI = EV/AC = 3630/3800 = 0.9553$

$EAC = BAC/CPI = 5300/0.9553 = 5548$ 元

（2）修正后的 $AC' = 3800-(300/2)-50 = 3600$ 元，因此：

$CV = EV-AC' = 3630-3600 = 30$，大于0，项目的费用略有结余。

$CPI = EV/AC' = 3630/3600 = 1.008$

$EAC = BAC/CPI = 5300/1.008 = 5257.9$ 元，项目的总体情况良好。

附录 1 课堂练习答案与分析

项目管理部分

1. 项目管理一般知识

题号	（1）	（2）	（3）	（4）	（5）
参考答案	D	D	C	B	B
题号	（6）	（7）	（8）	（9）	（10）
参考答案	D	C	B	B	C

习题 1 分析：项目是一个需要完成的具体又明确的任务。项目具有一次性、目标明确性和项目实施的整体性的特征。可见项目是临时性的，D 选项明显不正确。

习题 2 分析：项目的特点之一是“渐进明细”，目标特性之一是优先级，项目本身是一个动态发展的过程，因此，其目标也在变化过程中。

习题 3 分析：项目目标三个特性：多目标性、层次性、优化级。

习题 4 分析：本题考核项目和运营的特点，项目具有“临时性”，运营特点是“循环往复”。

习题 6 分析：典型的项目干系人有项目经理、项目团队成员、客户和 PMO 等。PMO 在项目开展过程中对项目进行支撑，是重要干系人之一。

习题 7 分析：项目经理的权利由大到小依次是 D、A、B、C。

习题 9 分析：根据组织结构的不同，PMO 可以位于组织的不同区域，在组织机构设计上可以高于职能部门，可以作为单独的一个职能部门，也可以在某一个大项目之下设立 PMO。

2. 项目立项管理

题号	（1）	（2）	（3）	（4）	（5）
参考答案	C	B	D	B	B
题号	（6）	（7）	（8）	（9）	（10）
参考答案	C	D	C	D	B

习题 1 分析：求第 2 年的利润净现值也就是将第 2 年的 1139000 元人民币进行折现，即将将来的钱换算成现在的钱（这些钱现在的价值），即 $1139000\times 1/(1+0.1)^2 = 941322$。

习题 2 分析：投资回收期的计算，直接套用投资回收期的公式即可。

T = 累计折现值开始出现正值的年份数-1+（上一年累计折现值）/当年折现值

习题 3 分析：项目财务评价是详细可行性研究的内容之一。详细可行性研究的方法包括经济评价法、市场预测法、投资估算法和增量净效益法。

习题 6 分析：系统集成供应商在进行项目内部立项时一般包括的内容有项目资源估算、项目资源分配、准备项目任务书和任命项目经理等。

习题 7 分析：“风险因素及对策”属于可行性研究的内容。

项目建议书（又称立项申请）是项目建设单位向上级主管部门提交项目申请时所必须的文件，是该项目建设建单位或项目法人，根据国民经济的发展、国家和地方中长期规划、产业政策、生产力布局、国内外市场、所在地的内外部条件、本单位的发展战略等等，提出的某一具体项目的建议文件，是对拟建项目提出的框架性的总体设想。项目建议书是项目发展周期的初始阶段，是国家或上级主管部门选择项目的依据，也是可行性研究的依据，涉及利用外资的项目，在项目建议书批准后，方可开展对外工作。

项目建议书应该包括的核心内容有：项目的必要性；项目的市场预测；产品方案或服务的市场预测；项目建设必需的条件。

习题 8 分析：本题依靠逻辑进行判断，题干中有关键词“内部立项”，选项 C 是公司投标之前要干的事情，现在公司已经中标了，也就意味着前期可行性研究已经完成了。不应该在中标后再去做“可行性研究”。

习题 9 分析：**投资估算法、增量效益法是**详细可行性研究**的方法。**

习题 10 分析：通过关键字即可判断选择技术可行性。类似其他的可行性分析均为考核重点。

3．项目整体管理

题号	（1）	（2）	（3）	（4）	（5）
参考答案	D	B	B	C	C
题号	（6）	（7）	（8）	（9）	（10）
参考答案	A	A	B	C	A

习题 1 分析：制定项目章程的工具与技术有：项目管理方法、项目管理信息系统和专家判断。

项目章程应由项目组织以外的项目发起人发布，若项目为本组织开发也可以由投资人发布。项目章程为项目经理使用组织资源进行项目活动提供了授权，尽可能在项目早期确定和任命项目经理。应该总是在开始项目计划前就任命项目经理，在项目启动时任命更合适。

显然 D 选项的说法不正确。

习题 2 分析：项目管理计划是制定项目管理计划过程的输出。经项目各有关干系人同意的项目管理计划就是项目的基准，为项目的执行、监控和变更提供了基础。

习题 3 分析：B 选项显然不正确，整体变更控制过程贯穿于项目的始终，且本题中 B 选项与 A 选项和 C 选项相排斥。

习题 4 分析：考核组织过程资产和事业环境因素的区别。

习题 5 分析：选项 C 对整体管理过程描述得最准确、最全面。整体管理负责协调其他 8 个过程，是综合性的，和其他过程之间是交互性的。

习题 7 分析：作为整合者，项目经理必须：

（1）通过与项目干系人主动、全面的沟通，来了解他们对项目的需求。

（2）在相互竞争的众多干系人之间寻找平衡点。

（3）通过协调工作，来达到各种需求间的平衡，实现整合。

习题 9 分析：本考点来自于教程 P246，“4.制定项目章程的输出”。项目范围管理计划是“范围管理”中“规划范围管理”的输出。

习题 10 分析：本题考核变更流程的理解，变更流程的第一步，提出变更请求。

4．项目范围管理

题号	（1）	（2）	（3）	（4）	（5）
参考答案	C	D	C	C	C
题号	（6）	（7）	（8）	（9）	（10）
参考答案	A	D	D	/	/

习题 1 分析：WBS 在表现形式上有树型和列表型，其中，列表型适用于大的、复杂的项目，树型适用于中小型项目。

习题 3 分析：核实范围也称作“范围确认”，范围确认是有关工作“完成与否”的问题，而质量控制是“正确与否”的问题。

习题 8 分析：常识题。采用证伪法即可，比如：项目主要干系人就包括“客户”，显然 WBS 的制定是不由客户完成的。注意理解“参与”与“完成”。

5．项目进度管理

题号	（1）	（2）	（3）	（4）	（5）
参考答案	A	C	C	B	D
题号	（6）	（7）	（8）	（9）	（10）
参考答案	B	C	B	B	D

习题 1 分析：本题将范围管理的过程和时间管理的过程混合在一起进行考核。关键点在于确定过程的“范围计划”在过程的“范围定义”之前，过程的“活动定义”在过程的“活动排序”之前。要求考生熟悉范围管理和时间管理的全部过程。

习题 2 分析：后备分析。在总的进度表中以“应急时间”“时间储备”或“缓冲时间”为名称增加一些时间，这种做法是承认进度风险的表现。

习题 3 分析：识记题，记住答案即可。类似题型在对内容无法熟悉时，可根据原则“描述最全面的可能是答案”进行选择。

习题 4 分析：三点估算法：$(17+4\times22+33)/6=23$

习题 5 分析：采用“面积法”进行判断，具体方法参考本书中的介绍。首先根据三点估算法求出期望工期为 27 天，标准差为 2，因此，25～27 和 27～29 正好位于一个标准差范围内。

习题 9 分析：

画出网络图即可找出关键路径。据此推断关键路径 A-B-C-F-H-I 和 A-B-C-E-G-H-I。

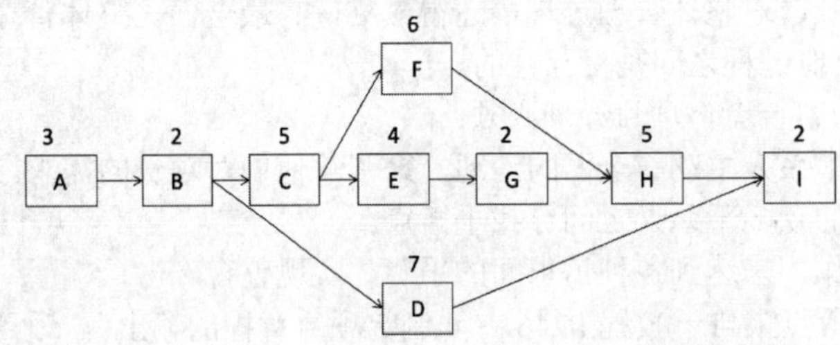

6．项目成本管理

题号	（1）	（2）	（3）	（4）	（5）
参考答案	C	D	C	A	D
题号	（6）	（7）	（8）	（9）	（10）
参考答案	A	B	B	C	B

习题 1 分析：参考项目成本管理章节表 6-1。

习题 2 分析：考核成本绩效指数，CPI>1，成本结余；CPI<1，成本超支。SPI>1，进度超前；SPI<1，进度延误。

习题 3 分析：管理储备不是项目成本基准的一部分，但包含在项目总预算中。管理储备不纳入挣值计算。

习题 4 分析：本题的 PV 具体是指在 2009 年 3 月 23 日前完成第一层和完成第二层的预算成本是 2000+2000＝4000 元。

到 2009 年 3 月 23 日前实际仅完成了第一层，那么对应计划的预算成本是“完成第一层 2000 元”，挣值 EV 为 2000 元。“完成第一层用掉 3800 元”，所示 AC 为 3800 元。

习题 9 分析：

本题考核挣值分析知识点，选项 A。

EAC=AC+ETC=AC+BAC-EV=47750+167500-38410=176840

选项 B，CV=EV-AC=38410-47750=-9340

选项 C，进度绩效指数 SPI=EV/PV=38410/44100=0.87，所以选项 C 错误

7．项目质量管理

题号	（1）	（2）	（3）	（4）	（5）
参考答案	B	C	B	C	A
题号	（6）	（7）	（8）	（9）	（10）
参考答案	B	B	B	/	/

习题 1 分析：项目质量控制的主要工具和技术有直方图、控制图、因果图、排列图、散点图、核对表、趋势分析、检查和统计分析等。前 7 种方法都是分析方法，后 2 种则是经常采用的质量控制手段。

习题 2 分析：因果图（又叫因果分析图、石川图或鱼骨图）直观地反映了造成问题的各种可能原因。

因果图法首先确定结果（质量问题），然后分析造成这种结果的原因。每个分支都代表着可能出现差错的原因，用于查明质量问题所在和设立相应的检验点。它可以帮助项目班子事先估计可能会发生哪些质量问题，然后帮助其制定解决这些问题的途径和方法。

统计抽样涉及选取收益总体的一部分进行检查。很多时候，项目中的质量控制无法进行全面的检查，通常采用统计抽样的方法，适当的采样能够降低质量控制的成本。

因此该题是要找出问题的原因，最好采用因果分析图将各类问题列出，并找出产生问题的原因。而其他几个选项不适用于本题的情景。

习题3分析：考核项目质量审计。质量审计是对其他质量管理活动的结构化和独立的评审方法，用于判断项目活动的执行是否遵从于组织及项目定义的方针、过程和规程。质量审计的目标是识别在项目中使用的低效率以及无效果的政策、过程和规程。后续对质量审计结果采取纠正措施的努力，将会达到降低质量成本和提高客户（或组织内的）发起人对产品和服务的满意度的目的。质量审计可以是预先计划的，也可以是随机的；可以是组织内部完成，也可以委托第三方（外部）组织来完成。质量审计还确认批准过的变更请求、纠正措施、缺陷修订以及预防措施的执行情况。

习题4/5分析：项目质量保证活动包括：

（1）产品、系统、服务的质量保证；

（2）管理过程的质量保证。

项目质量保证采用的一些方法和技术主要包括：

①制定质量保证计划。质量保证计划是进行质量保证的依据和指南，应在对项目特点进行充分分析的基础上编制。质量保证规划包括质量保证计划、质量保证大纲和质量标准等。

②质量检验。通过测试、检查、试验等检验手段确定质量控制结果是否与要求相符。

③确定保证范围和等级。质量保证范围和等级要相适应，范围小、等级低可能达不到质量保证的要求；范围大、等级高会增加管理的工作量和费用。等级划分应依据有关法规进行。

④质量活动分解。对于与质量有关的活动需要进行逐层分解，直到最基本的质量活动，以实施有效的质量管理和控制。质量活动分解的方式有多种，其中矩阵式是常用的形式。

习题6分析：质量成本又可以分为质量保证成本和质量故障成本。质量保证成本是项目团队依据公司质量体系（如ISO 9000）运行而引起的成本。质量故障成本是由于项目质量存在缺陷进行检测和弥补而引起的成本。在项目的前期和后期，质量成本较高。

质量成本划分为预防成本、检验成本、内部失败成本和外部失败成本。

习题8分析：【考点出处】P353，10.1.2 质量管理及其发展史 （P356）

质量管理的发展，大致经历了手工艺人时代、质量检验阶段、统计质量控制阶段、全面质量管理阶段4个阶段。

8. 项目人力资源管理

题号	（1）	（2）	（3）	（4）	（5）
参考答案	B	D	B	A	D
题号	（6）	（7）	（8）	（9）	（10）
参考答案	D	D	C	/	/

习题1分析：WBS是根据可交付进行分解的，OBS是根据组织进行分解的。OBS分解到最下层可以是某个单元或个人，可以把工作包和项目活动列在其组织单元之下。本题容易误选D，D选项RAM是通过矩阵建立OBS和WBS的对应关系。

习题2分析：优秀的团队并不是一蹴而就的，需经历以下几个阶段：形成期、震荡期、正规期、表现期。

当项目团队已经共同工作了相当一段时间，正处于项目团队建设的发挥阶段时，某个新成员加入了该团队，这个新成员和原有成员之间不熟悉，对项目目标不清晰，因此团队建设将从形成阶段重新开始。本题中需要注意B选项的“发挥阶段”即“表现期”。

习题 5 分析：OBS，组织分解结构；RAM，责任分配矩阵；RBS，资源分解结构；SWOT，S 优势、W 劣势、O 机会、T 威胁。

习题 7 分析：本考点来自于官方教程 P398，“3.领导与管理”。

习题 8 分析：【考点出处】P391，11.4.3 冲突管理。

当在一个团队的环境下处理冲突时，项目经理应该公开处理冲突。

延伸知识点：冲突管理的 6 种方法（问题解决、合作、强制、妥协、求同存异、撤退）。

9. 项目沟通与干系人管理

题号	（1）	（2）	（3）	（4）	（5）
参考答案	A	B	C	A	C
题号	（6）	（7）	（8）	（9）	（10）
参考答案	A	A	D	/	/

习题 1 分析：信息分发是指把需要的信息及时提供给项目干系人。项目经理通常采用不同的方式进行对内（项目团队）和对外（顾客、媒体和公众等）的沟通。对内沟通讲究的是效率和准确度，对外沟通强调的是信息的充分和准确。对内沟通可以以非正式的方式出现，而对外沟通要求项目经理以正式的方式进行。

显然，坚持内外有别的原则并非是“要把各方掌握的信息控制在各方内部”。

习题 2 分析：在实际沟通中，询问不同类型的问题可以取得不同的效果。问题的类型有：

（1）封闭式问题：用来确认信息的正确性。

（2）开放式问题：鼓励应征者详细回答，表达情绪。

（3）探询式问题：用来澄清之前谈过的主题与信息。

（4）假设式问题：用来了解解决问题的方式。

因此，开放式问题更有利于被询问者表达自己的见解和情绪。

习题 3 分析：冲突管理的 6 种方法：问题解决；合作；强制；妥协；求同存异；撤退。

习题 6 分析：

沟通的渠道=n*（n-1）/2，n 代表干系人的数量

12*（12-1）/2=66

10. 项目风险管理

题号	（1）	（2）	（3）	（4）	（5）
参考答案	D	B	D	D	D
题号	（6）	（7）	（8）	（9）	（10）
参考答案	B	D	A	D	A

习题 1 分析：D 选项 PERT 属于风险定性分析的技术。

习题 2 分析：计算四个城市的期望收益值：

期望收益（北京）= 4.5×25%+4.4×50%+1×25%

期望收益（天津）= 5×25%+4×50%+1.6×25%

期望收益（上海）= 6×25%+3×50%+1.3×25%

期望收益（深圳）= 5.5×25%+3.9×50%+0.9×25%

比较各期望收益的大小即可。

习题 8 分析：

教程 P389，11.1.3 风险的分类。

选项 ABC 都是按照风险的可预测性进行划分的。

按风险的可预测性划分，风险可以分为已知风险、可预测风险和不可预测风险。

习题 9 分析：

本考点来自于教程 18.8.2，控制风险的工具与技术。

本题考核“控制风险”过程的工具和技术。

风险审计是检查并记录风险应对措施在处理已识别风险及其根源方面的有效性，以及风险管理过程的有效性。项目经理要确保按项目风险管理计划所规定的频率实施风险审计。既可以在日常的项目审查会中进行风险审计，也可单独召开风险审计会议。在实施审计前。要明确定义审计的格式和目标。

习题 10 分析：

本考点来自于教程 18.5.2，实施定性风险分析的工具与技术。

本题考核风险定性分析的工具，属于常规考核知识点，送分题。

选项 BCD 属于定量分析的工具。

11．项目采购管理

题号	（1）	（2）	（3）	（4）	（5）
参考答案	A	D	B	C	C
题号	（6）	（7）	（8）	（9）	（10）
参考答案	A	C	C	C	/

习题 1 分析：编制采购计划过程的第一步是要确定项目的某些产品、成果和服务是项目团队自己提供还是通过采购来满足，然后确定采购的方法和流程以及找出潜在的卖方，确定采购数量和何时采购，并把这些结果都写到项目采购计划中，即编制采购计划过程的第一步是进行“自制或外购分析”。

B 选项属于“招投标”范畴，C 选项属于“实施采购”过程，D 选项中 RFP（方案邀请书）属于“编制询价计划”过程。

习题 2 分析：采购工作说明书是对项目所要采购的产品和服务的描述，而项目说明书是项目所要提供的产品、服务或成果的描述。

习题 3 分析：工时和材料活动确定了工时和材料的单价，因此适合于动态地增加人员。

习题 5 分析：项目合同签订的注意事项：当事人的法律资格；质量验收标准；验收时间；技术支持服务；损害赔偿；保密约定；合同附件；法律公证。

习题 8 分析：

项目发生索赔事件后，一般先由监理工程师调解，若调解不成，由政府建设主管机构进行调解，若仍调解不成，由经济合同仲裁委员会进行调解或仲裁。在整个索赔过程中，遵循的原则是索赔的有理性、索赔依据的有效性、索赔计算的正确性。

合同索赔的重要前提条件是合同一方或双方存在违约行为和事实，并且由此造成了损失，责任应由对方承担。对提出的合同索赔，凡属于客观原因造成的延期、属于买方也无法预见到的情况，例如，特殊反常天气达到合同中特殊反常天气的约定条件．卖方可能得到延长工期，但得不到费用补偿。对于属于买方的原因造成拖延工期，不仅应给卖方延长工期，还应给予费用补偿。

12．文档与配置管理

题号	（1）	（2）	（3）	（4）	（5）
参考答案	A	D	A	C	D
题号	（6）	（7）	（8）	（9）	（10）
参考答案	D	A	D	/	/

习题 1 分析：当阶段工作完成的时候，交付的成果经过了评审，不会被轻易修改，此时应存入受控库，如需修改，则走变更控制的流程。本题容易误选 C 选项，只有当全部产品开发完成且经过评审后才能进入产品库。

习题 2 分析：创建基线或发行基线的主要步骤如为：配置管理员识别配置项；为配置项分配标识；为项目创建配置库，并给每个项目成员分配权限；各项目团队成员根据自己的权限操作配置库；创建基线或发行基线并获得 CCB 的授权。

习题 4 分析：此题 A 选项和 C 选项明显矛盾，采用排除法进行判断。

习题 5 分析：配置识别是配置管理员的职能，包括：识别需要受控的软件配置项；给每个产品和它的组件及相关的文档分配唯一的标识；定义每个配置项的重要特征以及识别其所有者；识别组件、数据及产品获取点和准则；建立和控制基线；维护文档和组件的修订与产品版本之间的关系。

习题 6 分析：配置库可以分为开发库、受控库、产品库三种类型。

开发库（Development Library），也称为动态库、程序员库或工作库，用于保存开发人员当前正在开发的配置实体，如：新模块、文档、数据元素或进行修改的已有元素。动态中的配置项被置于版本管理之下。动态库是开发人员的个人工作区，由开发人员自行控制。

习题 7 分析：本题所涉及的知识点比较多，包括配置控制委员会、配置库、配置管理工具、配置项版本等。四个选项涉及四个知识点。

选项 A 明显不正确。配置控制委员会负责对配置变更做出评估、审批以及监督已批准变更的实施。CCB 建立在项目级，其成员可以包括项目经理、用户代表、产品经理、开发工程师、测试工程师、质量控制人员、配置管理员等。CCB 不必是常设机构，完全可以根据工作的需要组成，例如按变更内容和变更请求的不同，组成不同的 CCB。小的项目 CCB 可以只有一个人，甚至只是兼职人员。

习题 8 分析：项目经理在接到变更申请以后，首先要检查变更申请中需要填写的内容是否完备，然后对变更申请进行影响分析。变更影响分析由项目经理负责，项目经理可以自己或指定人员完成，也可以召集相关人员讨论完成。

综合知识部分

13．法律法规和标准化

题号	（1）	（2）	（3）	（4）	（5）
参考答案	C	C	C	A	C

题号	（6）	（7）	（8）	（9）	（10）
参考答案	D	D	A	D	---

习题1分析：根据《中华人民共和国著作权法》第二条规定：中国公民、法人或者其他组织的作品，不论是否发表，依照本法享有著作权。

习题3分析：SRS应当是描写一个软件产品的过程，而不是描述生产软件产品的过程。项目要求表达客户和开发者之间对于软件生产方面合同性事宜的理解（因此不应当包括在SRS中）。例如：a．成本；b．交货进度；c．报表处理；d．软件开发方法；e．质量保证；f．确认和验证的标准；g．验收过程。

项目需求在另外的文件中描述，在SRS中提供的只是关于软件产品本身的需求。

习题4分析：根据政府采购法的规定，政府采购采用以下方式：公开招标、邀请招标、竞争性谈判、单一来源采购、询价，以及国务院政府采购监督管理部门认定的其他采购方式。

公开招标应作为政府采购的主要采购方式，因特殊情况需要采用公开招标以外的采购方式的，应当在采购活动开始前获得设区的市、自治州以上人民政府采购监督管理部门的批准。采购人不得将应当以公开招标方式采购的货物或者服务化整为零或者以其他任何方式规避公开招标采购。

习题5分析：本题考核知识产权保护的相关规定。C选项不符合知识产权保护的独立性原则，该原则指某成员国国民就同一智力成果在其他缔约国（或地区）所获得的法律保护是相互独立的。知识产权在某成员方产生、被宣告无效或终止，并不必然导致该知识产权在其他成员方也产生、被宣告无效或终止。

14．信息化基础

题号	（1）	（2）	（3）	（4）	（5）
参考答案	B	B	D	D	A
题号	（6）	（7）	（8）	（9）	（10）
参考答案	A	A	D	C	--

习题1分析：国家信息化建设的信息化政策法规体系包括信息技术发展政策、通信产业政策、电子政务发展政策、信息化法规建设四个方面。

习题2分析：财务管理强调的是事后核算，实际发射功能原则是财务管理的首要原则。

ERP软件强调的是“事前计划、事中控制、事后分析”的管理理念和及时调整。而一般的进销存软件就是针对企业的库存管理开发的，是在库存模块的基础上加上采购和销售模块所构成，使用进销存软件能够大致了解到企业某些原材料的采购数量、库存数量、销售数量以及它们各自的资金占用情况，但是了解不到企业比较关心的每种产品的成本构成等信息。

习题4分析：考核供应链管理的概念。

供应链管理是一种集成的管理思想和方法，是在满足服务水平要求的同时，为了使系统成本达到最低而采用的将供应商、制造商、仓库和商店有效地结合成一体来生产商品，有效地控制和管理各种信息流、资金流和物流，并把正确数量的商品在正确的时间配送到正确的地点的一套管理方法。

习题5分析：O2O即Online to Offline（线上到线下），是指将线下的商务机会与互联网结合，让互联网成为线下交易的前台。

习题6分析：要求考生了解信息生命周期各个阶段的特点。

信息系统生命周期包括立项、开发、运维、消亡。所以，首先排除 B，然后根据常识判断《需求规格说明书》不应在运维、消亡阶段进行，排除 C、D。所以选择 A。

习题 7 分析：

人工智能，是研究、开发用于模拟、延伸和扩展人的智能的理论、方法、技术及应用系统的一门新的技术科学。

人工智能企图了解智能的实质，并生产出一种新的能以人类智能相似的方式做出反应的智能机器，该领域的研究包括机器人、语言识别、图像识别、自然语言处理和专家系统等。人工智能可以对人的意识、思维的信息过程的模拟。

人工智能实际应用包括：机器视觉，指纹识别，人脸识别，视网膜识别，虹膜识别，掌纹识别，专家系统，自动规划，智能搜索，定理证明，博弈，自动程序设计，智能控制，机器人学，语言和图像理解，遗传编程等。

习题 8 分析：常识题。根据经验即可判断。关键字“预测”，基于“大数据”进行“预测”是最为合理的！

ABCD 四个选项都属于比较热门的技术和考点。

大数据是以容量大、类型多、存取速度快、应用价值高为主要特征的数据集合，正快速发展为对数量巨大、来源分散、格式多样的数据进行采集、存储和关联分析，从中发现新知识、创造新价值、提升新能力的新一代信息技术和服务业态。坚持创新驱动发展，加快大数据部署，深化大数据应用，已成为稳增长、促改革、调结构、惠民生和推动政府治理能力现代化的内在需要和必然选择。

习题 9 分析：

我国在“十三五”规划纲要中，将培育人工智能、移动智能终端、第五代移动通信（5G）、先进传感器等作为新一代信息技术产业创新重点发展，拓展新兴产业发展空间。

当前，信息技术发展的总趋势是从典型的技术驱动发展模式向应用驱动与技术驱动相结合的模式转变，信息技术发展趋势和新技术应用主要包括以下 10 个方面：

高速度大容量；集成化和平台化；智能化；虚拟计算；通信技术；遥感和传感技术；移动智能终端；以人为本；信息安全；两化融合。

15．信息系统服务管理

题号	（1）	（2）	（3）	（4）	（5）
参考答案	C	B	D	B	D
题号	（6）	（7）	（8）	（9）	（10）
参考答案	D	/	/	/	/

16．软件专业技术知识

题号	（1）	（2）	（3）	（4）	（5）
参考答案	B	C	B	C	C
题号	（6）	（7）	（8）	（9）	（10）
参考答案	C	C	D	D	A

17. 网络与信息安全

题号	（1）	（2）	（3）	（4）	（5）
参考答案	A	C	C	D	B
题号	（6）	（7）	（8）	（9）	（10）
参考答案	B	B	D	D	C
题号	（11）	（12）	（13）	（14）	（15）
参考答案	B	C	C	A	D

习题 8 分析：应用系统运行中涉及的安全和保密层次包括系统级安全、资源访问安全、功能性安全和数据域安全。

①系统安全等级管理。

根据应用系统所处理数据的秘密性和重要性确定安全等级，并据此采用有关规范和制定相应的管理制度。安全等级可分为保密等级和可靠性等级两种，系统的保密等级与可靠性等级可以不同。

保密等级应按有关规定划为绝密、机密和秘密。可靠性等级可分为三级，对可靠性要求最高的为 A 级，系统运行所要求的最低限度可靠性为 C 级，介于中间的为 B 级。

安全等级管理就是根据信息的保密性及可靠性要求采取相应的控制措施，以保证应用系统及数据在既定的约束条件下合理合法的使用。

习题 13 分析：NAS 技术支持多种 TCP/IP 网络协议，主要是 NFS 和 CIFS（Common Internet File System，通用 Internet 文件系统）来进行文件访问，所以 NAS 的性能特点是可以进行小文件级的共享存取。在具体使用时，NAS 设备通常配置为文件服务器，通过使用基于 Web 的管理界面来实现系统资源的配置、用户配置管理和用户访问登录等。

18. 专业英语

题号	（1）	（2）	（3）	（4）	（5）
参考答案	C	D	B	B	C

习题 5 分析：证书是一种数字文档，用于表明把一个公钥绑定到一个人或其他实体。用它可以验证一个给定的公钥确实属于某一个人。证书可以防止某些人使用假冒的密钥去冒充别人。最简单的证书包含一个公钥和一个名字。通常使用的证书也包含超时日期、发行证书的 CA 的名字、一个序列号以及其他信息。最重要的是，它包含了证书发行者的数字签名。最被广泛接受的证书格式是 X.509，这样的证书可以被任何服从 X.509 标准的应用读或写。

附录2 浅谈复习方法

在进行复习前，请注意以下事项：

（1）各科均大于或等于45分才算合格，否则，全部重来；

（2）通过考试必然要经过大量做题和看书这个环节；

（3）解答每道案例题后要注意总结；

（4）通过制定计划来驱动备考复习过程。

对于复习方法，应该分为四个过程：制定计划、量化目标、分解目标和持续检查。

（1）制定复习计划，尤其是进度计划。好的备考过程一定是靠良好的计划进行支撑的，计划的目标是保证考生能够按部就班地进行复习。有的考生在复习过程中三天打鱼两天晒网，有的考生在临考的前几天突然“崩溃”，这些都是缺乏计划的结果，尤其在最后几天，缺乏良好心态的学生只是机械地执行计划，确保度过临考的最后几天。

（2）计划制定过程中，对复习的目标要进行量化。如下表所示，在量化表中设计目标项，比如阅读教材多少遍、做题多少遍等，都可以作为量化项目出现。

目标项	量化	备注
阅读教材	______ 遍	
做题	______ 遍	
思考并提问	______ 个	
……		

（3）要对量化的目标进行分解。分解的方法可以基于量化目标采用WBS的方式进行分解，也可以按时间分解，一般来说，按时间分解相对比较容易把握。按时间分解可以采取滚动式规划，即最近几天制定得比较详细，比如，以6天为周期进行滚动，最近6天制定得非常详细。

时间	复习内容
第 1 天	
第 2 天	
第 3 天	
第 4 天	
第 5 天	
第 6 天	
第 N 天	

（4）检查过程。计划和目标的完成情况需要定期检查，有些学生在制定计划和目标的过程中，往往高估自己，制定的目标不切合实际，因此，在计划的执行过程中，连续多天都无法达到计划中的要求，导致计划的失效，最后放弃计划。因此，检查表的作用是定期检查、调整计划、发现问题并进行改进，这项检查工作非常重要，确保了计划的有效执行。

时间	原计划	完成情况	原因及改进
第 1 天			
第 2 天			
第 3 天			
……			

复习的过程是一个艰苦的过程，考生既需要刚性原则的坚持，也需要灵活地处理某些问题，保证复习过程的完成。